【農学基礎セミナー】

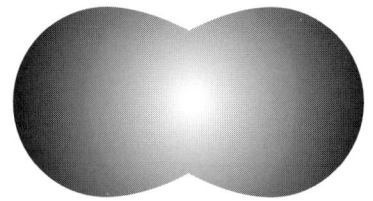

農業の経営と生活

七戸長生………●著

農文協

まえがき

　皆さんは農業経営という言葉から何をイメージしますか。通常は，作物や家畜を育てたり，その生産物を加工したり，販売したりする経済活動までも含めた，かなり幅広い産業活動を包括的にそう呼んでいます。

　さらに場合によっては，そのような産業活動が実際に行なわれる舞台となっている農場そのものを指したり，その農場の管理・運営を取り仕切っている経営者を指したり，その人が発揮している管理・運営面での能力自体を指すこともあります。したがって，優れた農業経営とは，よく整備された農場と，その管理・運営に当たる担い手がきちんといて，その担い手自身の管理・運営能力の三つが，バランスのとれた形で結合されている状態を理想としています。

　さらに，さまざまな生産技術の改善や技術革新に対応するとともに，間断のない経済変動や市場動向にも注意をはらって，新しい時代の流れに適切に即応していくことも大切です。しかし，農業経営の生産面で対象としている作物にしても，家畜にしても，固有の特性を持った生命体ですから，人間の気まま勝手に都合よく変えるのには限度がありますし，それらが生育する環境も大自然につながっていますから，自然に行なわれる生態系の軌道から逸脱するわけにはいきません。しかも，その大自然の生態系の維持・存続が，有限な地球の上で人類が永く存続していくための条件になっているとすれば，農業経営は，こういった環境保全の取り組みの最前線に立っているということもできます。こういった，実に多面的な活動を包括し，統合しているのが，これから学ぶ農業経営という領域なのです。

　本書はもともと農業高校の教科書としてまとめたものであり，基礎的なことを平易に，しかも実際に役立つように解説したものです。農業経営や生活，地域での活動，流通についての手引きとして，多くの方に活用していただければ幸いです。

　　2000年1月　　　　　　　　　　　　　　　　　　　　著者

目 次

第1章 日本農業を動かすもの　1

プロローグ ……………………………………2

1 日本農業の発展　4
　1 農業は発展しているだろうか ……………4
　2 飛躍的な発展をとげた明治の農業 ………5
　3 機械化農業への道のり …………………9

2 日本農業の特徴　13
　1 何がつくられているか …………………13
　2 どのような環境でつくられているか ……15
　3 どのような主体によってになわれているか …16

　4 どのような方向に向かいつつあるのか …18

3 地域農業のにない手　19
　1 個別の農家の経営努力と発展 ……………19
　2 もとめられる新たな協力関係 ……………20
　3 これからの地域農業のにない手 …………21

4 世界的にみた日本農業　22
　1 人類的課題にどう対応するか ……………22
　2 国際化のなかでどうふるまうか …………24
　3 先進国としてどうふるまうか ……………26

第2章 農業経営の組織と運営　27

プロローグ ……………………………………28

1 農業生産の要素と農業経営の目標　30
　1 農業経営の目標 ……………………………30
　2 農家が動かしている資本の種類と量 ……34
　3 農業における土地の役割と種類 …………36

2 生産諸要素の合理的結合　39
　1 農業生産の複雑さ …………………………39

　2 土地と他の要素の結合 ……………………40
　3 労働と他の要素の結合 ……………………42
　4 経営部門と部門結合 ………………………44

3 経営活動の成果とそのとらえかた　50
　1 活動成果の多面的なとらえかた …………50
　2 もうかっているかどうかの指標 …………53

第3章 農業経営の診断と改善　55

プロローグ ……………………………………56

1 経営診断の指標　58
　1 農業経営の診断・設計とは ………………58
　2 問題の核心にふれる現状分析 ……………59
　3 原因究明のための分析 ……………………61
　4 経営者の活動の診断 ………………………66

2 経営改善の基本的な手法　69
　1 原価計算の役割と方法 ……………………69
　2 損益分岐点分析による診断 ………………71
　3 線形計画法による経営全体の設計 ………74

3 大がかりな経営改善のすすめかた　78
　1 経営改善と規模拡大 ………………………78
　2 投資計画の立案と検討 ……………………79
　3 もとめられる経営者の訓練・習熟 ………83
　4 目標達成のための発展のコース …………84

第4章 市場のしくみと農業経営　87

プロローグ……………………………………88

1　農産物の販売と流通　90

1　市場のしくみと機能 …………………90
2　市場における農産物の特殊性 ………92
3　青果物の流通経路と流通経費 ………93
4　穀物の流通経路と価格 ………………96
5　畜産物の流通経路と価格 ……………99
6　農産物の販売戦略……………………102

2　生産資材の選択と購入　105

1　農業・農村における資材購入………105
2　肥料・農薬の流通経路と購入………105
3　飼料の流通経路と購入………………107
4　農業機械の流通経路と購入 …………110

3　資金の調達　111

1　農業における資金と資金市場 ………111
2　農業金融のしくみ……………………112
3　各種資金の特徴と借入計画…………113

4　労働力の調達　115

1　農業労働力と労働市場………………115
2　農業労働力の需給調整………………117

5　農業経営と農業協同組合　119

1　市場のひろがりと農業協同組合……119
2　農業協同組合の源流…………………120
3　農業協同組合の組織と運営…………121
4　農協の事業……………………………124
5　農協の課題とあるべきすがた………130

第5章 農家・農村生活の改善　133

プロローグ…………………………………134

1　農業経営と農家生活　136

1　経営改善の目標………………………136
2　農家生活の特徴………………………137
3　農家経済のしくみとその改善方向………140

2　農家生活の改善　143

1　もとめられる発想の転換……………143

2　農作業の実態と生活の改善…………145
3　家計費の実態とその改善方向………147
4　農家経済の診断………………………148

3　農村の生活文化の向上のために　150

1　農村環境の整備………………………150
2　農家生活の改善計画…………………153

第6章 経営・生活の改善と集団活動　155

プロローグ…………………………………156

1　農家を取り巻く社会環境　158

1　急速にかわりつつある農業集落………158
2　農業集落の変化と農業生産…………160
3　農業集落の変化と農家生活 …………161

2　家族経営の長所と弱点　163

1　家族経営が存続する理由……………163
2　克服すべき弱点………………………165

3　集団活動とその展開　167

1　現代の集団活動………………………167
2　農業生産組織の形態と利点…………169
3　集団活動の法人化……………………172
4　集団活動の課題とその打開方法………175

第7章 農業経営と農業政策　179

プロローグ……………………………180

1 農業経営と農業団体　182
1 農業団体をかたちづくるもの……………182
2 各種の農業団体とその活動………………183
3 農業団体と農業者の課題…………………185

2 農業政策の多面性　186
1 農業の位置づけと農業政策………………186
2 経済発展と農業政策の変化………………188
3 農業は過保護だろうか……………………191

3 農業政策と農業関係法令　192
1 おもな法令の制定経過とその特徴………192
2 既存の法令と新たな立法…………………197

4 世界の農業政策の動き　200
1 主要な国の農業政策の動き………………200
2 新しい農業政策のうねり…………………204

索　引　207

第1章 日本農業を動かすもの

プロローグ
―はじめて飛行機でもみをまいた男―

アメリカ合衆国の西海岸，カリフォルニア州に，日系の三世が経営している国府田(こうだ)農場がある。農場の面積は2,800haで，そのうち1,600haにもち米，600haにうるち米をつくり，残りの600haには労働力の分散のために綿・コムギなどをつくっている。農場の労働者は，常時45人で，農場のひろさからいっても，施設の大きさからいってもアメリカ合衆国で最大の米生産農場である。

この農場は，福島県いわき市出身の国府田敬三郎が創設したもので，約65年の歴史がある。敬三郎は，精米業を営む家の三男として生まれ，福島市の師範学校（現在の福島大学）を卒業して，山のなかの小さな小学校の先生をしていた。しかし，少年のころに読んだ『米国富豪伝』という大実業家の物語の感動が忘れられず，なんとかしてアメリカ合衆国に渡り，自分も大実業家になりたいという夢を抱きつづけていた。

そして，1908年，26歳のときに念願の渡米を果たし，サンフランシスコの周辺でいろいろな仕事に従事しながら資金をたくわえた。一時は，マグロ漁業に関係するかんづめ会社の設立にも加わった。こうしたなかで，現地の社会状況を見聞し情報を集めているうちに，米づくりが今後有望なことを知り，1920年には，なかまと共同で720haの耕地を借り入れて，利益を地主と分けあう歩合耕作の稲作経営をはじめた。

こうして実業家としての第一歩を踏み出したが，この年は洪水に見舞われて収穫は皆無に近い状態で，まことにみじめな状態からの出発であった。しかし，敬三郎は苦難にもひるまず，再度資金をつくるために一労働者として働いて資金をたくわえ，融資をうけて歩合耕作の面積を徐々にひろげていった。そのなかで，稲作の栽培技術や経営者としての能力を高めていき，1927年には念願の土地を入手して自作農場（国府田農場）を開設した。

彼は，そこに400m×800mの大区画のほ場をつくり，もみをまくためにさまざまな試みを重ね，1929年には，水に浸したもみを飛行機でまくことに成功した。

この農場へは，毎年数千人の日本人が訪れているが，東北のある青年は，地元の出身者が世界の舞台で，農業生産をとおして自分の夢を実現させた話を聞いて「農業経営への意欲と勇気がわいてきました」と語っている。

　わたしたちがこれから学ぶ「農業経営」とは，農業生産をとおして豊かな生活を実現していくために，さまざまな自然条件や社会条件のもとで，どのようにして意思決定をおこない，どのように行動していくかの手順と方法を示すものにほかならない。たとえば，敬三郎が，歩合耕作からスタートしてその面積を拡大し，さらに資金をたくわえたり経営者としての能力を高めたりして自作農場主へと経営改善を重ねていった点，つねに技術革新を重ねていった点，などは経営規模の拡大をすすめていくさいの手順を示してくれている。

　こうした農業経営に関する先人たちの経験と英知は，それぞれの国の各地域の農業者にひきつがれている。ここでは，まずわが国の明治時代以降の農業者の経験と英知に学んでいこう。

飛行機によるイネのたねまき（アメリカ合衆国）

日本農業の発展

1 農業は発展しているだろうか

　わが国の経済社会は，ここ半世紀のあいだに急激に変化した。とくに，昭和30年代後半以降の高度経済成長によって工業化が急速にすすみ，いまや機械類や自動車を中心とした世界有数の輸出工業国となっている[1]。たとえば，自動車の生産台数は昭和35年（1960）の約25倍になっている。その反面で，総就業人口に占める農業就業人口（⇒p.17）の割合は，昭和35年には30％以上であったが，現在では6〜7％にまで低下してきている。こうした工業化が，世界でも類をみないほど短期間のあいだにすすんだため，農業がまるで立ちおくれた産業であるかのように考える人びとが少なくない。

　しかし，農業はその時代その時代で着実に発展している。たとえば，わが国の主要作物のイネについてみると，全国平均収量（玄米収量）は，明治10年代の約200kg/10aから現在の約500kg/10aまで，ここ100年間に2.5倍の伸びを示している。また，稲作の単位面積当たりの労働時間はここ30年間に約4分の1に低下している[2]。ただ，その発展のスピードが工業のほうがはるかに急速であったため，いかにも農業が立ちおくれているかのようにみえるのであろう。

　ここでは，日本農業の発展の足どりを二つの画期からみていこう。

(1) 明治初期の輸出品の80％以上は農産物であり，昭和初期の輸出品の花形は，生糸や絹織物であった。

(2) 昭和35年の10a当たりの労働時間は約172時間であったが，平成3年には約43時間にまで低下している。

発展する日本農業

2 飛躍的な発展をとげた明治の農業

明治維新後の生産意欲の高まり

わが国の農民が、土地や資金を自由に使って農業生産をおこなう近代的な農業経営者となったのは、明治維新以降である。

それまで農民は、封建領主の身分的な支配下におかれ、収穫物のほぼ半分を年貢として領主におさめなければならなかった。また、田畑でどのような作物をつくるかを決める自由さえなかったし、田畑を売買することもかたく禁止されていた。他の土地へ移住したり、農業以外の職業に転業したりする自由も認められていなかった。

しかし、こうしたなかでも、生産を高めようとする農民の努力はつづけられた。とくに、江戸時代後期にはいると、あたえられた条件のもとではあるが、経験にもとづく技術改良が各地方・各農家ごとに重ねられていった[1]。こうした農民の生産意欲は、明治維新後、封建的な制約がつぎつぎと解き放たれる[2]ことによって一段と高まり、農民たちはそれぞれに創意くふうをこらすとともに情報をたがいに交換し、生産力を飛躍的に高めていった。

明治農法による生産力の発展

明治維新後の生産力の飛躍的な発展を支えた重要な要因として、農民の生産意欲の高まりとあわせて、新しい技術改良の基礎となる科学的な知見がつぎつぎと農業にもち込まれ、農民と農学者、さらには農民の団体などによって実施に移された点があげられる。

(1) 稲作についてみると、たねもみの選定、育苗、施肥、水のかけひき、病害虫防除、脱穀調製技術、土地改良などに多くの進歩がみられた。

(2) 明治4年(1871)10月には作付けの自由(田畑勝手作)が許可され、明治5年3月には土地売買の禁止(土地永代売買の禁)が解かれた。また、明治6年には地租改正(→p.8)が施行された。

回転式除草器で除草作業をおこなう農民
［注］ 回転式除草器は、鳥取県の県立農学校の教師をつとめた中井太一郎によって発明され、「太一車」ともよばれた。

(1) 熊本市に生まれた冨田甚平は，鹿児島県・山口県・秋田県で暗きょ排水や耕地整理事業の指導にあたり，冨田式暗きょ排水法を考案した。
(2) 自給肥料に対して，化学肥料や魚肥（魚類を乾燥したり油をしぼったりしてつくった肥料）・大豆かす・骨粉などのように商品として販売される肥料。明治・大正時代の代表的な金肥は，魚肥や大豆かすであった。
(3) 国立の農事試験場（→p.8）ができるまで，わが国のイネ育種のにない手は，もっぱら各地の農家の人びとであった。赤毛・神力・愛国・亀の尾などのすぐれた品種がつぎつぎと育成された。
(4) 駒場農学校に学んだ農学者，横井時敬は明治31年（1898）に塩水選に関する論文を発表して，その普及につとめた。
(5) 10a当たりの収量は，明治14年の175kgから明治31年には252kgへと上昇し，さらに明治41年には267kgに達した。

　当時，駒場農学校（のちの東京大学農学部）には，多くの外国人教師が招かれて教育にたずさわりながら，さまざまな農業振興策を提言していた。そのなかの一人，ドイツ人のフェスカは，明治初期までの日本農業の欠陥として，田畑の耕深が浅すぎること，排水が不完全なこと，施肥が不じゅうぶんなこと，などを指摘するとともに，深耕に適した方法として福岡県筑前地方でおこなわれていた無床犁による馬耕に注目し，無床犁による深耕と乾田化を提言した。この無床犁は，やがて性能的に，より安定した短床犁へと改良されて全国に普及した（図1-1）。同時に，馬耕を容易にするための暗きょ排水(1)などによる耕地整理と乾田化，さらに乾田化による地力の消耗を補う肥料（金肥）(2)の導入などが推進されていった。この技術改良は**乾田馬耕**とよばれている。また，こうした乾田や多肥栽培に適した優良品種の選抜・改良も，各地の農民の科学的な観察力の高まりによってすすんだ(3)。いっぽう，育苗や田植えなどの栽培技術についても改良・くふうが加えられ，塩水選(4)・正条植えなどが普及していった。

　この明治時代の技術改良は，個々の技術改良が科学的な知見に裏づけられていただけでなく，耕地整理・乾田化，耕うん方法，栽培技術などが相互に密接に結びつき，数多くの農民が加わって全国的にすすめられていった点に特徴がある。その結果，明治時代後半のわが国の稲作の生産力は飛躍的な上昇を示した(5)。

　今日では当時の一連の技術改良の到達点を**明治農法**とよんでいる。この明治農法は，第2次世界大戦後，わが国の農業が本格的な機械

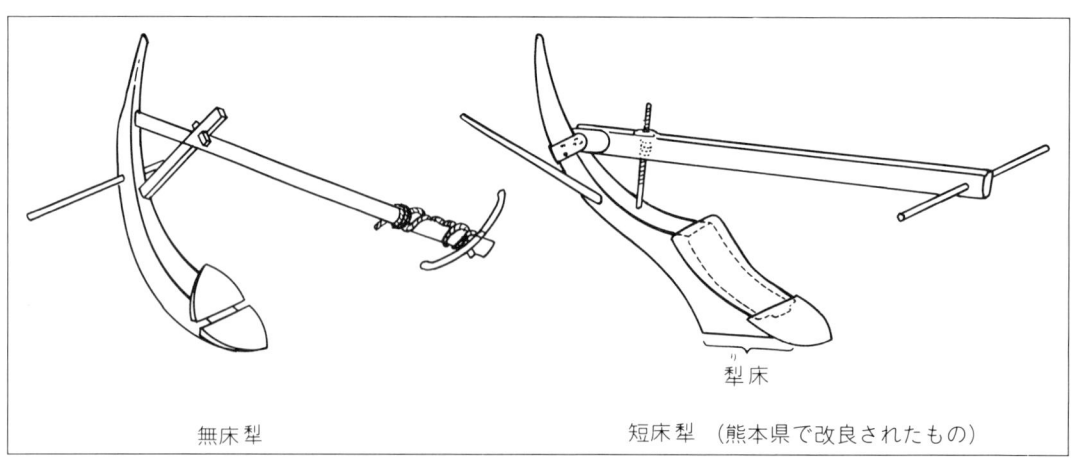

図1-1　無床犁と短床犁

化段階を迎えるまでの40〜50年間にわたって，わが国の農業の基本的なわく組みとなっていくのである。

アジア諸国も注目する明治農法

封建的な制約から解き放たれた農民の活動がこのように飛躍的に発展をとげたことは，世界的にみても注目に値する。そのため，日本と同じモンスーン（東南アジアに吹く季節風）気候のもとで，稲作を中心に国民経済を今後いっそう発展させようとしているアジア諸国は，日本の農業発展の足どりに大きな関心をそそいでいる。

では，明治農法を支えたものはなんであったのだろうか。第1に，農民自身の生産意欲や収益追求の意欲の向上と，それを技術改良に結びつけ生産力の発展に導いた農学者や老農[1]とよばれる人びとの存在がある。多くの農学者たちは，当時の農民がもとめる課題にこたえて，近代農学の科学的な知見を実践的な技術に結びつけていった。いっぽう，老農たちは経験的なそれまでの技術を継承するだけでなく，みずからそれを改良しつつ普及させていったのである。

第2に，農民の生産意欲の高まりを，ただたんなる勤労の奨励あるいは労働強化のみにとどめないで，知的な探求心を育てる方向に導いた各種の普及制度や教育制度の整備・拡充があげられる。さらに，乾田馬耕を普及した馬耕教師・農業教師の活躍や，すぐれた農家の経験をひろく伝えた農談会，一人ひとりの農民の成果をたたえ，競いあった品評会・共進会・種苗交換会などの民間での精力的な活動も見逃せない。これらの活動は，商品生産に対応できる近代的な

[1] 荒れ地を開墾して新田をひらいたり，新しい農業技術を研究・普及させたりした経験豊かな農民に対する敬称。秋田県の石川理紀之助，群馬県の船津伝次平，奈良県の中村直三，香川県の奈良専二などがとくに有名である。

農民の生産活動をささえた農学者や老農たち

農業経営者としての訓練の場でもあった。

第3に、これらの農村の動きを側面から支援する社会制度の整備・拡充も大きな役割を果たした。たとえば、明治26年（1893）には国立の農事試験場が設立され、ひきつづいて都道府県の試験場もつぎつぎとつくられた[1]。

明治の諸改革の影

明治維新後の諸改革によって、農民（自作農民）の作付けの自由や土地の売買の自由などが認められた[2]。しかし、明治6年（1873）に施行された地租改正は、農民の土地の所有権を法的に認めるいっぽうで、江戸時代の年貢に相当するほどの重い租税（地租）の金納を農民にもとめるものでもあった。当時、財政基盤がひじょうに弱かった明治政府は、地租改正によって財政収入を確保し、近代国家の建設を急速にすすめようとしたため、その税率は高く、農民は毎年の収穫物の約40％を換金して租税としておさめなければならなかった。そのため、農民たちは、市場で換金できる商品作物としての米の生産を高めていくことをもとめられた[3]。

こうした状況のなかで、明治農法が形成され生産が高められたが、地租改正による重税は、高まった生産によって農民が資材の購入や資金の蓄積などをふやし、農業の機械化や規模拡大などをすすめていくことを許さなかった。フェスカをはじめとする外国人教師たちは、「このような重税のもとでは農業の近代化も企業的な発展もおぼつかないので、地租を軽減すべきだ」と、ことあるごとに提言した。しかし、当時の国家財政の現実は、とうていこれらの提言をうけ入れることを許さなかった。これが、明治の諸改革の影の部分である。

つまり、封建時代にくらべて飛躍的な発展をとげた明治時代の農業ではあるが、当時の高額地租を基礎とした社会経済的な条件の下では、農業の本格的な機械化や規模拡大などをすすめていくことはできなかった。そのため、明治時代の農業は、もっぱら家族労働を多く投入して少しでも多くの単位面積当たりの収量（単収）をあげようとする方向に向かったのである。

---

(1) そこでの大きな仕事は、それまでもっぱら民間でおこなわれてきた優良品種の作出を、科学的な土台（遺伝に関するメンデルの法則など）のうえで本格的にすすめていくことであった。

(2) ただし、自作農民の下には小作農民がおかれ、その改革が不徹底であったことは否めない。

(3) 明治農法が本格的な展開をみた、明治30年代以降は、都市の急速な発達と、それにともなう米の需要拡大と全国的な米穀市場の形成によって、米の商品化が一段とすすんだ時期でもあった。

やってみよう

自分の都道府県の老農の業績や活動内容を調べ、それらが現在の農業にどのような影響をあたえているかまとめてみよう。また、近くに子孫の方が住んでおられれば、訪問して聞き取り調査もしてみよう。
（文献、大西伍一『日本老農伝』昭和60年など）

3 機械化農業への道のり

機械化農業の源流

わが国が明治維新を迎えた19世紀,新大陸(北アメリカおよびオーストラリア)では,肥沃な大平原で,みずからが耕作しうる極限まで経営をひろげていく独立自営農民がひろく生まれた。

そこでは,かぎられた労働力を最大限に効率的に利用して,できるだけひろい面積に作物を栽培するという競争がつづけられた。その結果もたらされたのが,大型畜力機械化農業である。この新大陸の農業は,19世紀の後半にはヨーロッパ農業を圧倒する高い生産力を発揮するにいたった。

そこで明治政府は,アメリカ農業にならって北海道の開発をすすめようとして,アメリカ合衆国の農務長官であったケプロンをはじめとする外国人顧問団を招いた。同時にアメリカ流の農業教育を導入して人材養成に役立てようと,明治9年(1876),札幌農学校(のちの北海道大学農学部)を開設し,クラークをはじめとする多くの外国人教師を招いた。これらの人びとは北海道農業の発展,ひいては日本の農業に大きな影響をおよぼした。そのなかでとくに重要なことは,これが日本農業の機械化の源流となったという点である。

クラークの像(北海道大学)

アメリカ合衆国での大型畜力機械化農業

導入された機械化のゆくえ

かれらは，じつに100種類を超える畜力農機具をもち込んだ[(1)]。もしこれらがそのまま定着すれば，北海道にアメリカ式の農業が生まれたであろうが，そうはならなかった。もち込まれた多種多様な農機具のうちで，北海道の農村に定着したのはプラウとハローとカルチベータの3種類にすぎず，しかもこれが北海道の農村にいきわたるにはおよそ30年という長い歳月を要した。

これはなぜだろうか。最大の障害は，それらの農機具を使いこなしていく条件がいちじるしく未成熟であり，未整備であったことにある。つまり，当時の北海道には，それらの農機具を製造したり修理したりする一連の工業が皆無に近かった。そのため，故障がおきると，修理部品を船便で取り寄せるしか方法がなく，数か月後にそれが到着したときには農作業の適期がすぎてしまい役に立たないという事態が頻発したためであった。

また，これらの農機具と農耕馬[(2)]を使いこなすには，そのための技術を身につけ，それらを購入する経済力をもった農民がいなければならない。しかし，当時の北海道の開拓農民はかならずしもそのような技術力や経済力をもちあわせていなかったのである。

(1) かれらは新しい作物（たとえばリンゴ・トウモロコシ・タマネギ・牧草など）や家畜（ホルスタイン種の乳牛，体格の大きな農耕馬や乗用馬，めん羊など）ももち込んだ。

(2) これらの農機具をひくには体格の大きな農耕馬が必要となったが，当時の北海道の馬は在来の和種馬であったため，農機具をひく作業には不向きであった。そのため，馬の品種改良をすすめることが課題となったが，それを達成するにも相当の時間がかかった。

北海道からはじまった日本農業の機械化

農業の進展

しかし，第2次世界大戦が終わって，しだいに日本の経済が復興し，やがて高度経済成長期にはいっていくと，他産業での雇用機会が急激に増大し，それにつれて農村の労働力がより有利な雇用先をもとめて農外に流出していった。また，兼業のかたちで他産業に従事する人びともふえていった。

こうした産業構造のもとでは，従来の零細農業は，大きな転換点を迎えることになった。つまり，省力をはかりながら，従来以上の多収穫を実現しようとするようになってきたのである。

これにこたえて登場したのが，動力耕うん機である[1]。この機械は，とくに重労働であった耕起・砕土などの作業の省力をはかりながら，深耕によって多収穫も実現するという，長年の農民の欲求にこたえる画期的なものであった[2]。

そして，数多くのメーカーが動力耕うん機の生産をおこない，それぞれの地域の条件に適合した機種の開発にしのぎを削った。その結果，耕うん機ブームがもたらされた。

省力と多収の両立をベースにした規模拡大

口火が切られた日本農業の機械化は，昭和35年(1960)以降，急速にすすみ，トラクタ時代にはいっていく（図1-2）。とくにトラクタによ

(1) 戦前からひじょうにかぎられた地域では耕うん機が普及していた。
(2) それまでの多くの人びとの農業機械化に対する考えかたは，「耕地がひろすぎて，手間がたりない人がその場しのぎに機械に頼るのであって，作物や家畜のような生きものを相手にする農業生産では，工場で製品をつくる工業生産とはちがって，人手による細心・周到な農作業がもっともすぐれている」というものであった。

トラクタの運転能力を競う競技会（昭和30年代）

る農作業の機械化は，零細農業という明治以来の日本農業のわく組みを大きく変化させていった。それは，おもにつぎのような点による。

①深耕のように，人力や畜力では困難な作業ができるようになったばかりでなく，作業能力の向上によって，適期内に処理できる面積が拡大し，増収の可能性が高まった。

②従来よりもはるかにひろい面積を耕作する，いわゆる規模拡大の可能性がもたらされた。いっぽう，耕作面積がかわらないばあいは，家族の一部が農業に従事するだけですむようになった。

この結果，地域の農作業を一手に請け負うかたちで規模拡大をすすめたり，土地を購入して大規模経営を営んだりする農家があらわれるようになった。

こうした変化のなかで，農業においても工業に劣らず，さまざまな技術革新の成果を積極的にとり入れて，新しい生産のしくみや経営のしくみを創造していこうとする動きが，各地でみられるようになっている。

◯やってみよう◯

市町村史や県史などをてがかりに，自分の地域で動力耕うん機・トラクタ・田植機などがいつごろ導入されたか調べてみよう。また，地域の農家や農機具会社をたずねて，当時の農機具の普及状況や機械の性能などについても調べてみよう。

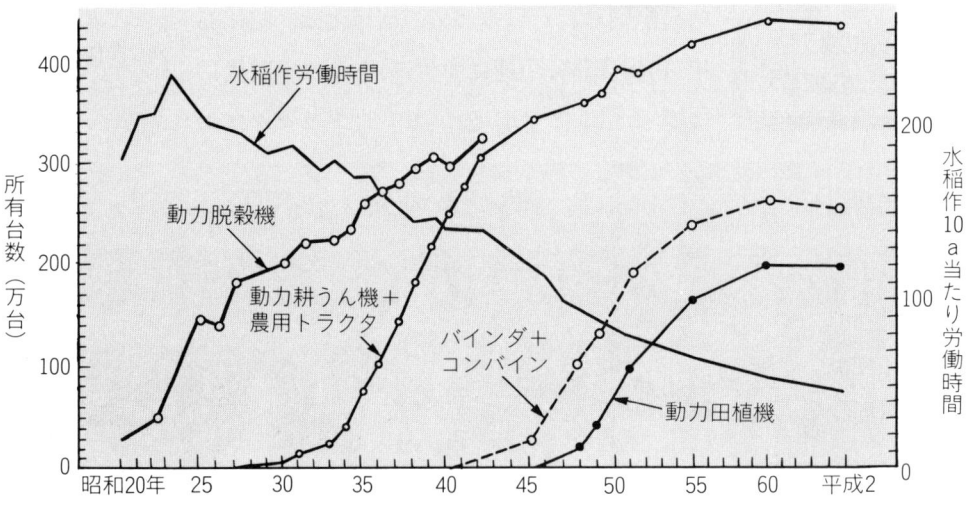

図1-2　農業機械の所有台数と水稲作労働時間の推移

（農林水産省統計情報部『農林水産統計表』各年次による）

2 日本農業の特徴

1 何がつくられているか

稲作中心から稲作・畜産・園芸の3本柱へ

その国の農業の特徴をもっとも端的に示すとしたら、そこでのおもな農産物をあげることになろう。

こういう点から昭和35年（1960）以降の日本農業の推移をみると、図1-3のようになる。

高度経済成長がスタートする昭和35年ころは、米が農業総産出額の50％ていど、畜産物と野菜・果実がそれぞれ15％ていどを占める米中心、稲作主体の農業であった。しかし、昭和55年ころにはその構成が大きくかわって、米30％、畜産25％、野菜20％、果実10％というように、畜産物と野菜・果実がいちじるしく伸びてきた[1]。したがって、米が日本の農業を代表する農産物であることにかわりはないが、より正確には、いまや稲作・畜産・園芸（野菜・果実）の三本柱が日本農業を支えているといえよう。

稲作の動向

稲作は、昭和45年ころまでは作付け面積がふえつづけて300万haを上まわっていたが、昭和46年から実施されたイネの作付けを制限する**米生産調整政策**[2]によって作付け面積が減少し、現在では約200万haとなっている。しかし、技術改良の積み重ねによって単収は10a当たり500kgに達し、全生産量はさほど低下せず1,000万t台を維持している。昭和50年代以降は、収量の増加に加えて、食味のよい良質品種への転換が急速に

[1] 近年、花きの増加も目だっており、平成2年には農業総産出額の3％を超えるまでになっている。

[2] その政策は以下のように変化してきている。
　昭和46～50年度
　　稲作転換対策
　昭和51～52年度
　　水田総合利用対策
　昭和53～61年度
　　水田利用再編対策
　昭和62～平成4年度
　　水田農業確立対策
　平成5年度から
　　水田営農活性化対策

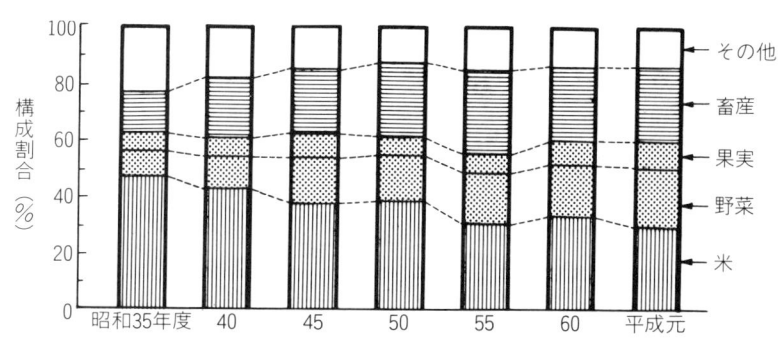

図1-3　農業産出額の構成割合の推移
（農林水産省統計情報部『生産農業所得統計』各年次による）

すすめられている。

　また，すでにみたような機械化や基盤整備などの進展によって，10a当たりの労働時間は昭和40年（1965）以降低下をつづけている（図1-2）。
→p.12

畜産の動向　畜産については，昭和35年ころまでは鶏が農業総産出額の5～6％で中心を占め，豚・乳牛・肉牛がそれぞれ2～3％ずつを占めていた。しかし，その後，豚・乳牛・肉牛が伸びて，いずれも農業総産出額の5～8％の水準にまで達している。とくに，わが国の鶏卵の生産量は，中国・旧ソ連・アメリカ合衆国についで世界第4位であり，豚肉の生産量でも10位にはいっている。つまり，わが国の畜産は，豚や鶏などの中小家畜の割合が高く，それらは施設化の方向にすすんでいる。

園芸の動向　野菜について，生産量の多いものから順にあげると，ダイコン・キャベツ・ハクサイ・タマネギの4品目が100万t以上，ついでキュウリ・スイカ・トマト・ニンジン・ナス・ネギ・レタスが50万t以上に達している。スーパーや八百屋の店頭にこれらの野菜がほぼ年じゅう並べられていることからも，作型の多様化と施設化がすすんでいることがわかる。

　また，果実では，温州ミカンとリンゴが群を抜いて多く，この二つで果実全体の生産量の約60％を占めている。しかし，近年は野菜と同様に新しい種類の導入や新品種への切りかえによる多様化や施設化がすすんでいる。

　日本農業の特徴をまとめてみると，農業を支える三本柱のうちのかなりの部分が施設化の方向に向かっていて，稲作に代表される土地利用型の農業は横ばい，ないしは後退ぎみであるということができる。

　そして，こうした短期間のうちに，一国のおもな農産物が大きく変化したところにも，日本農業の特徴がある。

●やってみよう
昭和35年以降の作物・家畜の種類ごとの生産量や産出額などを調べて，パーソナルコンピュータを使ってグラフにしてみよう。そして，その増加・減少の原因についてまとめてみよう。

施設化がすすむ養鶏（採卵鶏）

2 どのような環境でつくられているか

　日本列島は，南北に約2,000kmにわたって細長く伸び，北は北海道の亜寒帯から，南は沖縄の亜熱帯まで，変化に富む気象条件下にある。しかし，全体としてはモンスーン気候の影響をうけ，四季の変化に富むと同時に，降水量が多く，植物の成長がおう盛である。

　また，起伏に富む山脈が列島を縦横に走っているため，国土面積（約3,770万ha）に対する農用地（約550万ha）の割合はいちじるしく低い（図1-4）。こういった自然条件のため，せまい土地で多くの農民が生産・生活するという状態がつづいてきた。

　近年は産業構造の変化のなかで，農業就業人口の割合が低下してきているにもかかわらず，農業就業人口１人当たりの農用地面積は，いぜんとして欧米諸国にくらべていちじるしくせまい[1]。

　わが国では，集約的な稲作や施設園芸などが農業生産の多くの部分を占めているという事情を考慮しても，今後，この零細性をどのように克服するかは大きな課題である。

　しかし，単位面積当たりの穀物生産量は，世界のなかできわだって多い（図1-4）。これは，先人たちが，植物の成長がおう盛な自然条件のもとで，かぎられた耕地に多くの労働や資材を毎年そそぎ込み，その土地の生産力を高めてきたことによるところが大きい。

[1] わが国の農業就業人口１人当たりの農用地面積は約0.4haであるが，ヨーロッパでは平均約3.7ha，アメリカ合衆国では約48haである。

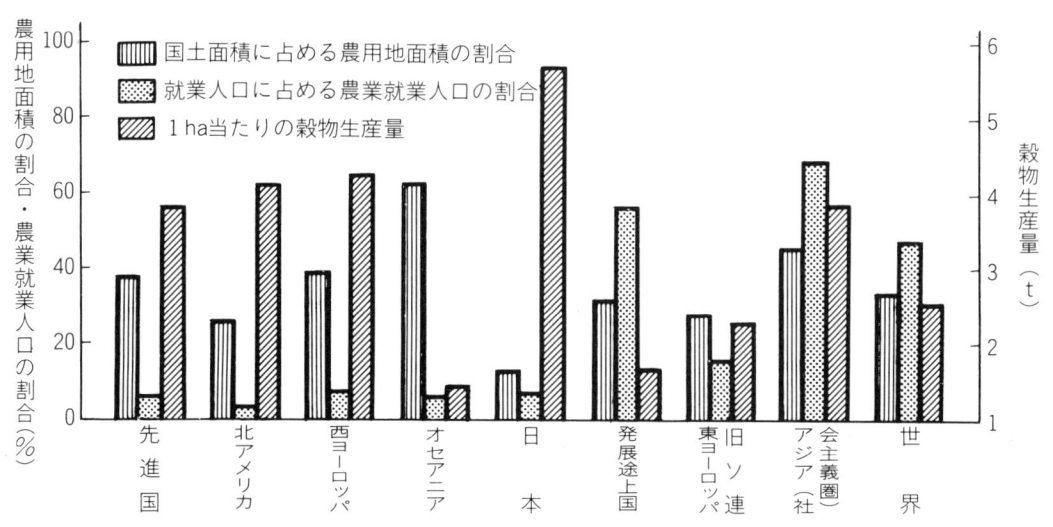

図1-4　日本と世界の農業条件の比較
［注］　農業就業人口は林業・漁業従事者などを含む1987年の数値，農用地は1986年の数値。
（『FAO生産年鑑』1987年による）

3 どのような主体によってになわれているか

家族によってになわれる農業経営

日本の農業経営の多くは、その労働の大部分が家族によってになわれている（このような経営を**家族経営**という）。この点は、世界じゅうのほとんどの国の農業経営に共通する[1]。しかし、他の多くの産業では、こうした形態はかならずしも一般的ではない。

これは、農作業にはいちじるしい季節性があり、技術的に習熟した人材を常時雇用する条件が乏しいためであろう。しかし、近年、規模拡大とともに農業生産の周年化や農作業の機械化などがすすみ、他産業なみに人を雇う企業的な経営もかなりみられるようになっている。したがって、農業が家族中心の就業形態をとっていることは、かならずしも農業の宿命ではなく、今後は企業的な経営もさらにふえていくものと考えられる。

兼業化とその実態

自分の家の農業（自家農業）に従事するていどによって農家[2]の世帯員を区分した統計（表1-1）をみてみよう。農家の世帯員は「自家農業だけに従事した人」（農業専業）と「自家農業とその他の仕事に従事[3]した人」（農業と兼業）とに大きく分けられ、さらに後者は「自

(1) 近年は資本主義諸国だけでなく社会主義の諸国でも家族を単位とする経営形態がとられるようになっているので、農家の家族が農業生産の中心的なにない手であるということは、ひろく世界的な傾向であるといえよう。

(2) 統計上は、経営耕地面積が10a以上の農業を営む世帯および1年間の農産物販売金額が15万円以上あった世帯を農家という。また、経営耕地面積30a以上または農産物販売金額50万円以上の農家を販売農家という。

(3) 「その他の仕事に従事」とは、年間30日以上雇用兼業に従事するか、年間10万円以上の販売収入のある自営兼業に従事した世帯員である。これを兼業従事者という。

表1-1 農業就業状態別人口

		自家農業だけに従事した人 (a)	自家農業とその他の仕事に従事した人		農業就業人口 (a)+(b)	農業従事者 (a)+(b)+(c)
			自家農業が主の人 (b)	その他の仕事が主の人 (c)		
実数（千人）	昭和35年	13,069	1,446	3,113	14,542	17,655
	40年	9,614	1,900	3,929	11,514	15,443
	45年	8,519	1,833	5,266	10,352	15,618
	50年	6,566	1,342	5,825	7,907	13,733
	55年	6,036	937	5,566	6,973	12,539
	平成2年	5,150	503	4,713	5,653	10,366
構成比（%）	昭和35年	74.2	8.2	17.6	82.4	100.0
	40年	62.3	12.3	25.4	74.6	100.0
	45年	54.6	11.7	33.7	66.3	100.0
	50年	47.8	9.8	42.4	57.6	100.0
	55年	48.1	7.5	44.4	55.6	100.0
	平成2年	49.7	4.9	45.4	54.6	100.0

（農林水産省統計情報部『農林業センサス累年統計表』昭和55年および『農林業センサス結果資料』平成2年による）

家農業が主の人」と「その他の仕事が主の人」に分けられる。この三つの区分に属する人が**農業従事者**[(1)]とよばれ、「自家農業だけに従事した人」と「自家農業が主の人」に属する人が**農業就業人口**とよばれている。

現在,わが国の農業従事者に占める農業就業人口の割合は約55％であり,約半数の世帯員が「その他の仕事が主の人」となっている[(2)]。

さらに,わが国の統計では,家を単位にして,その世帯員に兼業従事者が一人もいない農家を**専業農家**,世帯員に兼業従事者が一人以上いる農家を**兼業農家**として区分している。兼業農家のうち自営農業（自家農業＋農作業受託）からの所得が兼業所得より多い農家を**第1種兼業農家**,逆に兼業所得のほうが多い農家を**第2種兼業農家**として区分している。この定義にしたがうと,現在のわが国の農家（販売農家）の約85％近くが兼業農家,そして第2種兼業農家がじつに65％を超える状態になる。これは農業従事者に占める農業就業人口の比率（約55％）からみた兼業化の度合いにくらべて,兼業化がよりきょくたんにすすんでいることを示す結果となっている。

(1) 農家の世帯員数から「農業従事者」を差し引いた残りには,「他の仕事だけに従事した人」のほか,学生・病人・引退した老人などの「仕事に従事しない人」が含まれることになる。

(2) 世帯員数に占める農業就業人口の割合は約35％である。

> **参考　欧米での兼業農家のとらえかた**
>
> 欧米では通常,夫婦を単位として兼業（パートタイムファーマー）の定義がおこなわれているのに対して,わが国では,すでに成人したこどもの収入も一家の収入として計算している。このため,わが国の兼業農家率が高くなっている。
>
> 統計上,家族全員の収入を一括して家の収入としてみる背景には,農業に家族全員で取り組み,骨身おしまず働いて生計を立てる,ということが支配的であった時代のなごりが認められる。

産業構造の変化とにない手

農業従事者に占める農業就業人口の比率が,年々低下する傾向にあるのは,一つには農業の機械化をはじめとする技術革新の影響とみられる。もう一つには,急激な工業化によって,農村に住み他の産業に就業することができる機会が豊富になったことがあげられよう。そして,農業のにない手が,こうした産業構造の急激な変化に兼業というかたちで適応している点にも,日本農業の特徴がある。

4 どのような方向に向かいつつあるのか

日本農業は，1戸平均1ha前後の耕地のうえで家族を中心とした生産がすすめられてきたが，これを生産能率という側面から年次的にみていくと図1-5のようになる[1]。このグラフで，日本の農業の発展の足どりをたどってみると，昭和35年（1960）ころまでは，作付け面積の拡大は度外視した多収穫をめざす方向で生産力を高めてきた。しかし，昭和35年以降は，多収穫だけでなく省力化をめざす方向へと転換した。そして近年は，この両者を実現する方向で生産力を高めてきており，この方向は今後もつづくと考えられる。

このような流れのなかで，農民の世代交代がすすんでいくにつれて，他産業なみの労働条件をもとめる若い農業者が新しいにない手として登場するようになった。そのばあいの労働条件は，①労働強度が過度にきつくないこと，②労働時間がきょくたんに長すぎたり不規則であったりしないこと，③労賃が他産業なみの水準であること，などである。こうした労働条件の実現に向けて，今後いっそう農業経営の改善につとめていくことがもとめられている。

(1) この図の横軸・縦軸とも農業者の労働能力を示すものであるが，実線が横軸にそって伸びているばあいは多収穫（栽培管理能力の向上）が実現され，縦軸にそって伸びているばあいは省力化（作業処理能力の向上）が実現されたことを示している。

破線は，10a当たり収量×100時間当たり処理面積＝100時間当たり収量が同一水準にある点をつないだ線であるが，この値が大きいほど生産力が高まっていることを示している。

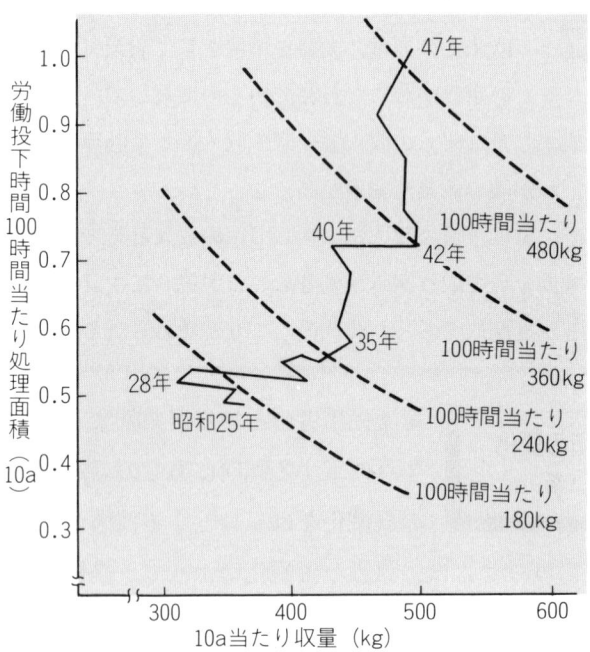

図1-5 稲作生産力の動向
（川村琢・湯沢誠編『現代農業と市場問題』昭和51年による）

3 地域農業のにない手

1 個別の農家の経営努力と発展

　わが国の農村では，すでにみたような経済社会の急速な工業化によって，地域のなかに工場や住宅地がひろがっていき，農家と他産業に従事する住民が入りまじって生活する混住化（都市化）が多くの地域ですすんだ（図1-6①，⇒p.158）。こうした混住化とともに，農家の兼業化や農地の減少もすすみ，生産活動が停滞している地域もみられる。しかし，こうしたなかでも，有利な作物を選択したり，生産物を有利に販売できるといった都市化の利点をいかしたりして，経営を発展させている農家も少なくない。

　いっぽう，工業化や都市化の波がさほどおし寄せていない遠隔地域でも，兼業化がすすみ，後継者の減少とともに農業者の高齢化[1]もすすみ，生産活動や農地の維持さえむずかしくなっている地域もみられる（⇒p.158）。しかし，図1-6②のような農業を主とした農家が比較的多く残っている地域も多く，個々の農家は自分の土地や労働力などをもっとも有効にいかす経営を追求している。その結果，

[1] 農家人口に占める65歳以上の人口の割合を農家高齢化率とよんでいるが，その値は平成2年では20％になっている（昭和55年は16％）。

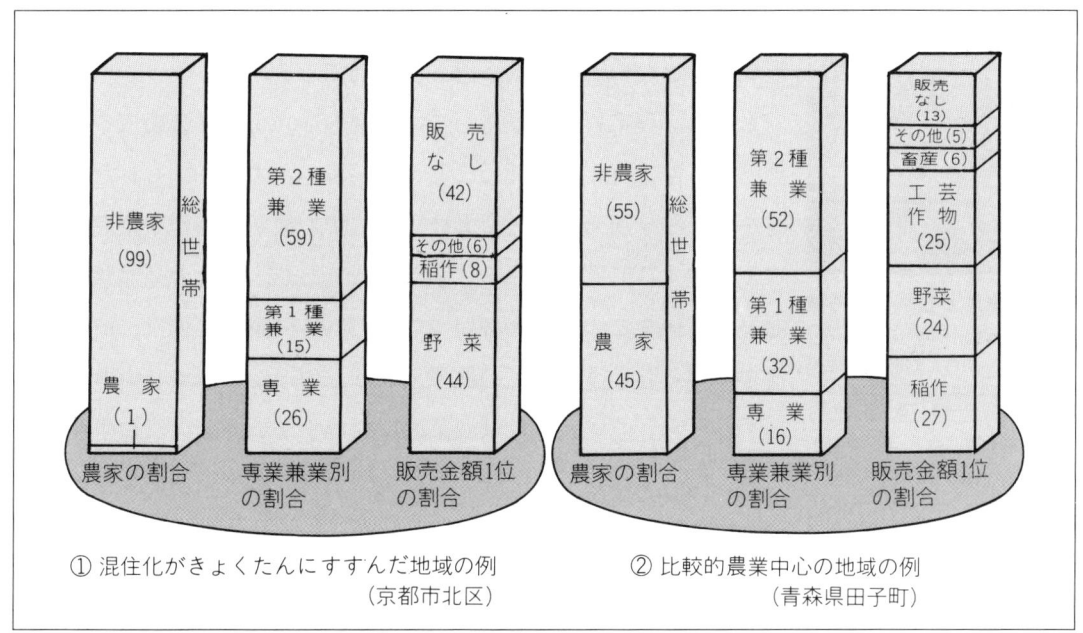

① 混住化がきょくたんにすすんだ地域の例
　　　　　　　　　　　　　　（京都市北区）

② 比較的農業中心の地域の例
　　　　　　　　　　　（青森県田子町）

図1-6　地域農業の現状　　　　　　　　　　　　　　　　　　　　　　　　　　（単位：％）
（農林水産省統計情報部『1990年農林業センサス』より作成）

農家の経営内容が多種多様になり、多くの地域で農家の多様化がすすんでいる。なかには土地の拡大が都市部にくらべて比較的容易であるといった遠隔地域であることの利点をいかして、大規模な経営を発展させている農家もみられる。

このようにみてくると、地域の条件によって農業経営は大きな影響をうけるが、観点をかえるとマイナスと思える条件がプラスになっているばあいもあり、農家の経営の発展は、一面では個々の農家の考えかたや、土地や労働力などの使いかたで決まるようにもみえる。

2 もとめられる新たな協力関係

農業経営の維持・発展と地域

混住化や兼業化・高齢化がすすみ、地域の農家が多様になるにつれて、一つの地域としてのまとまりがなくなってきていることも事実である。地域住民の大半が農家で、そのほとんどが稲作農家であった時代には、地域内の水路の清掃や農道の補修などは、地域のほとんどの人が参加しておこなわれた。しかし、地域のなかに非農家が多くなり、兼業農家もふえてくると、それまでの共同作業を維持することがむずかしくなってくる。また、共同の生産施設や機械などを修理・更新するばあいにも、利害・関心が多様で、なかなか合意形成ができないといった事態も生まれてくる。

しかし、農業経営を維持していくばあい、まわりの農家や住民の理解なしには実現できないことがらが多い。また、すぐれた農業経営をおこなうためには、農業技術に関する最新の情報や生産・流通などに関する的確な情報の入手が必要であり、農地の基盤整備や高能率の機械などの導入も必要になる。とくに重要なのは、情報の交流を深めるという意味での農業者どうしのなかまづくりである。

共同作業によるハウスの被覆

やってみよう

農業経営にとって、自分の地域の条件は、どの点がプラス面でどの点がマイナス面かを考えてみよう。また、農業に従事している先輩をたずねて、考えを聞いてみよう。

もとめられるにない手の集団

地域農業のにない手というと、直接生産活動にたずさわる農業専業者をイメージするかもしれない。しかし、これまでみたように地域というひろがりで考えていくと、少数の農業専業的なにない手がいたとしても、その地域の農業や個々の経営が発展するのはむずかしい。地域農業発展のためには、兼業農家も含めたにない手の集団が

どうしても必要になる。つまり，農業専業的なにない手と兼業農家とがたがいに協力しあって，農業経営をすすめていく必要がある。

とりわけ日本農業は，個々の農家の土地や資本がじゅうぶんには大きくないから，協力しあってさまざまな組織をつくり生産活動の合理化や市場対応をすすめていくことがもとめられている。

3 これからの地域農業のにない手

近年，兼業化や高齢化がすすみ，新規就農者も少なく，やがては農業のにない手不在の状況になるのではないかと危ぐされている。しかし，地域農業のにない手はほんとうにいなくなるのだろうか。

すでにみたように，現在の農村には，これまでの農村にはみられなかった多様な人びとが生活し，農業についてさまざまな関心やかかわりをもっている。たとえば，「農業専業でがんばりたいのでもう少し農地を拡大したい」と考える人がいるいっぽうで，「兼業に力を入れたいので，自分の農地を活用したいという人がいれば条件しだいでは提供してもよい」と思っている人もいる[1]。

いまから30年近く前にドイツで生まれた農業機械の利用を融通しあう**マシーネンリング**（農業機械化銀行，⇒p.177）は，こうした，地域内のもちつもたれつの関係をたくみに組織化して，地域的な生産組織を結成して画期的な成果をあげている典型的な事例である[2]。

わが国でも各地に，そのような地域農業としての発展をめざす，すぐれた**集団活動**（⇒p.167）が生まれている。たとえば，①補助金（⇒p.191）ではいった機械の利用をいかに適切にすすめるかからスタートして，②そのうえで，組織内の労働力や土地をいかに合理的に利用するかという課題に取り組み，さらに，③組織に参加している農家の経営改善や生活改善の重要性に気づき，それに取り組んでいく，といったすぐれた活動もみられる。

つまり，これからの地域のにない手には，地域の一人ひとりの個性と経営条件をたいせつにしながら，地域内の土地や労働力・機械などの資源をより適切に活用していく新たな協力関係をつくっていくことが，強くもとめられているといえよう。

(1) 高齢者のなかには，大型の機械を使う農作業はだれかにまかせたいが，施肥や水管理などは自分でおこない，自分のつくった米を都会に出ている兄弟姉妹やこどもたちに送りつづけたいと考えている人もいる。非農家の女性のなかには，軽い農作業のパートがあれば，労力を提供してもよいと考えている人などもいる。
(2) この組織化の根底には，個々の農業者の個性的な多様性の追求と地域農業の存続・発展を同時並行的に実現していこうとする観点がつらぬかれている。

4 世界的にみた日本農業

1 人類的課題にどう対応するか

世界の農業の動きと人類的課題

第2次世界大戦後の世界の農業の動きをみると，表1-2のとおりである。

この30年間に人口は2倍近くと驚くほど急速に増加したが，それらの人びとに食料を供給するための農用地はさほど大はばにふえてはいないし，家畜の数もそれほどの伸びを示していない。今後もこの伸び率で人口がふえつづけるとすると，人類はつぎの三つの問題に直面すると警告されている。

①人類が生存をつづけていくための食料確保の問題。

②人口増加にともなう地球上の生態系の変化の結果として，今後急速にそこなわれていくのではないかと危ぐされる環境保全の問題。

③地球上の各種の資源，とくに石油や石炭に代わる資源を，今後どのようにして確保・蓄積していくかという資源確保の問題。

農業生産の重要性

こうした人類的課題に着目したとき，じつは農業生産という営みは，太陽の光と水と空気を基本的な資源として，人間の生命を保つために必要な食料をもたらすと同時に，環境を浄化し，人間生活を豊

表1-2 第2次世界大戦以降の世界の人口・家畜・農用地の動向

		1958年	1968年	1978年	1989年
人口（100万人）		2852.0	3571.4	4182.4	5205.2
農用地 (100万 ha)	耕地および樹園地	1395.0	1406.0	1462.0	1475.4
	永年採草地	2569.0	3001.0	3058.0	3211.9
	合計	3964.0	4407.0	4520.0	4687.3
家畜 {100万頭 100万羽}	牛	867.7	1099.4	1213.1	1281.5
	馬	70.8	65.9	61.6	60.5
	豚	453.7	605.2	731.8	846.2
	めん羊	940.8	1075.5	1055.7	1175.5
	やぎ	328.2	404.9	437.8	526.4
	鶏	…	…	6464.8	10574.0
森林（100万 ha）		3987.0	4068.0	4077.0	4049.0

(FAO "Production Yearbook" 各年次による)

やってみよう

ここ1か月間の新聞から，三つの人類的課題に関係する記事を探して，テーマごとに整理してみよう。

かにする食料以外のさまざまな資源[1]をもたらすという点で，まさに人類的課題の解決に，直接的に役だつはたらきをもっていることがわかる。もちろん，現実の農業のなかにはこういった理想的な方向とはうらはらに，資源を浪費し，さまざまなかたちで環境を汚染しながら，安全性さえ疑われるような生産物をつくっているばあいも少なからずある。

したがって，いまのうちから人類的課題に対応しうる農業を確立していくことが，もとめられているのである。

是正すべき農業軽視の風潮
ところが，農業は工業などとくらべ発展のスピードがおそく，そのため農業をきょくたんに軽視する風潮が生まれている。しかし，こうした風潮には，大きな誤りがある。一つは，農業が人類的課題にとっていかに重要な地位を占めているかをみすごしているという点である。もう一つは図1-7に示すように，農産物を生産・加工したり，農業に生産資材を供給したり，それらの流通を担当したりしている農業とその関連産業（**アグリビジネス**とよぶ）が，国民経済のなかでも大きな地位を占めているということである。したがって，このような農業を軸とした産業のひろがりを知らずに，せまい視野から農業を軽視することは，国内産業や国民生活を誤った方向に導きかねない。

[1] たとえば，穀物やいも類，サトウキビなどを発酵させてつくったアルコール（バイオマス・アルコール）は，ガソリンに代わる燃料として使用されている。また，稲わらや木材チップなどからアルコールを生産することも可能になっている。

やってみよう
地域の農業関連産業に，どういう産業があるか調べてみよう。また，関連製造業者や飲食店をたずね，そこで使っている農産物の生産地や年間使用量を調べてみよう。

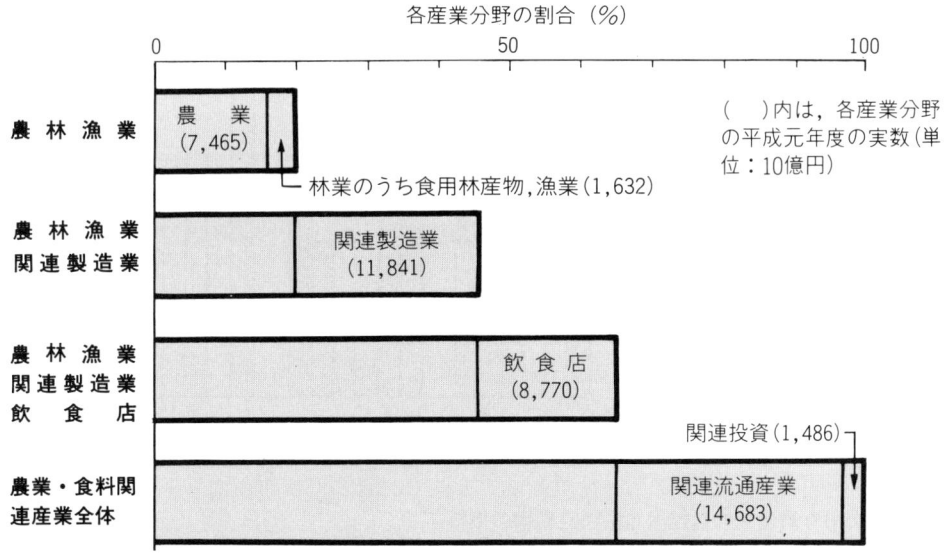

図1-7　農業・食料関連産業の国内総生産
（農林水産省統計情報部『ポケット農林水産統計』平成4年による）

2 国際化のなかでどうふるまうか

農産物の国際貿易の基本

日本農業のすがたを国際的な立場からみたばあい、第1に注目しなければならないのは、図1-8に示したように日本の農産物自給率が、先進国のなかでも異常な低さを示しているという点である。

もちろん、世界各国はそれぞれ自然条件も社会条件もことなっているから、あらゆる品目を自国で生産できるとは限らない。むしろ、それぞれの国の特産物を他国に売り、他国の農産物を買うことによって、国民の食生活を豊かにしていくというのが、農産物の国際貿易の基本である。したがって、ただたんにある農産物の自給率が高いか低いかということだけで問題とする必要はない。たとえば、日本と同じように1戸当たりの耕作面積がひじょうにせまいオランダでは、穀類やマメ類、果実を大量に輸入しているが、野菜やイモ類・畜産物は自国の消費量とほとんど同じくらいの量を輸出している[1]。

(1) アルプスのふもとのスイスのような山国でも、穀類やマメ類、野菜・果実はその大半を輸入に依存しているが、イモ類や牛乳・乳製品についてはかなり輸出をしている。

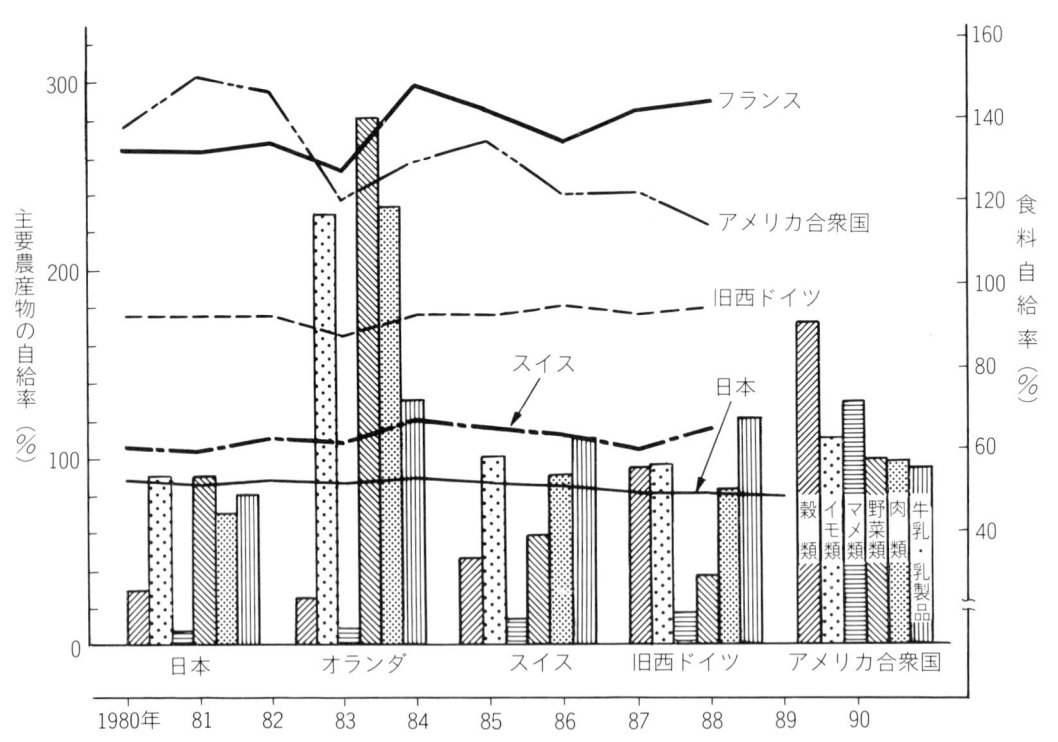

図1-8 世界各国のおもな農産物の自給率と食料自給率の推移
　[注]　主要農産物の自給率は、日本は1989年、その他の国は1985年の数値、折線グラフは食料自給率を示す。
（農林水産省大臣官房『食料需給表』・OECD『Food Consumption Statistics』各年次による）

これに対してわが国は，米を除く穀類やマメ類などがきょくたんに自給率が低くなっているばかりでなく，何一つとして農産物を本格的には輸出しておらず，ほとんどの品目について輸入にたよっている。

農産物の特殊性 第2に，日本が大量に輸入にたよっている穀物やマメ類にしても，その輸出向けの市場出まわり量は世界の総生産量の数％から25％ていどにすぎず，大部分は自国内で供給・消費されており，他国に売るために生産されているのではないという点である（表1-3）。つまり，国際的に流通する農産物は必要になったら，金を払いさえすれば好きなだけいつでも買える商品ではなく（工業製品の多くはそのような商品である），数量がひじょうに限定された商品である。したがって，いったん異常気象とか，社会経済的な変動が発生すると，いくら金を出すといっても品物が手にはいらなくなるという不安定さをまぬがれない。

深刻な農産物需要 第3に，発展途上国では増加する人口に対応して食料増産に努力しているが，それが順調にすすまず，やむなく乏しい外貨を使って各種の農産物を輸入するという状況になっている点にも注目しなければならない。こういった国際的な農産物需要の深刻さを考えると，輸入したほうが安上がりだという理由だけで，わが国の食料生産能力[1]を発揮させないことは，国際的にのぞましいありかたとはいえない。

表1-3 主要農産物の総生産量に占める輸出向けの出まわりの割合 (単位：％)

穀物全体	コムギ	米	トウモロコシ	ダイズ	食肉	粗糖	バター
11.5	18.1	3.6	15.0	24.2	6.6	24.4	16.1

［注］ コムギの輸出量はコムギ粉（コムギ換算）を含む。
(FAO "Production Yearbook" 1990年, "Trade Yearbook" 1990年による)

(1) 米についてみると，水稲の潜在作付け面積は280万haと見積られているが，平成3年の作付け面積204.9万haの約1.4倍である。

やってみよう
昭和35年以降のわが国の食料自給率の推移を調べ，パーソナルコンピュータを使ってグラフにしてみよう。そして，p.14の「やってみよう」でつくった農産物の生産量のグラフと重ねてみて，自給率の変化の原因についてまとめてみよう。

③ 先進国としてどうふるまうか

　かつては，先進国と発展途上国とのあいだで，先進国が工業製品を供給し，途上国は農産物を供給するという国際貿易の一つの分担があった。しかし，1970年代の石油ショック以降，国際的にも産業構造がはげしく変動し，先進国のなかには工業製品ばかりでなく農産物を大量に輸出する国が出てきた。いっぽう，途上国では農産物を輸出するとともに，人口増加の結果，大量の食用農産物を輸入しなければならない国が出てきた[1]。

　こういった状態を打開するには，農業開発のための先進国からの協力が必要であり，近代的な市民社会への脱皮を促進するための農地改革や教育改革などを着実にすすめる必要がある。そのばあい，わが国の明治維新以来の経験の蓄積は，それらの国々の学習材料としてきわめて有効なものとなろう。したがって，こうした面からも，日本の農業が今日以上に衰退したり，荒廃したりすることがあってはならない。

　今日のような国際化の時代には，自国の農業のことは自国のなかだけで考えればそれですむ，という状況ではなくなっている。日本の農業はたえず海外の影響のもとにおかれているし，逆に，日本の農業のありかたが，海外の農業に大きな影響をあたえている。この意味で，わたしたちは地球市民としての観点を身につけながら，日本農業の発展を考えるという立場に立たなければならない。

[1] 先進国の農業は技術革新の成果によって生産を伸ばしたが，国内の人口はゆるやかにしか増加しなかったので，結果的に過剰となった部分が販路をもとめて，国際市場にあふれ出た。これに対して，途上国の農業は，各種生産資材の供給も思うにまかせないため，生産が順調に伸びなかった反面，急激に人口が増加したので，慢性的な食料不足におちいるという状況が生まれた。

やってみよう

世界の国ぐにから食料不足や飢餓に苦しむ人びとをなくするために，わが国はどうすればよいか，班をつくって討論してみよう。

第2章 農業経営の組織と運営

プロローグ
―もうかる作物とは―

　大雪町の農業高校の卒業生で，バイオテクノロジーなどで有名なH大学の農学部で勉学している大志君が，ひさしぶりに帰省して，施設園芸の自営をめざしてがんばっている賢治君を訪ねてきた。

大志　春の連休といっても，大学では実習や実験があって，けっこう忙しいんだよ。しかし，たまには帰ってこないとおやじのきげんがあやしくなるし，仕送りにひびくとたいへんだからね。
賢治　でも，きみみたいに都市といなかをいったりきたりできるのはうらやましいね。なにしろ視野がひろがるからね。きょうはめったにないチャンスだから，おれの悩みを聞いてくれよ。
大志　なんだい，その悩みというのは……。
賢治　じつは恋愛のことや，地球環境の悪化と農業の関係などいろいろあるんだが，それらはあとまわしにして，まずは農業経営の問題について，きみの意見を聞かせてほしいんだよ。
　じつは，このあいだ4Hクラブのプロジェクトで今年は何をやろうかと考えていて，おやじと相談したら，とんでもない難問をあたえられてしまったんだよ。
大志　それは，いったいどういうことなんだ。
賢治　おやじがいうには，「おまえもそろそろ本気で農業に取り組もうとしてきたようだから，その手はじめに一つ問題を出してやろう。前の畑のコムギの収穫が終わったら，その跡地30aの作付けから収穫・販売までの一切のことをおまえにまかせる。何をつくってもよいから，できるだけもうけてみせろ。そのばあいの条件は，まかせる期間は1年きりではなくて3年間とする，畑の一部分だけを利用するというのはだめで，30aを全部使い切ること」というんだよ。
大志　ほうー。それはすごい。おもしろそうだね。
賢治　最初はおれもそう思ったよ。しかし，よく考えて「これだ」という作物がうかばないんだよ。30aというのはそれほどのひろさではないが，あまり手間のかかる作物では手に負えなくなるし……。何か，もうかる作物はないかね。アイデア料を支払うよ。

大志 そいつは豪勢だ。アイデア料をどっさりもらいたいものだね。しかし，どうも「もうかる作物」というのがくせ者だね。おやじさんと同じことをしてもとてもかなわないだろうし……。

賢治 そこなんだよ。おやじのやりかたから一歩ぬけ出た方法でもうけて，おやじの鼻を明かしてやりたいんだが……。

大志 問題は，「もうかる作物」というときの考えかたの整理のしかたにあるのではないだろうか。というのは，そこでつくられる作物が，ひとりでにもうけさせてくれるわけではないのだから……。

賢治 そういえば，同じ集落のなかで，しかも同じ作物をつくっていながら，いっぽうではかなりもうけている人もいれば，あまりもうかっていない人もいるね。

大志 じゃあ，そのもうけている人ともうかっていない人とでは，どこにちがいがあるんだろう。

賢治 うーん。土地のよしあしと手間のあるかなしかなあ……。

大志 ということは，まず何がもうけに関係しており，それらはどう関連しあっているかを整理してみる必要がありそうだね。

施設園芸に取り組む後継者

1 農業生産の要素と農業経営の目標

1 農業経営の目標

農業経営のしくみ

　きみたちの多くは，最新型の自動車に強い関心をもっているにちがいない。なにしろ，そのスピードといい，パワーといい，流れるようなスタイルといい，それは人間の夢を凝縮したような存在である。この自動車は，大きくいって三つの部分，つまり車輪などの足まわり，これにエネルギーを供給するエンジンまわり，そして走っていく方向などの操作・制御にかかわるハンドルまわり，の要素からなりたっている。そのすばらしさはこれらの部分が一体になって，一つの自動車という高い性能をもった機械をかたちづくっているところにある。

　じつは，農業経営という活動も，**土地**と**労働**と**資本**という三つの生産要素が一体になって構成されているものなのである。そして，エンジンをかけアクセルを踏めば自動車が動き出すように，農業経営では土地と労働と資本をじょうずに組み合わせて運営すると，能率的に生産がおこなわれ，合理的な活動の成果として多くのもうけがもたらされるしくみになっているのである。

土地・労働・資本から構成される農業経営

1 農業生産の要素と農業経営の目標

農業生産と生産手段

人間の生産活動は、人間がその生存に必要な物資をもとめて自然に働きかける活動（労働）[1] にほかならないが、人間はその活動をより能率的にするために、働きかける対象である自然をかえてきた。たとえば、野生の動植物を改良して家畜や作物へとつくりかえてきた。同時に、自然への働きかけそれ自体をより効果的にするために各種の道具や装置（機械や施設）をつくり出し、その改良を重ねてきた。

作物・家畜などのように人間の労働が働きかける対象を**労働対象**、農業機械や施設などのように人間の労働の補助手段となるものを**労働手段**とよび、両者をあわせて**生産手段**とよんでいるが、農業生産においては作物や家畜が育つ基盤である土地[2]が生産にとって不可欠であり、これが重要な生産手段となっている。

生産の2要素から3要素への発展

経済社会が未発達の時代には、人間は自分たちが生きていくのに必要な食料や衣服などを得ること（自給）に労働の大半を費やしていた。こういう状態では、生産手段は土地に限られており、農業生産はおもに土地とかんたんな道具などを用いる労働の二つの要素よって維持されてきたといえる（図2-1①）。

しかし、生産力が高まるにつれ、自給を上まわる農産物を、農業では生産できないもの[3]の入手のためにふり向けるようになっていく。

さらに、商品経済がすすむにつれて、都市に住んで農業以外の職業を営む人びとによって商業や手工業が発展していく。そして、農

[1] 労働を生み出す肉体的・精神的な能力を労働力という。

[2] 土地は、人間が働きかける労働対象であると同時に、これを用いて労働をおこなう労働手段である（→p.37）。

[3] たとえば、かまやくわの刃先に使う鉄や、海水からつくる食塩や岩塩などがあげられる。

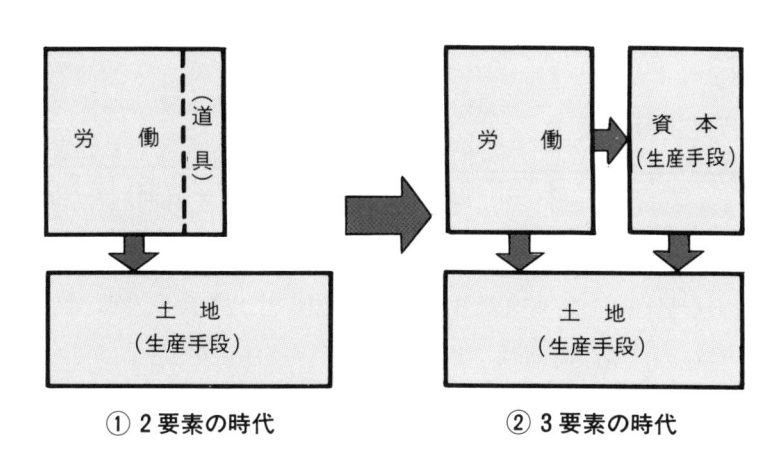

① 2要素の時代

② 3要素の時代

図2-1 生産の2要素から3要素への変化

業で使う農具や肥料，あるいは生活資材の生産は工業によってになわれるようになる。

　こうなってくると，農業生産はもはや土地と労働だけではじゅうぶんにすすめることができなくなる。つまり，何がしかの資金を使って，肥料や農機具などを買ってきて，それをじょうずに使いこなすことによって，より多くの収穫をあげ，これを売ってより多くの金を手に入れて，生産と生活を豊かにするという循環が生まれてくるからである。それは，自給自足の経済（自然経済）のもとにあった農家が，貨幣を仲立ちとする経済（商品経済）へと変化していく過程でもあった。

　こうして農業は，図2-1②のように土地・労働・資本を使う産業となっていった。

> **参考　資本の役割の拡大とその意味**
>
> 　生産の3要素として，土地・労働・資本というものにはじめて注目したのは，産業革命が進行した時代の西欧諸国の先駆的な経済学者たちであった。しかし，その後，資本主義経済が進展していくにつれて，資本の役割がしだいに大きくなり，貨幣で労働力も土地も買われるようになり，経営のために投下された資金すべてを「資本」とよぶようになった。このばあいの資本は，生産の3要素としての資本とは意味あいがことなり，ひろい意味で用いられている。
>
> 　現在，農業経営において生産の3要素というばあいの資本は，機械・施設，肥料・薬剤などの物財をさすものとして，限定的に使われている。

現代における農業経営の目標
　今日の**企業経営**（雇用労働力を中心にして，資本提供者と労働提供者が分化している経営）では，資本や労働力を投入して生産・販売活動をおこない，投入した資本に対する報酬（**利潤**）をより多く得ることをおもな目標にして営まれる（労賃は費用に計上される。図2-2）。だが，現在の日本の農家の大半は家族経営（⇒p.16）である[1]。

　では，現実の農家は何を目標にして農業経営を営んでいるのだろうか。みずから土地をもっているという点からは，その土地をでき

(1) 株式会社とか有限会社といった法人（→p.172）の形態をとって，企業的に営まれている農業事業体も，全国に8,000ぐらい存在している。しかし，これらは現在のところ例外的な存在である。

るだけじょうずに使ってより多くの土地による報酬(**土地純収益**⁽¹⁾)を得ることを目標にするだろう。また、みずから労働をするという点からは、できるだけ多くの労働による報酬(**労賃**)を得ることを目標にするだろう。さらに、資本を調達し投入している者としては、一般の企業経営者と同じような立場に立って、利潤を追求するという姿勢がある。このようにみてくると多くの農業経営者にとっては、土地純収益と労賃と利潤からなる**農業所得**⁽²⁾(⇨p.50)を最大にすることが経営の目標となっているようにみえる(図2-2)。

では、これらの三つの報酬のうち、現在の農業経営ではどれが中心的な位置を占めるのだろうか。農業技術が未発達で生産力が低い段階では、汗水流して働いて労賃を得ることが目的となっていた。しかし、農業技術が発達して生産力が高まってくると、土地面積当たりの収益に個人差が出るようになり、土地純収益が重要になる。さらに、経営に投入する資金が多くなった現在では、利潤を確実にあげることを考えなければ、経営がいきづまることになる。

ただ、ここで注意しなければならないのは、労賃と利潤とのあいだには矛盾する関係があるという点である。すなわち、高い労賃を支払えば利潤がへり、労賃をおさえ込めば利潤がふえるという関係がある⁽³⁾。したがって、現在の農業経営では、労賃は他産業なみの水準の実現をめざしつつ、持続的に最高の利潤と土地純収益をあげることが経営の目標になっている。

(1) ことなった土地にまったく同じ労働や資本を投入した結果、もっぱら利用した土地の優劣によってもたらされる利益に差が生じるとき、それを土地所有者に帰属する土地純収益の差としてとらえる。

(2) 土地・労働・資本の3要素に対する報酬からなりたっていることから、混合所得ともいう。

(3) しかし、土地純収益と利潤、土地純収益と労賃のあいだにはこのような矛盾関係はない。

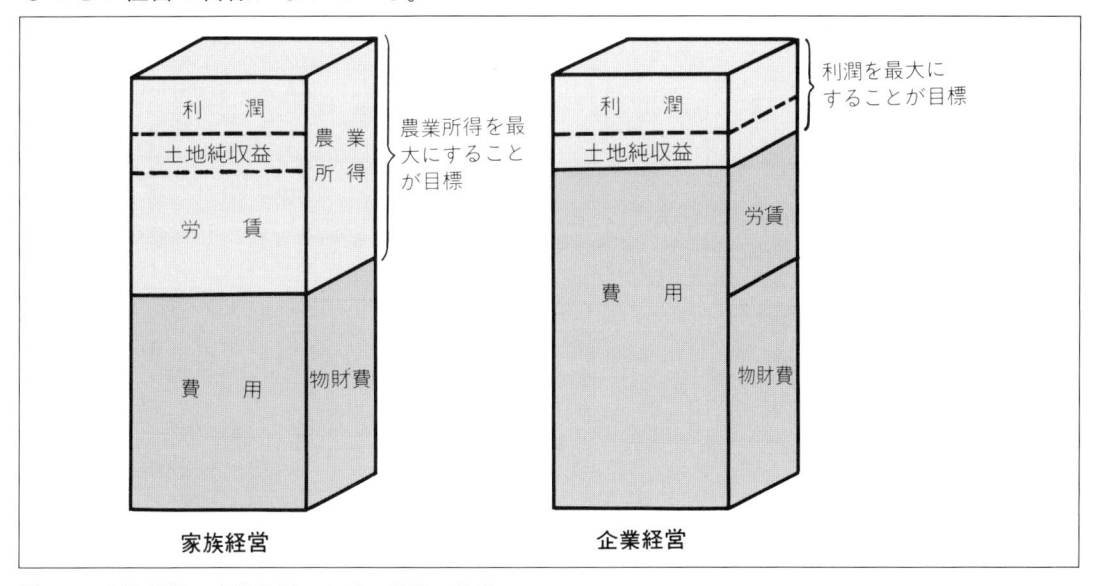

図2-2 家族経営と企業経営における経営の目標

2 農家が動かしている資本の種類と量

資本の種類

今日の農家は多額の資金を投入して,生産や販売に必要な資材をそろえて,経済活動をすすめている。

農林水産省の「農家経済調査」の結果によって,農家がもっている資産の内容と金額をみると表2-1のようである。ここでは,農家資産を,まず**土地・農業資本・流通資産**の三つに大別して示してある。農業資本は**固定資本**と**流動資本**とに分けられる[1]。固定資本にはつぎのようなものがある。

建物資本:農業に使われる倉庫・納屋・畜舎・たい肥舎・温室などの建築物で,取得価額がおおむね5万円以上のもの。果樹棚・サイロ・井戸・用水路などの構築物,さらには暗きょ排水などの土地改良関係の構築物などで,取得価額がおおむね5万円以上のもの。

自動車資本:農業およびその他の用にも使われる乗用車・トラック・ライトバン・オートバイなどで取得価額がおおむね5万円以上のもの。

農機具資本:農業用に使用する機械・機具で取得価格がおおむね

(1) 「農家経済調査」の資産の分類では,土地を別枠で取り扱い,それに建物・自動車・農機具・植物・動物の農業資本財をあわせたものを固定資産,未処分農産物と農業生産資材(種苗・肥料・飼料・薬剤・加工原料などの流動資本財)の在庫品を流動資産とし,これに流通資産をあわせたものを農家資産としている。また,資産に負債(借入金・買掛未払金)を加えたものを財産としている。

表2-1 単一経営での農家資産のあらまし (単位:万円)

	稲作	施設野菜作	露地野菜作	果樹作	採卵養鶏	ブロイラー養鶏	酪農	肥育牛
土地	1611.9	2174.8	6010.7	1745.2	2836.1	710.7	1559.4	1124.6
農業資本	240.6	937.5	400.7	668.0	2473.3	3108.7	2870.6	2778.3
固定資本	211.9	779.8	319.2	605.9	1666.8	1207.0	2343.5	2107.8
建物	89.1	543.2	163.3	212.1	629.2	655.2	721.2	298.4
自動車	9.7	33.6	30.5	18.3	45.2	38.8	48.8	35.2
農機具	105.3	170.7	108.4	52.9	224.3	149.9	412.9	139.0
植物	5.8	28.4	13.8	322.2	27.5	13.8	7.2	18.6
動物	2.0	3.9	3.2	0.5	740.6	349.3	1153.4	1616.6
流動資本	28.7	157.7	81.5	62.1	806.5	1901.7	527.1	670.5
流通資産	1994.7	1854.5	2437.2	2136.8	2245.9	1125.7	2186.1	1438.8
資産合計	3837.5	4835.9	8790.0	4502.5	6784.6	3071.4	6130.3	4699.8
〈参考〉								
経営耕地面積(a)	129.7	137.8	133.3	112.0	75.6	90.7	1137.8	140.1
うち借入面積	13.6	17.0	24.2	6.1	4.2	13.2	216.7	25.9
農業粗収益	164.9	1028.3	530.6	400.7	2135.1	4266.1	2297.9	2006.5
うち現金収入	146.6	1008.1	516.5	377.6	2133.1	4271.5	1962.5	1711.0

[注] 単一経営については,46ページ参照

(農林水産省統計情報部『農家の形態別にみた農家経済』平成元年度による)

5万円以上のもの（大農具という）。ただし，養鶏用ケージや育苗箱などのように一つの単価が5万円以下でもそれを大量にそなえているもの（集合農具という）は，合計額が5万円以上なら農機具として扱う。

植物資本：農業用の永年性植物およびそのために育成中の植物（1年生の作物は含めない）。

動物資本：牛・馬・豚・鶏・めん羊・ミツバチなどで，収益をあげる目的で飼育している動物。

以上のうち，農業にも使うが，農業外の事業用に使ったり，生活用にも使ったりするもの（井戸など）は，農業用に使っている割合に応じて計上することなっている。これらは，1生産期間において，その価値が生産物に一部分だけ移転し，その価値額が償却（減価償却）されるまで反復して使用される資本である（⇒p.51）。

流動資本：固定資本財以外の農業用に使われる種苗・肥料・飼料・薬剤などの物財が流動資本財で，その年の農業生産に投入された流動資本財の総額の2分の1を流動資本としている。これらは，1回の使用によって，その価値のすべてが生産物に移転する。

流通資産：農家の手もちの現金のほか，預貯金，生命保険の掛金，財形貯蓄や，株券・公債・社債などの有価証券のほか，農産物の売掛金や未収入金などの合計。

【農家が動かしている資本の量】

以上のようないろいろの資産を合計してみると，表2-1の稲作では約3,800万円，露地野菜作では約8,800万円，酪農では約6,100万円というかなり大きな資産をもっていることがわかる。しかし，これは土地や現金・預貯金を含めた資産額であって，より厳密な意味で農業生産や農業経営のために使われている資産である**農業固定資本**だけに限定して計算してみると，稲作では約210万円，露地野菜作では約320万円，酪農では約2,340万円とずっと小さくなる。

どうしてこのように小さくなるかというと，その理由は二つある。第1は，農家は農業経営体であると同時に，家族が生活する場であるため，すべての資産が利潤をあげるために投下される状態にはなっていないということである。第2は，農業資本というときには，土地をその計算に加えないというルールがあるからである。

【やってみよう】
学校農場にある農業資本の種類を調べ，固定資本・流動資本・流通資本に分けて一覧表にしてみよう。

3 農業における土地の役割と種類

土地の役割

　農業経営では、土地という生産要素をできるだけじょうずに使って、そこから最大の利益をあげることが中心課題になっている。

　では、どのように土地を利用することが、農業経営の目標達成につながるのだろうか。この点を明らかにするには、まず、農業生産における土地の役割を明らかにしておく必要がある。

　第1に、土地は作物の根を支え、その生育の場を提供する。

　第2に、土地は水分や養分を保持し、作物の成長に応じて水分や養分を作物に供給していく。

　第3に、土地はミミズのような小動物やさまざまな微生物のすみかであり、これらの生物の活動状況は作物の生育に大きな影響をあたえる。

　第4に、農作業をおこなう者にとっては土地は足場であり、機械作業などの基盤である。

　とくに、第2、第3の側面に注目したときに、地力[1]というとらえかたが古くから重視されてきた。

　なお、農業における土地の役割を考えるとき、見逃せない点は、土地が自由に動かすことのできないものであるということである。このため、それぞれの地域の気象条件などが、土地そのものの条件と一体化して、その土地の性質をかたちづくっている。たとえば、

[1] 地力とは、作物をよりよく生育させる土地の力のことで、肥料養分という点からは土壌の化学的な性質が重要であるが、排水の良否や土壌のかたさなどの点からは物理的な性質が重要であり、さらに作物が病害虫におかされにくいなど、育ちやすさという点からは生物的な性質も見落とすことはできない。

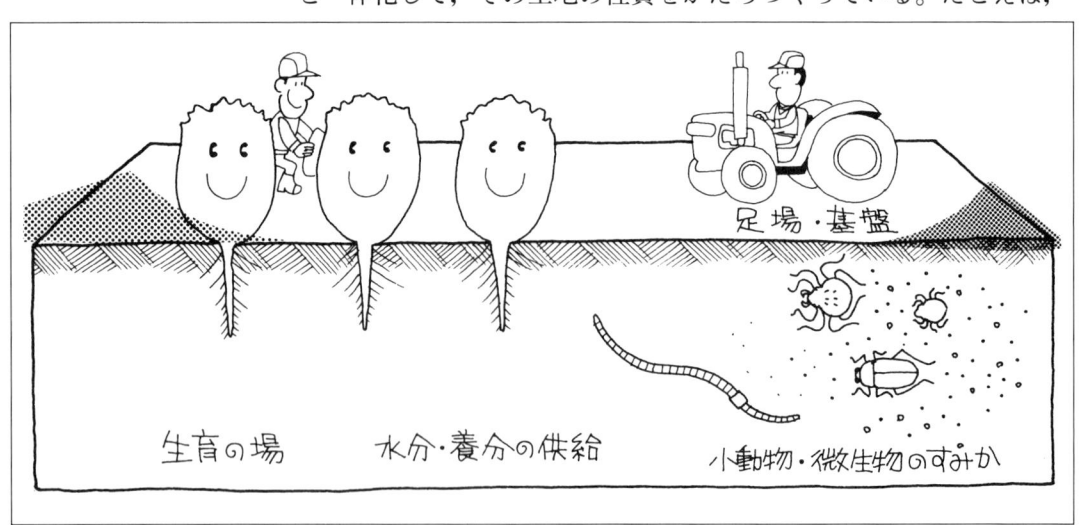

農業における土地の役割

積雪寒冷地とか，多雨温暖地といった条件は，その土地そのものの条件ではない。しかし，土地を農業に利用するときには，このような風土条件をまず考慮しなければならない。

工業における土地の役割とのちがい　農業生産にとっての土地の役割は，工業生産における土地の役割と比較してみると，その特徴がよく理解できる。図2-3のように工業生産での土地は，工場を建てたり，機械を据えつけたりするための土台としての役割に限られる。生産そのものはもっぱら機械を使って原料を製品にかえていくことが主となり，土地がなんらかの役割を果たすことはほとんどない。

これに対して農業生産では，土地は生産の基盤（労働手段）となるばかりでなく，土地を耕し種子をまくことからはじまり，これを育てて農産物をつくり出していく生産過程のすべての場面で，じつにさまざまな役割を果たしている[1]。それと同時に，この土地をたえず良好な状態に保つために土壌改良をおこなうなど，土地そのものにも働きかけ（労働対象）ている。

このように農業生産における土地は，労働手段であると同時に労働対象であり，ここにも工業生産における土地との大きなちがいがある。

土地の種類とわが国の農用地　これまでは，農業における土地の役割について，主として耕地を念頭において考えてきた。しかし，耕地以外にも，たとえば，酪農経営では，畜舎の敷地やそれに付属するパドック，放牧地も重要である。このほか農道や水路，ため池なども必要である。

[1] 近年では，養液栽培など土地から離れた農業もおこなわれている。しかし，いまのところ，これを大々的にすすめて穀物をつくったり，牧草を生産したりするところまではいっていない。そのおもな理由は，土地を利用した生産のほうが，より安い穀物や牧草ができるからである。

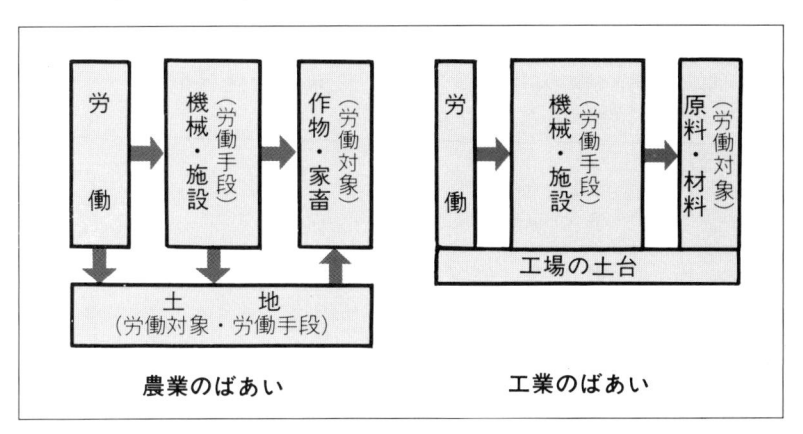

図2-3　農業生産における土地の位置づけ

そこで農業経営に使われる土地を分類してみると，図2-4のようになる。山林もたい肥の材料となる落葉をとったり，支柱に使う木材をとったりして農業経営に密接につながっている。

また，近年では自己所有の土地だけではなくて，借入地を利用することもかなりみられる[(1)]。その反面，自己所有地で，自分では使わずに貸している土地もある。この貸付地は，その農家の経営用の土地には含めない。

図2-4に示すような，田・畑・樹園地など，用途から分類した土地の種類を**地目**という。地目からみたわが国の農用地利用の特徴は，永年牧草地（採草地・放牧地）の比率が約11％ときわめて低いことがあげられる。さらに，耕地のうち，およそ55％が田であり，樹園地は8％，牧草専用地は12％，普通畑は25％ていどである。世界全体の農用地では，永年牧草地が70％近くを占め，耕地のうちかんがいをおこなってイネをつくっている面積は10％にもみたない。このことからも，わが国がいかに稲作中心の農業であるかがわかる。

なお，常時かんがいができる装置や施設をととのえた田は，長年にわたって多くの労働や資材が投入された土地であり，その生産力が安定しているという特徴をもっている。

(1) 平成2年の統計では借入耕地のある農家が約79万戸で，総農家の20％以上，その面積は41万haで，総耕地面積の約10％に達している。

◯やってみよう◯
学校農場の土地を地目によって分類し，それぞれの地目がここ3年間にどのように使われたかを調べてみよう。そして，それぞれの地目の特徴をまとめてみよう。

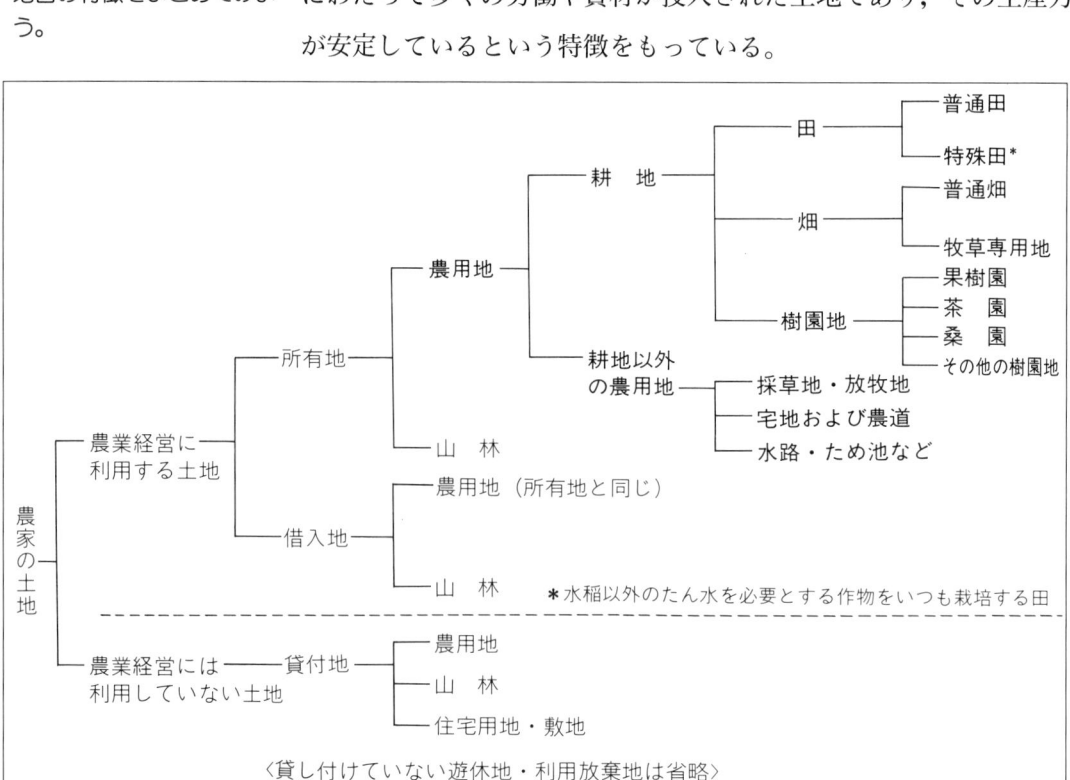

図2-4　農家のもっている土地・農用地の分類

＊水稲以外のたん水を必要とする作物をいつも栽培する田

〈貸し付けていない遊休地・利用放棄地は省略〉

2 生産諸要素の合理的結合

1 農業生産の複雑さ

　作物を栽培するということは，土地と作物（資本）の二つの生産要素を結合させることにほかならないが，その結合のさせかたは，細かくみればじつに多様である。たとえばたねまき一つとってみても，種子を畑一面にまくばあい，うねをたててすじ状にまくばあい，などさまざまな方法がある。いずれにしても土地と作物を結合させるには，かならずなんらかの農作業（労働）が必要となる。

　つぎに，それぞれの生産要素を，どのように結合させるのがもっとも適当かという問題がある。たとえば，肥料を施すというのは，土地と肥料（資本）の二つの生産要素を結合させることであるが，このばあいには施肥量や施肥方法，施肥時期が問題となる。そして，実際の施肥作業にあたっては，労働と，そのさいに使用する農機具（資本）との結合が必要となる。

　このように農業生産は，複雑な結合のなかから選択（意思決定）をおこない，それをくり返している。しかも，実際の農業経営においては，技術的に可能ないくつかの結合のなかから経済的にもっとも有利な結合をみきわめて実行しなければならないので，さらに複雑な意思決定が必要になる。

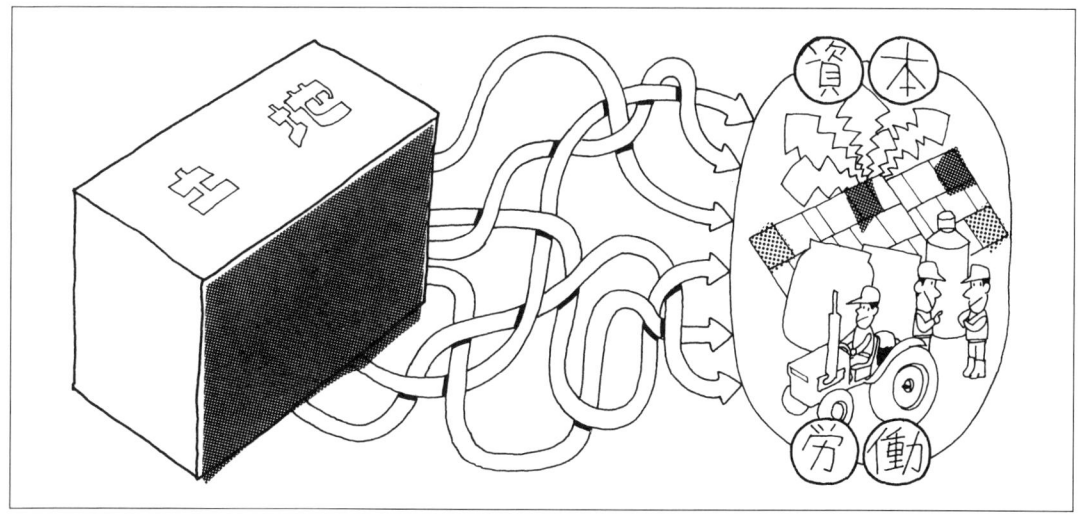

土地と資本・労働が複雑に結合した農業生産

2 土地と他の要素の結合

一例を，土地と肥料の結合についてみていこう。なお，ここでは複雑にならないように栽培する作物は，イネとかコムギといった一つに決めて考えてみよう。

収量曲線 　施肥量と作物の収量とのあいだには，一般に，土地に肥料を少ししか施さないときは収量が低く，施肥量をふやすと収量が高まるという関係のあることが知られている。しかし，施肥量をあまりふやしすぎると，逆に収量がさがる。これを示したのが図2-5①で，**収量曲線**[(1)]とよばれている。

それでは，どこまで施肥量をふやして，どのていどの収量をあげるのが経営にとってのぞましいか，を考えてみよう。

図2-5①のグラフだけをみると，収量が最大になるまで，施肥量をふやしていくのがもっとものぞましいように考える人がいるかもしれない。

限界収量 　しかし，図2-5①のグラフを，図2-5②のように施肥量の段階ごとに区切って，施肥量1kgのときの収量はどれだけか，さらに1kgふやしたとき（**限界投入**）の収量の増加（**限界収量**[(2)]）はどれだけか，というように施肥量による増収効果をみていくと，図2-5③のようにある段階までは増収効果がいちじるしいが，やがて増収効果が小さくなり，ついには施肥をふやすとかえって収量がへることがわかる（**限界収量曲線**）。これ

(1) 施肥量を1kg，2kgというようにふやしていったときに，収量がどのように増加していくかを，実験（または実際の経験）をもとにして描いたものである。

(2) たとえば，施肥量2kgのときの限界収量は，「施肥量2kgのときの収量－施肥量1kgのときの収量」でもとめられる。

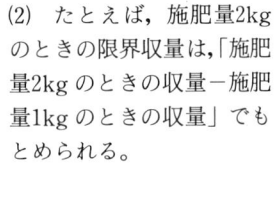

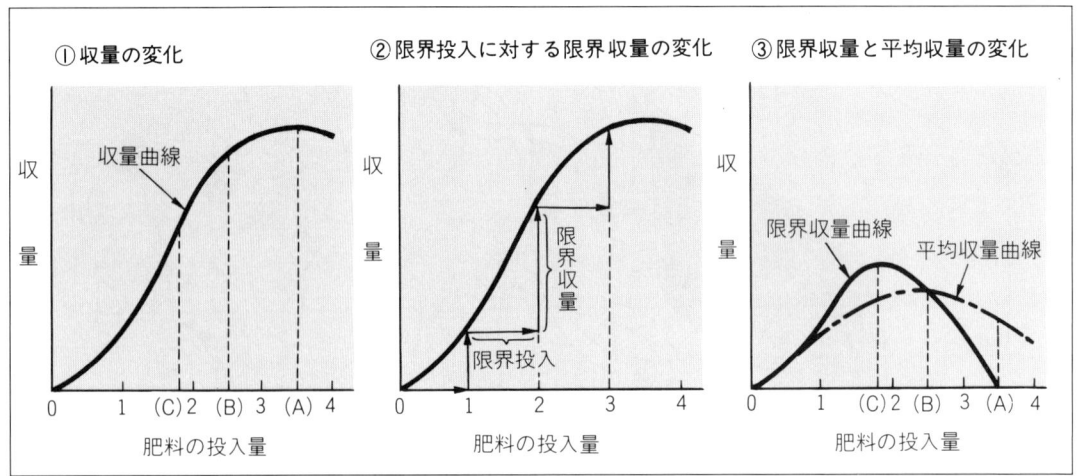

①収量の変化　　　　　②限界投入に対する限界収量の変化　　　　　③限界収量と平均収量の変化

図2-5　施肥量と収量との関係（模式図）

はどの作物についてもほぼ同じようにあらわれる傾向であり、ヨーロッパではいまから200〜300年前から、これを**収穫漸減の法則**として重要視してきた[1]。

平均収量

限界収量に対して、施肥量1kg当たりの収量（**平均収量**）を比較する方法もある。これが図2-5③の**平均収量曲線**である。この平均収量が最大になるのが施肥量(B)であり、その施肥量は収量が最大になる施肥量（A）よりは少ないが、限界収量が最大になる施肥量（C）よりも多い。施肥量がふえるにしたがって、当初のめざましい増収効果が低下してきても、全体としては施肥効果があがりつづけ、それがピークを迎えたあとに収量が最大になるという順になっていることがわかる。

最適な施肥量の選択

さて、施肥量と収量との関係をみてきたが、これをもとにどこまで肥料を投入すべきかという問題に答えるには、これらのグラフの単位を、生産のために投入した費用と、この投入によって増加した収穫物の金額（粗収益）におきかえて考えていく必要がある。たとえば、肥料1kgが70円、生産物1kgが9円であるとすると、新たに肥料1kgを追加して投入したばあい（費用は70円）に、それに見合う収量の増加分が10kg（粗収益は9×10＝90円）のときは採算にあうが、8kgのときは粗収益72円でぎりぎりの黒字となり、7kgしかなかったときには粗収益63円で、採算にあわなくなる[2]。

経営者にもとめられる高度な判断

ここでは単純化のために、施肥量と作物の収量との関係だけをみたが、実際には、他の多くの要素も加味しなければならない。たとえば、肥料をより多く施すには、人手がよぶんにかかるから、その労賃を考えておく必要がある。また、収量が大はばにふえると収穫のための人手も必要になる。いずれのばあいも、たえず、費用と粗収益との関係を考えて、最適な投入点を探すことが必要になる。しかも、経営者には、これらの関係を事前に予測して計画的に実行することがもとめられる。

[1] かれらは、「母なる大地」の恵みの収穫がもたらされるが、それに対する人為的な努力には一定の限界があり、節度がもとめられると考えていた。

[2] 現実には作物価格も肥料単価も年や時期によって変化するから、その動きを考えて、粗収益が費用を上まわるようにするには施肥量をいくらにすればよいかを注意深く計算しなければならない。

3 労働と他の要素の結合

生産要素としての労働の特徴

すでにみたように，古い時代の農業では，労働が農業生産を支える中心的な生産要素であった。しかし，農業技術が発達して，すぐれた機械や施設などが装備されると，労働の成果は格段に高まるようになった。また，品種改良によって優良な品種がとり入れられることによっても，労働の成果は高まっていく。さらに，各種の土地改良をすすめることによっても，労働の成果がいっそう高まっていくことが期待される。このように，労働という生産要素は，他の生産要素の改良の成果を一つに結合させ，それらを一段と高度に発揮させるという能動的なはたらきをもっている。これは人間の生産活動の特徴を示すものでもある。

農業労働の特徴

農業では，作物や家畜といった生きものが主要な労働対象となる。このことから，農業労働にはつぎのような特徴がある。

①生きものの種類や生育にあわせて，多種多様な仕事をこなさなければならない。

②生きものの生育にあわせて，限られた期間内に作業をおこなわなければならない。また，野外の仕事が多く，天候などの影響もあって，毎日決まった時間に作業をおこなうことは困難である。

③生きものを育てるという仕事の性質上，対象を日々観察したり，

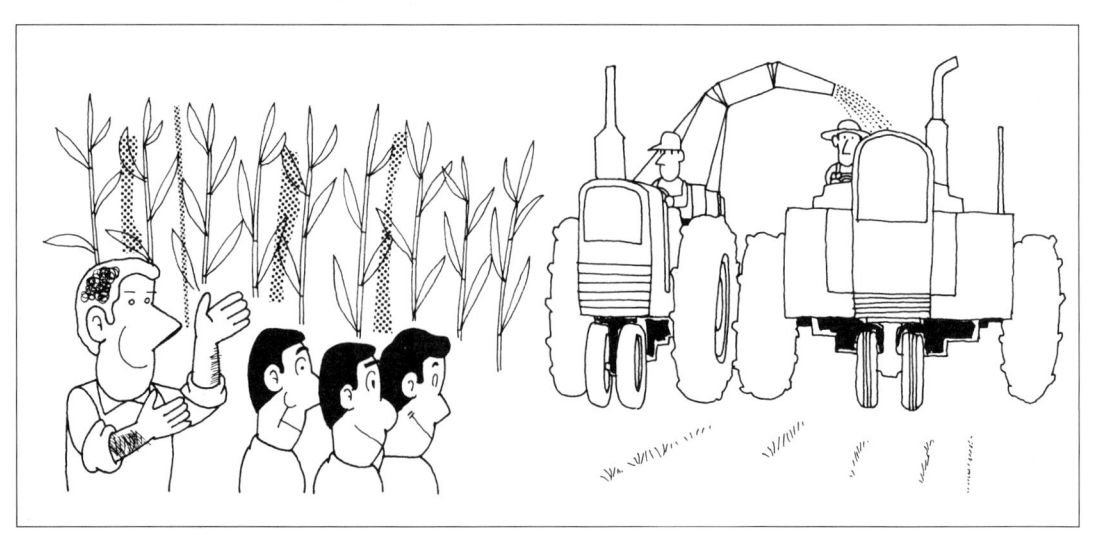

やってみよう
農業・工業・商業などの各職種の労働の特徴を考え，一覧表にして比較してみよう。

作業グループによる共同作業

長い目で仕事の流れや成果をとらえたりすることが必要になる。

④農繁期と農閑期があるため，人を雇うばあいも，日雇いや臨時雇用が中心になる。

⑤工業のように多数の労働者を組織した，流れ作業や分業体制をとることが少ない。

⑥野外を移動しながら作業をすることが多く，作業をする足場の条件や気象条件によって能率が制約されやすい。

> 農業労働の合理的利用の方向

さて，以上のような特徴をもつ農業労働を合理的に利用していくには，つぎの四つの方法が考えられる。

第1は，高性能・高能力の機械を導入し，利用することである。これによって短期間に集中的に多くの作業を処理することができ，農繁期の過重労働や長時間労働を解消することも可能になる。

第2は，何戸かの農家が作業グループをつくり，協業体制や分業体制をとって仕事をすすめることである。これは，大型機械を使用するばあいにとくに効果的である。たとえば，酪農地帯では牧草の収穫などで，若い農業者たちが，4～5台の大型トラクタをもち寄って，刈取り・反転・集草・運搬・サイロ詰めといった作業分担をしている例がよくみられる。

第3は，できるだけ年間の労働が平均化するような作付けにすることである。たとえば，春の田植えと秋の稲刈りに労働のピークがある稲作と，夏と初冬に労働のピークがある露地野菜作を適切に組み合わせると，年間の労働を比較的平均化することができる。あるいは，作物栽培と畜産を組み合わせると，寒冷地農業の弱点である，いわゆる「冬の失業」を解消することもできよう[1]。

第4は，農閑期を利用して，最新の農業技術の勉強や，市場流通・消費者動向の調査をしたり，今シーズンの経営状態の分析や診断などをおこなったりして，来シーズンの計画をつくるという方向である。南半球のオセアニアの農場主たちのなかには，冬季に「農家のバカンス」と称して，夏の北半球の諸国を旅行して見聞をひろげながら，技術の吸収にはげんでいる人びともかなりいる。

(1) かつては，冬に林業兼業（伐採）をおこなったり，なわやむしろを編むなどの農産加工をおこなったりして，みずからの雇用機会（労賃獲得の機会）をつくり出して，副収入をあげることがおこなわれていた。

4 経営部門と部門結合

　これまでは，農業にとって重要な生産要素である土地と労働を，他の生産要素と合理的に結合させて，より多くの粗収益をあげる方法について考えてきた。このほかに，農業生産においては，生産諸要素をじょうずに結合させることによって，粗収益はさほどふえないが，生産に要する費用を大はばに節約し，結果的に農業所得をふやすという方法もある。それは，経営の内部で，さまざまな生産要素の循環がおこなわれることによるメリットである。

中間生産物の内部循環によるメリット　　種子や飼料などの生産要素を購入しないで，自分の経営の生産物を自家用にふり向けることも多い。子豚や子牛も自家生産のものを使うことがある。このように，生産物が経営内部で循環することを**内部循環**とよぶ。これは一見，むかしの自給自足経済と同じようにみえる。

　しかし，今日おこなわれている経営内部の循環は，購入するか，それとも自家生産物を使用するかという選択をしたうえで，自家生産物を使用するのであり，ここにそうするしかなかったむかしの自給自足とのちがいがある。

　内部循環のメリットは，①流通過程を経由しないので，流通経費の分だけ安価になる，②質的にすぐれたもの（たとえば，より新鮮な飼料や，その地域の環境にじゅうぶんなじんでいる種苗や子畜な

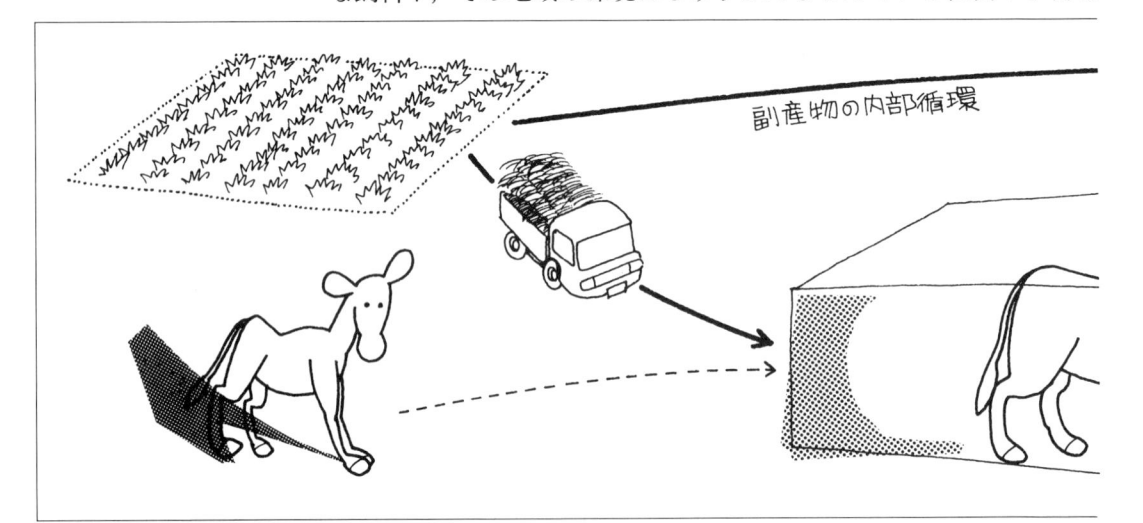

中間生産物の内部循環と副産物の内部循環

とが確保できる）が手にはいる，③自家生産物を利用することによって，多種多様な**中間生産物**をつくり出すこともできる。たとえば，酪農では，搾乳用の成牛を育成していく過程で，子牛を半年くらい飼育して育成牛として売るばあいもあれば，さらに飼育を続けて2年近く経過した未経産の若牛にしてから売るばあいもある。これらの育成牛や若牛は，成牛を育成する過程の中間生産物にあたる[1]。

副産物の内部循環によるメリット

生産活動にともなって出てくる副産物を合理的に内部循環させることによるメリットもある。たとえば，家畜のふん尿を処理するには多くの費用がかかるが，これを自分の耕地に還元すれば，すぐれた有機質肥料となり，それだけ購入肥料を節約することができる。稲わらを家畜の敷料や畑のマルチングに利用するのも，似た例である。

ただし，このように副産物を再利用するためには，経営のなかにいくつかのことなった**経営部門**（⇒p.46）があり，ある経営部門の副産物が，他の経営部門で有効利用できるといった関係があることが必要である。こうした関係があるばあいには，副産物が内部循環して他の経営部門の原料（生産資材）となるなどのメリットがある。重化学工業などの巨大なコンビナートもこの原理を応用してできたものである。

したがって，生産要素の結合を合理的にするばあいには，経営部門を合理的に結びつけることも重要なポイントになるのである。

(1) 育成牛や若牛は，子牛と成牛との中間段階にあるという意味で中間生産物とよばれるが，中間生産物をすぐに販売しないで，経営内部に取り込んで利用していくことをう回生産という。近年は付加価値を高めてより有利に販売するうえで，このような生産活動が再認識されている。

やってみよう

学校農場や地域の農家で，中間生産物の内部循環，副産物の内部循環がどのようにおこなわれているか調べ，そのメリットを整理してみよう。

中間生産物の内部循環

経営部門の種類

農業経営の生産要素が，特定の作物や家畜の生産を目的としてまとまったかたちで結合しているとき，それを経営部門あるいは**生産部門**[1]とよんでいる。

経営部門は，作目ともいい，ふつう生産の対象としている作物の名前をつけて「〜作」という。そしてふつう，経営部門＝作目がいくつか集まって，一つの農業経営を構成している。

また，農業経営は各部門がたがいに複雑に結合しあっているため，そういう内部組織の構成に注目しているときは，**経営組織**とよばれる。この経営組織の種類を示すと，図2-6のようになる。さらに，各経営部門の全体に占める割合によって，特定の経営部門（農産物販売収入1位の部門）の販売金額が総販売金額の80％以上を占める**単一経営**，特定の経営部門の販売金額が60％以上80％未満の**準単一複合経営**，特定経営部門が60％未満の**複合経営**に分類している。

この分類でわが国の農業経営をみると，販売農家の約76％は単一経営である。これに対して，準単一複合経営が約18％を占め，複合経営が約6％である[2]。

しかし，世界的にみると，単一経営が支配的な国はむしろ少なく，たとえば，アメリカ合衆国中西部の広大なトウモロコシ地帯は，コーンベルトというよび名から想像すると，トウモロコシだけがつくられているように思いがちだが，そのなかでダイズをつくったり，これらを飼料にして牛や豚を飼ったりしている農家も少なくない。

(1) 生産部門というときは，生産技術上の特色に注目する度合いが高いため，酪農を例にとれば，搾乳牛部門とか，育成牛部門といった区分をすることが多い。そして，それらの酪農関係の生産部門を総まとめにしたものを酪農経営部門とよぶ。

(2) わが国の農業経営が特定の作目にいちじるしく集中しているのは，それぞれの土地の特徴をいかして，収益追求に徹した適地適作がおこなわれているという面と限られた経営面積でもっとも高い収益をあげようとすると，どうしてもむりをしてでも特定の有利な作目だけにしぼらざるを得ないという両面が考えられる。

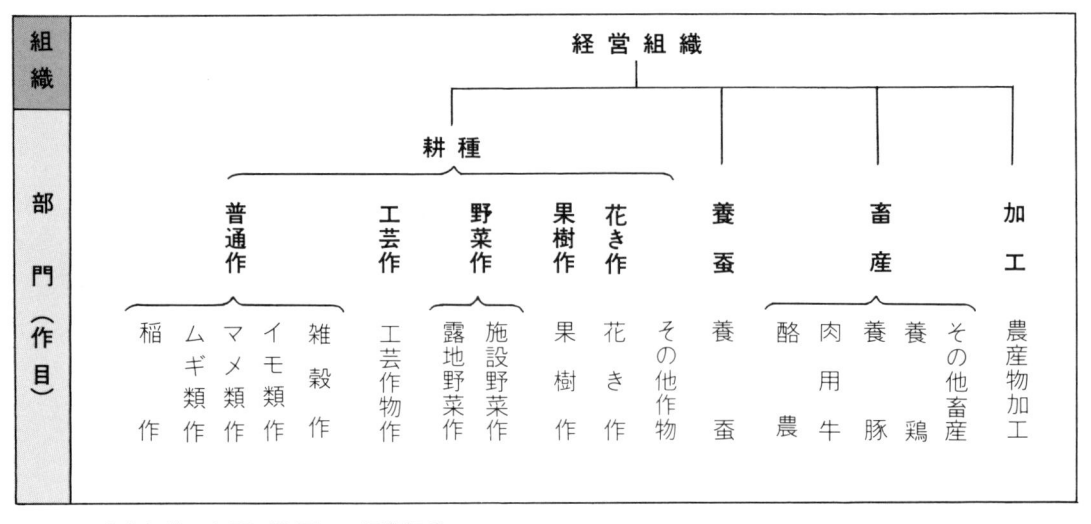

図2-6 農業経営の部門（作目）と経営組織

2 生産諸要素の合理的結合

合理的な部門結合のありかた

競合関係 一つの農業経営のなかに，いくつもの経営部門があるとすると，経営者は個々の経営部門の能力を最大限に発揮させて，経営全体を発展させようと努力するはずである。仮に，あまり成果があがらないような経営部門があったとすると，その部門を廃止して，そこにそそぎ込んでいた労働や資本をより有利な部門の拡大のためにふり向けたり，新しい部門の新設のためにふり向けたりするだろう。この点からいえば，個々の経営部門はライバルどうしという面をもっている。また，特定の時期に作業や機械利用のピークがあるようなときには，二つの部門間で労働力や機械のうばいあいがおこることもある。これを競合関係という。

これは，その経営部門の活動が経営部門に割りふられた生産要素の資源量を上まわっていることが原因である。したがって，競合関係をなくすために，生産要素の資源量をどのように配分すべきか，という課題が出てくる（この点は，次の節でくわしく考えていく）。

補合関係 二つの部門間で，特定の生産要素が，その利用時期や利用方法がことなっているため，たがいに補いあってその生産要素の利用効率が高まるばあいがある。これを補合関係という。たとえば，稲作用のコンバインや乾燥施設は秋にフル稼働するが，それ以外の時期はまったく稼働しない。しかし，アタッチメントを交換すると，夏の秋まきコムギの収穫にも使えるし，冬のダイズの乾燥にも使える。

補完関係 二つの部門間で，両部門の生産物や副産物を利用しあうことによって，各部門における生産能率がいっそう高まるようなばあいがある。これを補完関係という。たとえば，養豚部門の副産物であるたい肥を使うことによって，ジャガイモの収量が高まり，そのくずイモを利用してサイレージをつくって肉豚に給与したところ，肉豚の肥育成績も肉質も向上して，この両部門とも抜群の成績をあげたという事例などはその典型である[1]。

複合経営のじょうずな展開 したがって，いくつもの経営部門をとり入れて複合経営をじょうずにおこなうためには，経営部門の相性を事前にじゅうぶんに検討し，競合関係にある部門をできるだけ縮小し，補完関係や補合関係にある部門をとり入れていくことが必

[1] 酪農では，乳牛のたい肥で牧草地の土壌改良をすすめ，そこからとれた良質の牧草を給与して牛乳を搾り，その基盤のうえで高能力の乳牛を育成していくという循環が，「よい土地，よい草，よい乳牛」という標語として，古くから唱えられてきた。これも補完関係の典型例である。

やってみよう

学校農場のなかで，どのような競合関係，補合・補完関係がみられるか調べてみよう。また，競合関係がみられるばあいは，それをなくし補合・補完関係をつくるための方法を考えてみよう。

要である。しかし，補完関係や補合関係にあっても，生産要素の資源量を上まわって一つの経営部門を拡大すると，競合関係がもたらされるので注意しなければならない。たとえば，稲作と施設野菜作は，均衡がとれていると労働力が合理的に利用できるが，施設野菜作を拡大しすぎると稲作に手がまわらなくなってしまう。

輪作にみる合理的な部門結合　こういった部門結合で農業に特有であり合理的な方法として**輪作**がある。輪作というと同じ土地に毎年同じ作物をつくらずに，A作物のつぎの年はB作物，B作物のつぎの年はC作物，というように，たんに作付ける作物を順番に交替させていくことであると思いがちである。たしかに，この作付け交替というのは輪作の重要な条件であるが，それだけでは合理的な輪作とはよべない。

その理由を，図2-7で説明しよう。ここでは，A作物・B作物・C作物のいずれかを，経営面積全部に1年間作付けると，それぞれの専用機械が面積の関係から3セットずつ必要になると仮定する。

①のように全面積1作物の作付け交替というかたちをとると，こ

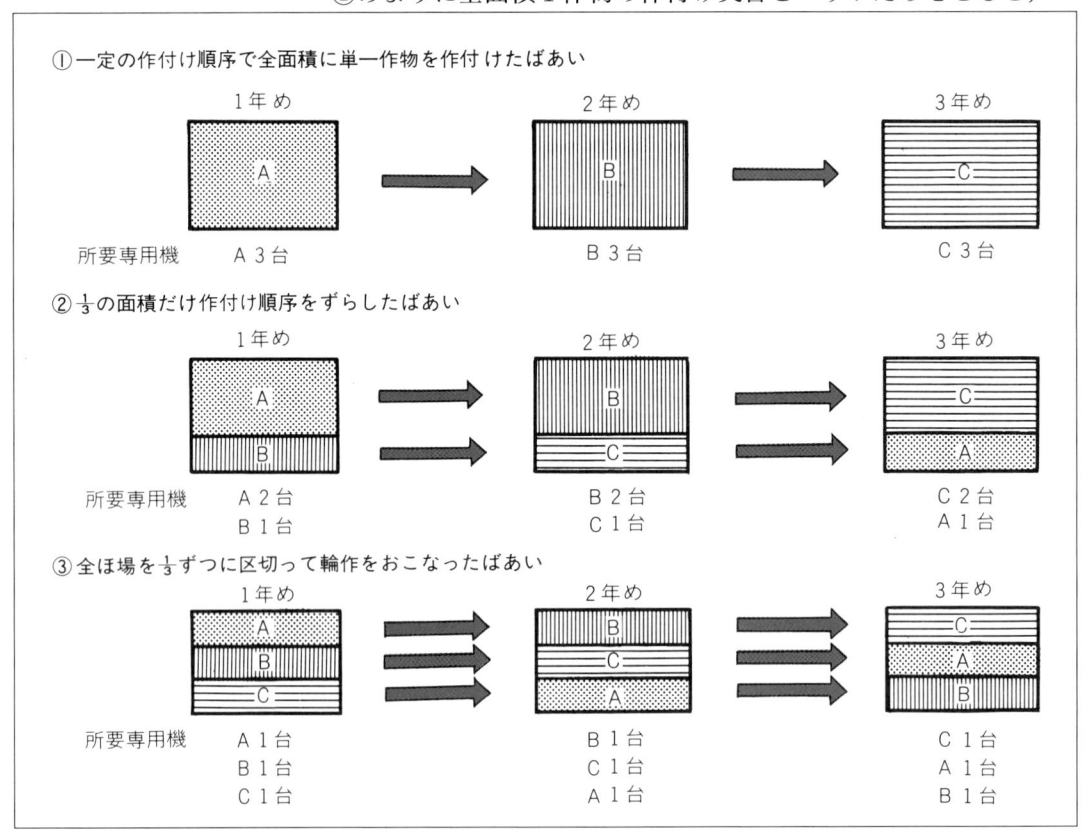

①一定の作付け順序で全面積に単一作物を作付けたばあい

1年め　A　所要専用機　A 3台
2年め　B　B 3台
3年め　C　C 3台

②$\frac{1}{3}$の面積だけ作付け順序をずらしたばあい

1年め　A／B　所要専用機　A 2台　B 1台
2年め　B／C　B 2台　C 1台
3年め　C／A　C 2台　A 1台

③全ほ場を$\frac{1}{3}$ずつに区切って輪作をおこなったばあい

1年め　A／B／C　所要専用機　A 1台　B 1台　C 1台
2年め　B／C／A　B 1台　C 1台　A 1台
3年め　C／A／B　C 1台　A 1台　B 1台

図2-7　輪作の採用による機械台数の節約

の経営は3年に1度しか使わない機械を1作物について3セットずつ装備しなければならない。

　しかし、ここで②のように、経営面積の3分の1だけを区切って、この区画についてはB→C→Aという作付けをすると、この経営が装備しなければならない専用機械は、A、B、Cのいずれについても2セットずつでじゅうぶんであり、しかもそのうちの1セットは3年に2度使うことになる。

　さらに、③のように、全体を3分の1の面積に区切って、AとBとCの3作物の作付けに配分すると、装備しなければならない専用機は、それぞれの作物に対して1セットずつですむことになり、しかもこの専用機はフル稼働する。

　このように経営面積を3分の1ずつに区切り、それぞれの作付け順序をひとこまずつずらすというアイデアを採用しただけで、必要な機械装備が3分の1にへり、しかもその機械がフル稼働する状態にかわるという点に、輪作の大きななメリットがある。

　これは、A、B、Cの3部門間の土地利用と機械利用の面における補合関係を活用した結果である。つまり、同じ土地に同じ作物をつづけてつくる連作による障害をさけるためばかりでなく、労働力利用や資本（とくに機械）利用のかたよりを少なくすることによって、部門結合のメリットがより大きくなるという点にこそ、輪作の本来の特徴がある。そして、この部門結合が土地と他の生産要素の結合であるという点が、他産業にはみられない特徴である。

　輪作を困難にする条件　ただし、①経営面積が小さくて専用機械を何種類も使いこなす条件がない、②それに対応す労働力がない、③作物間に収益性のいちじるしい格差がある、などのばあいには、これまでみたような輪作をおこなうことは困難となる。また、その生産に必要な生産要素の量が多い作目（**集約作目**[(1)]とよぶ）と、それが少なくてすむ作目（**粗放作目**[(2)]とよぶ）を輪作にとり入れるときには、たとえば、集約作目に投入した労働や資本を、粗放作目ではじゅうぶんにいかすことができないことが多いので、それらの結合のさせかたについてはとくに注意が必要になる。

(1) これには、手間のかかる労働集約作目と、多くの資本の投入が必要な資本集約作目があり、その区別が必要である。

(2) これにも、労働粗放作目と、資本粗放作目がある。

3 経営活動の成果とそのとらえかた

1 活動成果の多面的なとらえかた

経営活動の成果は、大きくつぎの三つの面からとらえられている。

農業粗収益 生産諸要素を投入した結果として、どれだけの生産物をつくり出し、それを販売してどれだけの収入を得たかをみる。

1年間の経営活動で得られた物財（生産物のほか、中間生産物や副産物もすべて含まれる）を金額で示した経済価値を、**農業粗収益**とよび、つぎのような式で計算される。

　　　農業粗収益＝現金収入＋現物収入
　　　　現金収入＝販売生産物数量×単価
　　　　現物収入＝経営仕向分[1]＋家計仕向分[2]

この農業粗収益は、生産物数量が多ければ多いほど、また、販売したときの単価が高ければ高いほど増加する。それは、できるだけ多く生産し、できるだけ高い単価で生産物を販売するという経営者の努力をあらわしたものといえる。

農業所得 農業粗収益をあげるためには、生産要素を消費するので、その分の費用がかかっている。農業粗収益からその費用を差し引いた金額、つまり1年間の経営活動がもたらした新たな経済価値はどれだけであったかをみる観点がある。

ふつうはそれを農業所得としてとらえ、つぎの式で計算される（図2-8）。

　　　農業所得＝農業粗収益－農業経営費
　　　　農業経営費＝物財費＋雇用労賃＋支払地代＋支払利子
　　　　物財費＝購入物財費（自給部分は計上しない）＋機械・施設などの**減価償却費**[3]

農企業利潤 農業経営費には、ふつう経営内で自給した生産要素は、費用として計上しない。これに対して、自給の生産要素をも含めて経営活動のために使用し消費した

---

(1) 経営仕向数量×見積単価

(2) 家計仕向数量×見積単価

(3) 機械・施設などの固定資本財は、それを購入したさいに一度に多額の金を支払うが、それを何年間か使うあいだに、機械・施設などの価値が徐々に生産物のなかに移転していって、最後には廃棄されるところまでへっていく（これを残存価額という）ので、これに見あうように、生産物のなかに移転していった価値を費用として毎年計上する。これを減価償却費という。減価償却の計算法には、定額法と定率法がある。定額法による減価償却は、(取得価額－残存価額)÷耐用年数で計算される。くわしくは『農業会計』を参照。

すべての生産要素の経済価値を，費用としてとらえる観点がある。農業粗収益からそれを差し引いた残りを**農企業利潤**とよび，つぎの式で計算される（図2-8）。

農企業利潤＝農業粗収益－（物財費＋労働費＋地代＋資本利子）

　　物財費＝購入物財費＋自給物財費＋減価償却費
　　労働費＝雇用労賃＋自家労働費
　　地代＝支払地代＋自作地地代
　　資本利子＝支払利子＋自己資本利子

　このばあい，自給物財費・自家労働費・自作地地代・自己資本利子は，すべて市場価格で評価して計算する。

　農企業利潤は，企業経営における原価計算（⇒p.70）の考えかたを，家族経営に対しても厳密に適用しようとするものである。これが黒字になるかどうかが，農業でも企業経営がなりたつかどうかを判断する基準の一つになる。

> 経営目標によってことなる経営成果のとらえかた

しかし，実際にはそのような企業的な考えにたって経営をおこなっている農家がすべてではないのに，企業経営になぞらえて計算するのはいきすぎであるという考えもある。それは，つぎのような理由による。農企業利潤は，実際に計算してみるとマイナスになる作目があり，それでも生産がつづけられていることが少なくない。そのようなばあいに，農企業利潤を計算上プラスにするためには，自家

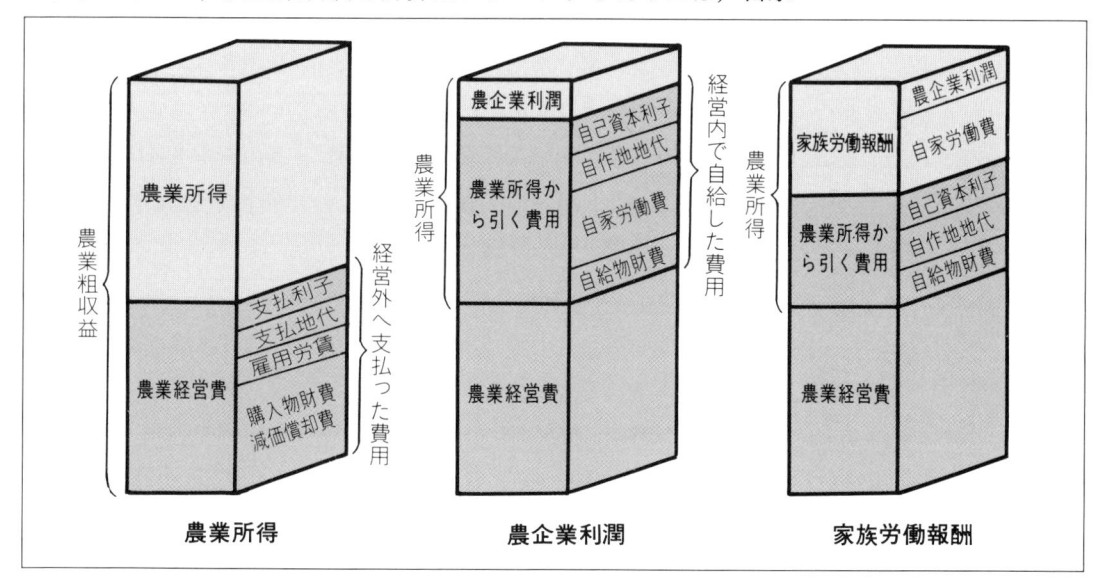

図2-8　おもな経営成果のとらえかた

労働費を低く評価しなければならないことになる。つまり，企業経営として成立させるためには，世間一般の労賃水準よりも安い労働報酬で生産をつづけることになる。

それよりも，農家は家族の生活を目的に農業経営を営んでいるわけだから，生活のために使える金額，すなわち農業所得[1]の高低を問題にすればいいのではないか，というわけである。

したがって，とにかく生活費を稼げればいいという経営目標を立てている人は，この農業所得の最大化を目標にするであろう。

さらに，家族が働いて得る労賃部分の高さを問題にして，他の経営や産業のそれとくらべようとする人は，**家族労働報酬**をつぎのような式で計算し，それを高めることを経営の目標とする（図2-8）。
→p.51

家族労働報酬[2]＝農業所得－（自給物財費＋自作地地代＋自己資本利子）

このほかにも，家族労働報酬とは逆に，自分の土地と資本（土地を含めた資本総額）の稼ぎの高さを問題にして，これを農業利潤としてとらえ，経営の目標にする考え方もある。農業利潤はつぎのような式で計算される。

農業利潤[3]＝農業所得－（自給物財費＋自家労働費）

このように，それぞれの経営者が何を目標にして農業経営をしているかによって，経営成果のとらえかたはかわってくる。

(1) 実際には農業所得から租税公課諸負担を支払うことになるので，これを差し引いた所得（可処分所得）が自由に使える金額である（→p.140）。

(2) 「農企業利潤＋家族労働費」と示すこともできる。

(3) 「農企業利潤＋自作地地代＋自己資本利子」と示すこともできる。

参考　生産費について

農林水産省の「生産費調査」の生産費は，農企業利潤のばあいの費用と同じ考えかたで計算されている。

資本利子・地代全額算入生産費＝物財費＋労働費＋支払地代＋支払利子＋自作地地代＋自己資本利子，なので農企業利潤における費用の費目と共通する（⇒後見返し）。

ただし，この生産費には，販売や出荷に要する費用（⇒p.94）がはいっていないことなどのため，経営活動全体の費用と成果をみるうえでは，注意が必要である。

2 もうかっているかどうかの指標

経営収支効率の検討

多くの経営者は，この作物を導入すれば，これくらいの農業粗収益があがるはずだから，所得がいくらくらいになるはずだという目算を立てるであろう。しかし，新しい作物を導入して同じ経営規模の経営をおこなうためには，現在の経営よりも多くの農業経営費の投入を必要とすることが多い。したがって，その経営がほんとうにもうかっているかを判断するために，農業粗収益や農業所得の絶対値だけでなく，経営費投入の効率（農業所得率）をみてみる必要がある。ここでは，つぎのような三つの例で考えてみよう。

① 普通作10haの経営
   農業粗収益1,000万円－農業経営費500万円＝農業所得500万円
② ①を普通作7haと露地野菜作3haに切りかえた経営
   農業粗収益1,500万円－農業経営費800万円＝農業所得700万円
③ ①を普通作8haと花き作2haに切りかえた経営
   農業粗収益1,300万円－農業経営費600万円＝農業所得700万円

②③はいずれも①よりもうけを多くするために，新しい作物を導入した経営である。①にくらべると②③とも農業所得が200万円多くなっており，農業経営費を多く投入して経営を切りかえた成果が出ているようにみえる。しかし，各経営の農業所得率をみると，つぎのような差があることがわかる。

①の農業所得率：50％（500万円÷1,000万円）
②の農業所得率：47％（700万円÷1,500万円）
③の農業所得率：54％（700万円÷1,300万円）

つぎに，②③で新しく導入した経営部門の農業所得率をみてみよう（ただし，普通作の収支は①と同じと仮定する）。

②の経営の普通作がもたらす農業所得は350万円（農業粗収益700万円－農業経営費350万円）となるので，経営全体から普通作分を差し引いた露地野菜作の収支は以下のようになる。

農業粗収益800万円－農業経営費450万円＝農業所得350万円

同様に③の経営の普通作がもたらす農業所得は400万円（農業粗収益800万円－農業経営費400万円）となるので，経営全体から普通作

分を差し引いた花き作の収支は以下のようになる。

　農業粗収益500万円－農業経営費200万円＝農業所得300万円

　露地野菜作と花き作の農業所得率を計算すると以下のようになる。

　露地野菜作の農業所得率：44％（350万円÷800万円）

　花き作の農業所得率　　：60％（300万円÷500万円）

　このようにみてくると，②の経営は①の経営より農業所得の絶対額は増加しているが，経営費投入の効率が低くなっており，ほんとうにもうかっているとはいえない。これに対して，③の経営では①の経営より農業所得の絶対額が増加し，しかも経営費投入の効率も高くなっているので，ほんとうにもうかっているといえる。そして，その理由は花き作の経営費投入の効率の高さにあることがわかる。

　各経営部門の農業所得率は，新たにどの経営部門を導入するかの判断のてがかりにもなり，このばあいだと農業所得率が高い花き作が選ばれることになる。

　なお，一般企業においては，利潤の絶対額よりも，むしろ資本額に対する利潤の比率（**利益率**）などを重視する。それは，たえず投入する資本の量と内容構成をかえながら，どうやったら利潤を高められるかを中心にして活動しているからである。農業経営においても農業生産法人（⇒p.173）など企業的な経営においては，こうした分析が必要になってくる。

もうかる作物とは

　では，当初の課題である「もうかる作物とは」という疑問への答えはどうなるのか。

　第1は，**適地適作**[(1)]の原則にしたがって，新たな作物を探すことである。

　第2は，粗収益をふやすことばかりでなく，同時に，投入する経営費をできるだけ合理的に使って生産物の原価をさげることを並行的にすすめることである。

　第3に，農業の生産諸要素は，かならずしも規格のそろった画一的なものとは限らない。こうした多様性をもった生産諸要素をじょうずに組み合わせてできるだけフル稼働させることである。

　つまり，新しい作物に目を向けるだけでなく，その作物と他の作物との組合せやそのバランスを考えることが，もうかるための鍵である。そのバランスのとりかたについては3章で学ぶ。

---

(1) その土地の自然条件や社会条件にもっとも適合した作物をつくるのが最善であるという考えかた。

第3章 農業経営の診断と改善

プ・ロ・ロ・ー・グ
―プロジェクト研究の発表会を前にして―

　富士町の農業高校では，2学年の学習のまとめであるプロジェクト研究の発表会がせまってきて，発表予定の幸一君・裕二君・洋介君の3人と助言役の先生は，その準備に余念がない。

先生　きみたち3人の「わが家の経営改善」の計画を聞いていると，わが家の経営をどういう方向にもっていきたいか，どれだけの所得をあげてどういう生活をしたいか，という点は，さすがに3人ともきちんと整理していると思う。

洋介　あぶないぞ。こういうおほめのことばがはじめにあるときは，そのあとがこわいんだから……。

先生　こら，こら，ちゃかしちゃいかん。

裕二　できるだけ夢のある改善計画を立てたつもりなのですが……。その夢がすこし大きすぎたのかな。

幸一　僕も，やはりでっかい夢のある計画を立てたけれど……。

先生　夢は大きいほどいいと思うよ。問題は，その夢が実現可能なものであるかどうかだ。

裕二　それじゃ，どうしたらいいでしょうか。目標を少々低く設定し直そうかな。

洋介　だめ，だめ。そのような弱気ではとても，ものにならないぞ。

先生　そのとおり。問題はいつまでに（つまり何年先までに），どのような手順と方法によって，その目標に到達するかという，目標達成のための青写真がなければ，それはとても経営改善計画とはよべないからね。きみたちはいったい，何年間でこの改善計画を達成するつもりで計画を立てたの？

幸一　1〜2年以内のつもりです。

裕二　5年か10年，もっとかかるかもしれないと思っています。

洋介　いまは情勢がわるいから，しばらくはようすをみて，いずれ好機がくればいっきに達成させたいと思っています。

先生　3人3様で，それぞれの個性が出ているからたいへんおもしろいけれども，それぞれに成功の条件をよく考える必要があると思

うね。

生徒たち なんですか，そのそれぞれの成功の条件というのは……。

先生 それは，いずれ授業のなかでくわしく話すつもりだけれど，経営改善というのは1日や2日のあいだに達成できるような仕事ではないよね。少なくともふつう数年はかかるという大事業だ。だからこそ計画が必要になる。だとすれば，1年めはここまで，2年めはここまでという改善の目標が明確になっていなければならないし，何をどういう手順でやるか，そのための資金はどうするか，その資金の返済はどうするか，といった点も具体的になっていなければならない。同時に，技術をどうやって身につけるか，という点の検討もたいせつだ。

つまり，きみたちの改善計画には，どこから改善に着手し，その成果をふまえてつぎにどこを改善するかという，改善の手順が欠けているんだよ。その手順を決めるには，まず冷静に経営診断をおこなって，どの点の改善が最優先の課題かをみきわめなければならないんだよ。

生徒たち そういう授業なら，いますぐにでも聞きたいものだね……。

農業者の経営発表（中央畜産会による）

1 経営診断の指標

1 農業経営の診断・設計とは

　車が快調に走るときのドライブはたいへん楽しい。しかし，車のエンジンはしょっちゅうトラブル，タイヤはパンクというような状態だと，ドライブに出たのが後悔される。

　これと同じように，もうけをねらって乗り出したものの，いざ運営してみると，あちこちに支障が出て，とてももうけどころではないという農業経営も少なくない。ではどこを，どのように直したらよいかが問題になるが，そのためにはなによりもまず，支障のある部分をきちんととらえられるように構造についての正確な知識がなければならない。つぎに，どう改善したらよいかという点になると，それぞれの部分のはたらきと，その機能をどのようにかえたらよいかを知らなければならない。古い車なら廃車にして新車を買うという方法もあるが，農業経営のばあいは，そうかんたんに農場を移転したり，新設したりすることはできない。

　では，農業経営を新しいモデルに改造するには，どのようにして経営を診断し，新しい経営の骨組みを設計すればよいのだろうか。ここでは農業経営の改善のための診断と設計を学んでいこう。

農業経営の診断

2 問題の核心にふれる現状分析

だれもがもつ疑問

農業経営を運営している人ならば，ほとんどだれもがもつ疑問として，つぎの三つのタイプがある。

①周囲の人と同じように作物を栽培したり家畜を飼育したりしているのに，自分の成績が地域の標準よりも下まわっているのはなぜだろうか。

②きちんと目標を立てて計画的に経営をやっているのだが，どうも思うような成果があがらない。どこに問題があるのだろうか。

③いまのところは，とくに問題点が出てきているわけではないが，もっとよい方法，もっと能率的な経営のやりかたがあるのではないだろうか。何か，よい手がかりはないだろうか。

いずれのタイプの疑問も，経営者としてまじめに経営に取り組んでいれば当然出てくる疑問である。

経営診断というのは，こういった疑問に答えるために，どこにそのような問題が出てくる原因があるかを突きとめ，どうしたらその原因を除去できるか，どうしたらその問題を解決できるかを明らかにする一連の作業方法と作業手順である。

経営者がもつ三つのタイプの疑問

> **大まかな現状分析の方法**

まず,第1段階の作業として経営の実態を正確にとらえ,そのなかからなぜ前ページの①〜③のような疑問が出てくるかを明らかにする,いわば経営の現状分析が必要になる。

まず,問題の核心にズバリとふれ,なるべく簡便でしかも正確な現状分析をおこなうために,経営目標がどのように達成されているかを示すいくつかの項目について,分析をすすめる。たとえば,農業所得をおもな経営目標としているばあいは,農業粗収益－農業経営費＝農業所得という計算式に関係する要素を分析する。

①農業粗収益の水準を例年と比較して分析する。農業粗収益はつぎの式で計算される。

　　農業粗収益＝生産数量×単価
　　生産数量＝経営耕地面積×単位面積当たり収量

したがって,農業粗収益が例年より低いとしたら,生産数量と単価のどちらかに問題があることになる。生産数量に問題があるばあいは,経営耕地面積が同じなら,単位面積当たり収量に問題があることになる。

②農業経営費の水準を例年と比較して分析する。農業経営費は,すでに学んだようにつぎの式で計算される。

　　農業経営費＝物財費＋雇用労賃＋支払地代＋支払利子
　　物財費＝経営耕地面積×単位面積当たり投入量×単価

したがって,農業経営費が例年より多くかかっているばあい,その原因がどの要素にあるかを,①と同じようにして突きとめる。

③農業所得の変化が農業粗収益と農業経営費のどちらに由来するかを分析する(⇒p.53)。

両者のうちのいっぽうだけが増減することもあるし,両者が不均等に増減したり,また両者がまったく逆方向に増減したりすることもある[1]。

以上のような大まかな現状分析によって,問題がどのような原因に由来しており,どのていどの緊急性と重大性をもつ問題なのか,についての輪郭を明らかにする。

(1) 経営費が大はばにふえたにもかかわらず,粗収益がかえって減少するといったばあいは,経営危機の状態で,その原因の究明が緊急課題となる。

3 原因究明のための分析

　つぎに，大まかに確かめられた問題の原因がどこにあるのかを突きとめる分析作業が必要である。そのばあいの基本的な視点は，経営成果や経営能率の高低が，投入した生産諸要素の種類や量，組合せなどのうち，何によってもたらされているかを明らかにすることである。経営分析の指標にはさまざまなものがあるが，ふつうつぎのような指標がよく用いられている。

経営成果と経営能率指標

　経営成果は，農業粗収益・農業所得・家族労働報酬などによってとらえられるが，その能率はつぎのような指標でみることができる。

$$農業所得率(\%) = \frac{農業所得}{農業粗収益} \times 100$$

$$農業経営費率(\%) = \frac{農業経営費}{農業粗収益} \times 100$$

$$10a当たり農業粗収益 = \frac{農業粗収益}{経営耕地面積(a)} \times 10$$

$$10a当たり農業所得 = \frac{農業所得}{経営耕地面積(a)} \times 10$$

$$1人当たり農業所得 = \frac{農業所得}{労働人数}$$

$$1人当たり家族労働報酬 = \frac{家族労働報酬}{家族労働人数}$$

$$1日(8時間)当たり家族労働報酬 = \frac{家族労働報酬}{家族労働時間} \times 8$$

生産要素の量と利用状況の指標

　経営耕地面積（自家所有耕地面積＋借入耕地面積－不作付耕地面積）

　農業労働時間（自家農業投下労働時間＝家族労働時間＋雇用労働時間）

　農業資本および**農業固定資本**（⇒p.35）

　機械・施設の利用率：1台当たりの年間利用時間または面積

$$耕地利用率(\%) = \frac{年間延べ作付け面積(a)}{経営耕地面積(a)} \times 100$$

資本装備指標

　農業固定資本装備率　生産諸要素の結合状況の指標となるもので，農業労働10時間当たり

やってみよう

　平成2年度の「農家経済調査報告」によると，経営組織別(単一経営の1戸当たり全国平均)の農業所得率は，稲作31％，野菜・果樹作51〜58％，採卵養鶏21％，肉豚15％，酪農28％，肥育牛27％となっている。なぜこのようなちがいが出るのか考えてみよう。

どれくらいの農業固定資本が装備されているかをみる。

$$農業固定資本装備率(円) = \frac{農業固定資本額}{農業労働時間} \times 10$$

農機具資本比率 農業固定資本のうち、とくに農作業の能率に関係する農機具がどれくらいの割合を占めているかをみる[1]。

$$農機具資本比率(\%) = \frac{農機具資本額(農業用自動車を含む)}{農業固定資本額} \times 100$$

(1) 図3-1〈p.64〉のように、この値が高ければ、農機具や自動車などの機械装備に重点をおいた資本装備であるということができる。

集約度指標 一定の耕地面積に投下された労働や資本の量を比較するもので、一定の耕地面積に多くの労働や資本が投下されているばあいを集約的、反対のばあいを粗放的という。経営耕地面積が同じであっても、集約度のちがいによって、その経営の規模はちがってくる。

労働集約度(10a当たり農業労働時間)

$$= \frac{農業労働時間}{経営耕地面積(a)} \times 10$$

農業固定資本の集約度(10a当たり農業固定資本額)

$$= \frac{農業固定資本額}{経営耕地面積(a)} \times 10$$

生産性指標 投入した生産諸要素の効率をみるものであるが、このばあいの投入に対する産出は、農業純生産(農業粗収益から物財費＜雇用労賃と支払地代を含まない農業経営費＞を差し引いたもの)でとらえている。農業純生産は、農業生産による付加価値額である。

労働生産性(農業労働10時間当たりの農業純生産)

$$= \frac{農業純生産}{農業労働時間} \times 10$$

土地生産性(経営耕地10a当たりの農業純生産)

$$= \frac{農業純生産}{経営耕地面積} \times 10$$

農業固定資本生産性(農業固定資本1,000円当たり農業純生産)

$$= \frac{農業純生産}{農業固定資本額} \times 1,000$$

やってみよう

平成２年度の「農家経済調査」によると、単一経営（１戸当たり全国平均）の労働集約度は、稲作69時間、施設野菜作487時間、露地野菜作274時間、果樹作257時間、肥育牛208時間となっている。地域のいろいろな経営部門の労働集約度を調査して、全国平均の値と比較検討してみよう。

> **技術的指標**

作目によってことなりじつに多岐にわたるが、おもな指標にはつぎのようなものがある。

$$10a 当たり収量 = \frac{総収量}{作付け面積(a)} \times 10$$

$$1 頭(羽)当たり生産量 = \frac{牛乳・肉・卵などの生産量}{飼育頭(羽)数}$$

$$10a 当たり農業経営費 = \frac{農業経営費(作物関係)}{作付け面積(a)} \times 10$$

$$1 頭(羽)当たり飼料費 = \frac{給与飼料費}{飼育頭(羽)数}$$

$$1 人当たり作付け面積 = \frac{作付け面積}{労働人数}$$

$$1 人当たり飼育頭(羽)数 = \frac{飼育頭(羽)数}{労働人数}$$

以上のようなさまざまな計算を通じて、その経営がもともともっているはずの収益獲得能力が、じゅうぶんに発揮されているか、それともかなりの部分が不完全燃焼で潜在化しているか、もし、潜在化しているとしたらその原因は何か、を順を追って追求していくことができる。しかし、上記のさまざまな算式はたがいに密接に関連しているから、これらの結果をみて一定の判断を下すことができるようになるまでは、くふうをこらす必要がある。

> **経営の特徴をより鮮明にするくふう 比較その①**

そのくふうの一つは、自分の経営のさまざまな指標の数値を、経営条件が同じような地域の農家の平均的な数値と比較してみるという方法である。

アメリカ合衆国では、これを図3-1のような温度計グラフに表示して、わかりやすく示す方式が伝統的にとられているが、一見して地域の平均水準を上まわっているか、それよりも下かがわかるという便利さがある。

このように各指標がひと目見ればわかるようにくふうすると、どの指標に問題があるのか、それと密接に関係しているのがどの指標であるかも、あるていど明らかになる。

たとえば、図3-1は「農家経済調査」によって、九州の施設野菜作が、全国のそれとくらべてどのような特徴を示しているかをみたものである。これをみると、九州では、①経営耕地面積が全国平均よ

> **やってみよう**
>
> 家畜飼育の技術分析の指標として、家畜1頭(羽)当たりの生産量がなぜ有効なのか考えてみよう。

(1) これらのことから，農業所得をふやしていくためには，作目の選択や作付けのくふうなどによって土地利用のかたよりを改めて耕地利用率と土地生産性を高める，そのためにも，施設・設備などの農業固定資本への投資や労働力（雇用労働力も含めて）の確保・投入をおこなうことが有効であると考えることができる。

りかなりひろいにもかかわらず，農業所得が少ないこと，②農業固定資本の投入量が全国平均より少ないが農機具資本比率は逆に高くなっており，農機具については全国平均以上に装備されていること，③耕地利用率や土地生産性が全国平均にくらべてかなり低くなっていること，などがわかる[(1)]。

このように，問題の焦点がしぼられてくれば，つぎはその指標についてのさらに詳細な技術的な検討をおこなう。

> 経営全体の状況を
> 判断するくふう
> 比較その②

分析指標の比較にあたっては，図3-2のようなレーダーグラフ（円形グラフ）をつくることもくふうされている。この方法だと，経営全体のバランスのよしあしをとらえることができる。

このグラフは，目盛りのとりかたをくふうすることによって，さまざまな利用ができる。たとえば，自分の経営の現状と地域の標準的な経営を比較したいときには，地域の標準値を円周上にとり，つぎに自分の経営の数値を書き加えるとよい。このばあいは，自分の

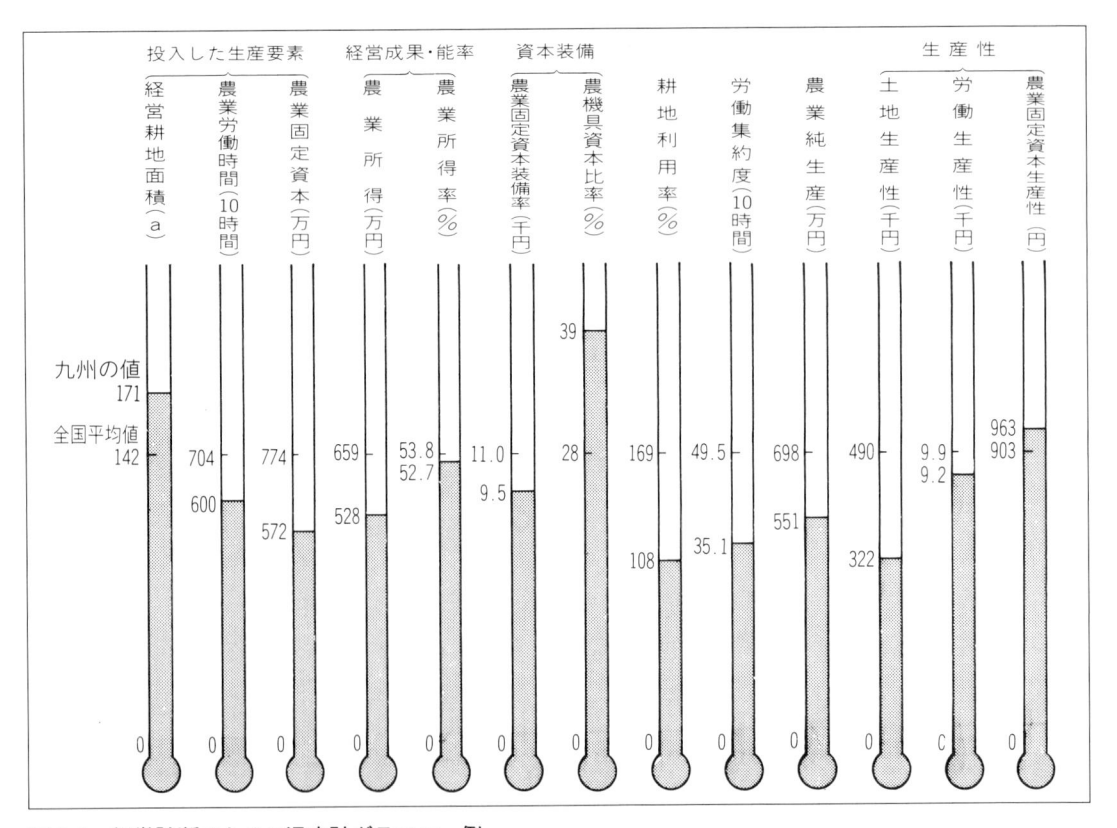

投入した生産要素			経営成果・能率		資本装備				生産性		
経営耕地面積(a)	農業労働時間(10時間)	農業固定資本(万円)	農業所得(万円)	農業所得率(％)	農業固定資本装備率(千円)	農機具資本比率(％)	耕地利用率(％)	労働集約度(10時間)	農業純生産(万円)	土地生産性(千円)	労働生産性(千円)	農業固定資本生産性(円)

九州の値 171　全国平均値 142　704/600　774/572　659/528　53.8/52.7　11.0/9.5　39/28　169/108　49.5/35.1　698/551　490/322　9.9/9.2　963/903

図3-1　経営診断のための温度計グラフの一例
（農林水産省統計情報部『平成2年度農家の形態別にみた農家経済』平成4年による）

経営のグラフが円周に近くなればなるほど標準的な経営に近いことになる。また，自分の経営の現状に経営改善の目標値を書き加えると，経営改善のポイントやその成果などを明らかにすることもできる[(1)]。

図3-2は上記の二つを組み合わせて，自分の経営の現状と今後の経営改善の方向をみたものである。この経営の現状は，ほぼ経営のバランスがとれ，それぞれの分析値も地域の水準に近いが，経営耕地面積の拡大を軸とした経営改善をおこなえば，経営の成果や能率をさらに高めていくことができることを示している。

なお，こうした経営改善のためには，農地取得や機械の更新などの投資が必要であり，そのための負債（借入金）もふえるが，これらのすすめかたについては，3節で学ぶ。→p.78

(1) 5年前にくらべて現在の経営は，どの点が伸び，逆にどの点で問題をかかえるにいたっているかを知ろうとすれば，ここに5年前の状況と現在の状況とを書き込んで比較することもできる。

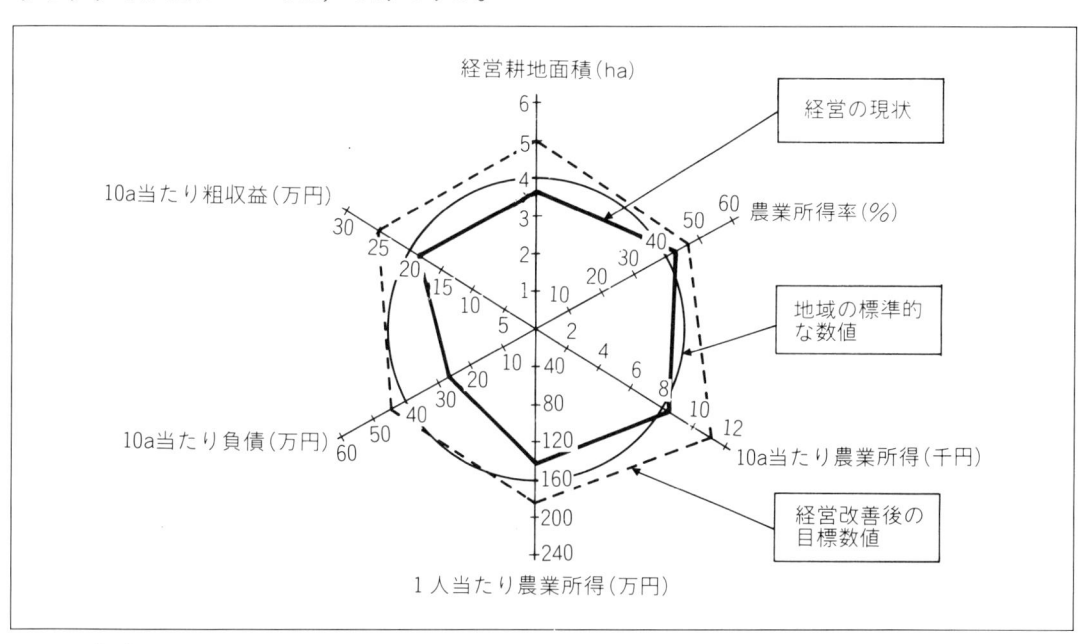

図3-2 経営診断のためのレーダーグラフ利用の一例

● やってみよう ●

図3-1のデータをレーダーグラフにしてみよう。また，各種の経営分析のデータを集め，温度計グラフやレーダーグラフにしてみよう。

そのばあい，どういう分析指標をとれば，その経営の特徴がより鮮明になるか，いろいろなグラフをつくり，比較してみよう。

4 経営者の活動の診断

　さて、経営診断が以上のような方法と手順でおこなわれたとして、つぎに必要なことは、そこから出てきた結果をどのように読み取るかということである。

　たとえば、ある経営の機械・施設の状況を診断して、農業固定資本装備率が標準より高いにもかかわらず、機械・施設利用率が低かったとしよう。そのばあい、機械・施設が本来もっている能力がじゅうぶんに発揮されていないことが考えられる。発揮されているのはどの部分で、それはどのていどの水準で能力を出しているか、といった一連の問題をつぎつぎに追究していく必要がある。

　そうすると、さまざまな機械・施設の導入にあたって、経営者としてどのように考え、導入後どのように活用してきたか、が問われることになる。つまり、経営者のこれまでの経営活動の一つひとつが診断されていくことになる。

　このようにみてくると、経営診断の対象となるのは、経営要素や経営部門、経営組織といったモノ（客体）ではなくて、それらのモノを動かしている人（主体）、つまり、その経営の主人公である経営者こそ、もっとも中心的な対象であるということができる。

> 経営者の活動を診断する五つの指標

　では、経営者の診断はどのようにしておこなうのか。ここでは、経営者の活動場面をつぎの5点に集約している（図3-3, ⇒口絵2・3）。

①経営目標を決める
②生産要素の調達・保有
③生産要素の結合、経営組織の編成
④経営組織の運営・管理
⑤記録・分析・計画

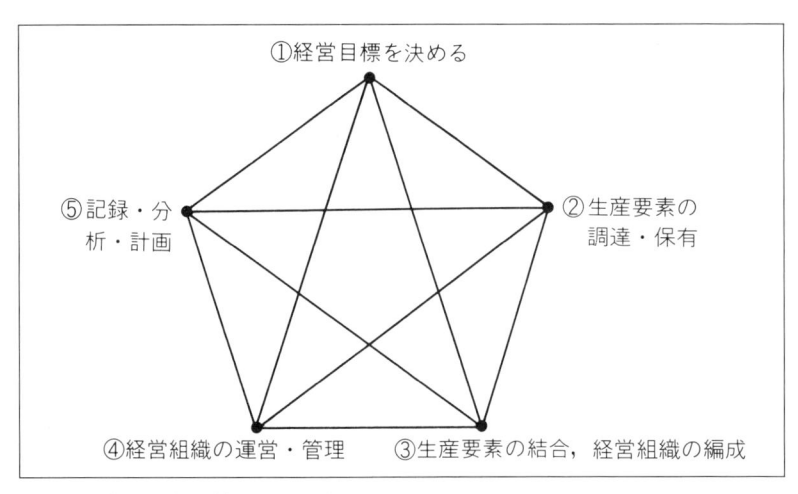

図3-3　農業経営の基本的わく組み
（七戸長生『日本農業の経営問題』昭和63年による）

①経営活動の目標を定める（経営目標を決める）。

②経営目標を達成するために土地・労働・資本の生産要素を調達し，保有する（生産要素の調達・保有）。

③生産要素を適切に結合し，経営組織を編成する（生産要素の結合，経営組織の編成）。

④経営組織の運営（生産物の販売も含む）をおこない，目標にかなった方向にすすむよう管理する（経営組織の運営・管理）。

⑤以上の経営活動状況をたえず記録し，その活動が適切であるかどうかを分析して，つぎの行動計画に結びつける（記録・分析・計画）。簿記をつけるとか，作業日誌をつけるといったことはすべて，分析・計画につながる活動である。

このような一連の活動のくり返しが経営者の活動（機能）であり，その機能がじゅうぶんに発揮されているかどうかによって，診断指標の値がかわってくる。

ここでとくに注意しなければならないことは，五つの機能はたがいにひじょうに密接に関連していることである。いま仮に，②の「生産要素の調達・保有」を中心に考えてみると，ある高性能の機械を購入したばあいには，③では，その機械に適した作物栽培面積や栽培法（土地と作物の結合のさせかた）がもとめられる，④では，それに見あった家族の労働力のわりふりや作業の運営のしかたを選ぶ必要が出てくる，⑤では，機械運転日誌，減価償却や修理などの記録が必要になる，①では，高額な投資をして高性能の機械を使うのだから，それにふさわしい企業的な経営目標を立てる必要がある，といったぐあいである。

農業経営は，技術と経済の両方に関係しているといわれるが，それはこうした複雑な関連のいたるところにあらわれている。

健全な経営とゆがんだ経営　経営者の五つの機能をじゅうぶんに発揮させて，そのバランスがとれている経営では，レーダーグラフを描いてみると，きれいな五角形をしているはずである。しかし，実際には，たとえば図3-4のようにゆがんだ経営も少なくない。

Aの事例は，経営意欲がおう盛で，意欲的に規模拡大をすすめたが，それがあまりに急激だったため，要素結合を適切にコントロー

ルできなくなり，規模の大きさの割には生産能力がじゅうぶんに発揮されていない。なによりもまずいことは，記録や分析が不備で，綿密な計画を立てることがないままに行動する傾向がある（⑤）という点である。これでは，いくら意欲があっても経営は長つづきせず，ひじょうに危険な状態にある経営である。

　これに対してBの事例は，経営者の考えはしっかりしていて，よく勉強もしているのだが，残念ながら経営規模（②）が小さく，規模拡大も容易でない。しかし，この小さい規模を効率的に使って運営・管理（④）に力をそそぎ，記録・分析・計画（⑤）もよくやっている。全体としていえば，現状では堅実な経営といえるが，規模などの点から将来の発展性があまりないようにみえる。若い人をひきつける魅力に乏しく，後継者が残るだろうかという不安が出てくる経営である。

　Cの例は，ほぼ標準的な経営規模（②）があるのに，積極的により高い経営目標に向かって活動していくという姿勢（①③④⑤）がなく，惰性的な経営である。

　こういったゆがみをいちはやく発見し，どこをどう直したらよいかを考える，その手がかりを発見するのが，経営診断にほかならないのである。

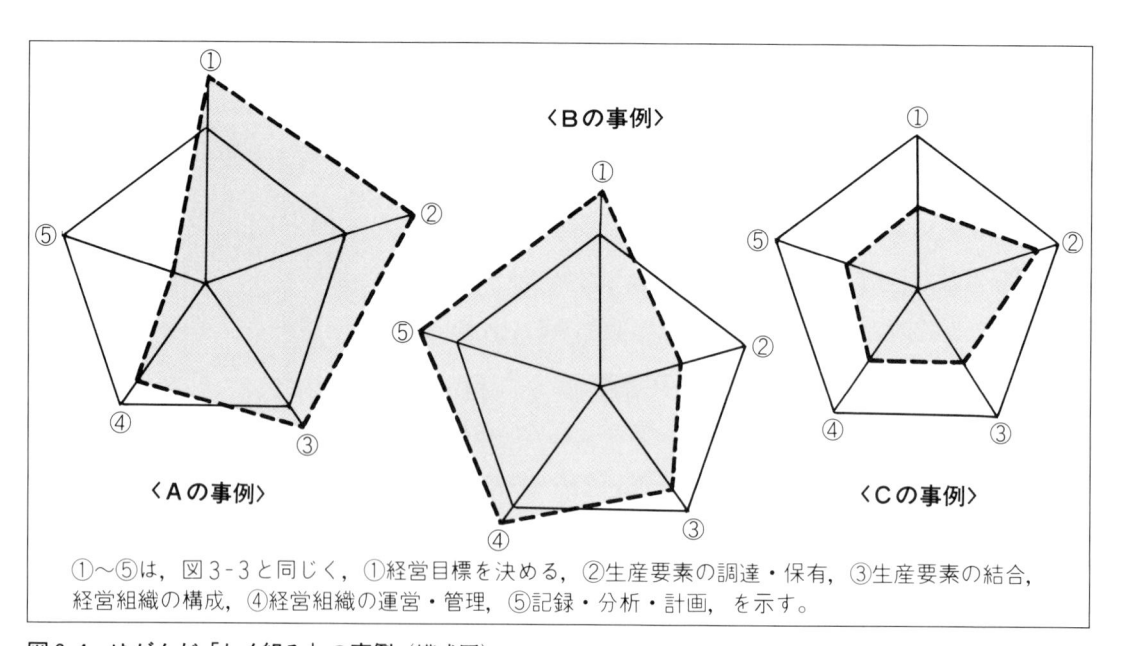

図3-4　ゆがんだ「わく組み」の事例（模式図）
①〜⑤は，図3-3と同じく，①経営目標を決める，②生産要素の調達・保有，③生産要素の結合，経営組織の構成，④経営組織の運営・管理，⑤記録・分析・計画，を示す。

（七戸長生『農業経営調査の方法論的検討』昭和58年による）

2 経営改善の基本的な手法

1 原価計算の役割と方法

原価とは すでにみてきたように，農業経営の目標である農業所得や農企業利潤などを最大にするには，農業粗収益をできるだけ大きくすると同時に，その生産に要する費用をできるだけ小さくするという努力が必要である。このばあい，生産物の取引は1kg当たりいくらとか，1俵（60kg）当たりいくらといった価格をもとにしてすすめられるから，経営者としては自分の生産物が1kg当たり，あるいは1俵当たりいくらの費用がかかっているかをはっきりと知っておく必要がある。

原価とは，生産に要する費用の合計を，生産物単位当たりで示した金額のことである。原価というときには，ふつう生産に要する原価（**生産原価**）をさすが，このほかに，販売に要する費用（**販売費**），経

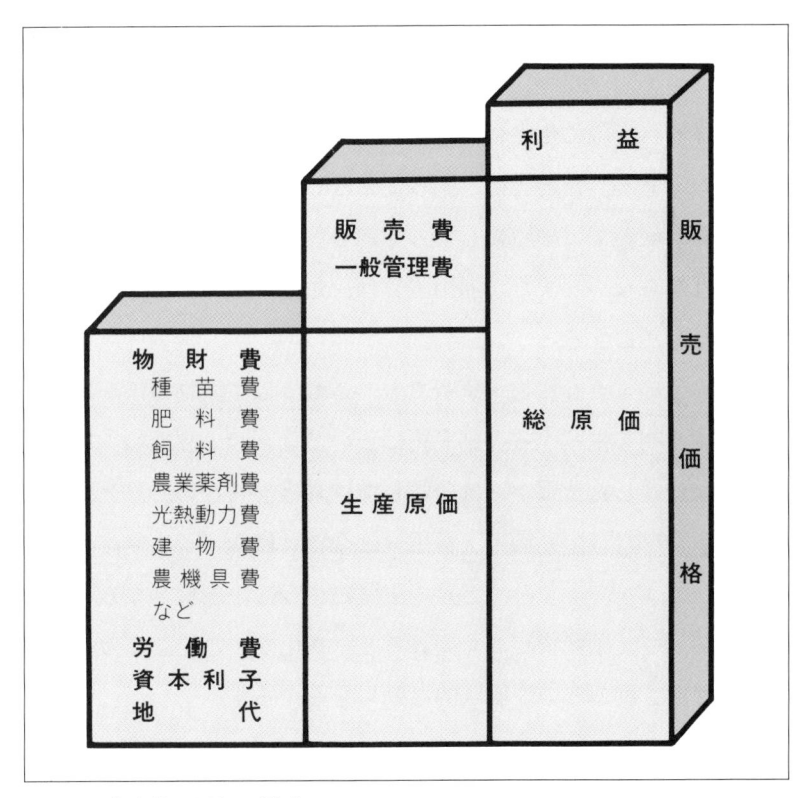

図 3-5　農産物の原価の構成

営管理に要する費用（**一般管理費**）もひろい意味では原価であり，生産原価に販売費と一般管理費を加えたものを**総原価**とよんでいる（図3-5）。生産物の販売単価から総原価を差し引いたものが，その生産物単位当たりの利益となる。

原価計算の役割 　原価は，一般企業では販売単価を決めるための重要な数値である。つまり，総原価に一定の利益を上乗せして販売単価を決める。農産物のばあい，販売単価を自分で決めるケースは少ないが，販売の相手先と単価を交渉する機会（消費者やスーパーとの直接取引など）はあるし，採算のとれる販路を選ぶことは重要な経営活動である。そのばあいには，自分の生産物の原価が判断基準となる。市場に出荷するばあいでも，市場単価にくらべて自分の生産物は採算がとれているのか，どのていどまで原価を下げる必要があるのか，どの作目が有利か，などを知るための重要な数値となる。

原価計算の要素 　原価計算にあたっては，自家労働も自給の物財もきちんと評価して，いっさいの費用を計上する必要がある。自家労働は，地域の平均的な雇用労賃で評価する。

　いっぽう，実際に生産に使用した費用に限定して計算することもたいせつである。たとえば，誤ってこぼしてしまった燃料とか，買ってきたが使わずに納屋にしまってある飼料といった部分は，除かなければならない。また，雇用労賃は，生産労働に従事した時間に限定した金額にする。

　また，どのような作物・家畜でも，ふつうは主産物のほかにさまざまな副産物を生産する。副産物については，その評価額[1]を主産物の生産に要した費用からは分離しなければならない。たとえば，

　　　主産物（牛乳）の原価＝〔費用－副産物評価額（子牛やたい肥など）〕÷主産物（牛乳）生産量となる。

　したがって，副産物が高く売れると，費用が小さくなるので主産物の原価をさげるという副次的な効果をもたらす。

(1) 販売（見積）額から販売費・一般管理費を差し引くなどの評価・計算法がとられる。

2 損益分岐点分析による診断

固定費と変動費　つぎに，費用と生産量の関係をみると，一般に，生産量が多いばあいは費用が多くかかっており，生産量が少ないばあいは費用も少なくてすんでいるという関係があり，図3-6のような費用線で示される。

費用線を左側に延長させて，縦軸と接したときの費用は，機械の減価償却費（⇒p.79）などのように生産量の多少に関係なく，そこで生産をおこなうさいに最低限必要な固定的な費用という意味で，**固定費**（一定費）とよんでいる。

そして，固定費のうえに，種苗費や肥料費などのように生産量がふえるにつれてほとんど正比例してふえていく費用がのっていくことになるが，この部分を**変動費**（あるいは可変費）とよぶ。つまり，変動費は生産量に対応して変動していく性質をもった費用である。

損益分岐点分析　費用線を描いたグラフ上に，図3-7のように同じ作目の粗収益線を描くことができる。費用線と粗収益線をくらべることにより，生産量の採算点をみるのが，**損益分岐点分析**である[1]。

図3-7では，生産量をx，費用および粗収益の金額をそれぞれy，y'で示した。費用線は，固定費をa，生産量1単位当たりの変動費をbとすると，$y=a+bx$の直線となる。これに対して，粗収益線は，生産量に生産物販売単価pをかけたものであるから，$y'=px$の直線となる。そして，この二つの直線がグラフ上でまじわる点が，粗収益と費用とが一致する点で，これを**損益分岐点**とよぶ。これよりも生産量が多くなるほど（グラフ上で右へいくほど），費用に対して粗収益が多くなり（$px>a+bx$），利益がふえていく。逆にこの損益分岐点よりも生産量が少なくなるほど，費用に対して粗収益が少なくなり（$px<a+bx$），損失がふえていく。

(1) 損益分岐点分析では，生産物の量や購入資材の量がかわってもその単価に変化がないことを前提としている。

やってみよう

表4-7（⇒p.115）の生産費の費目を固定費と変動費に区分して，それぞれの割合を計算してみよう。そして，各作目の経営上の特徴を考えてみよう。

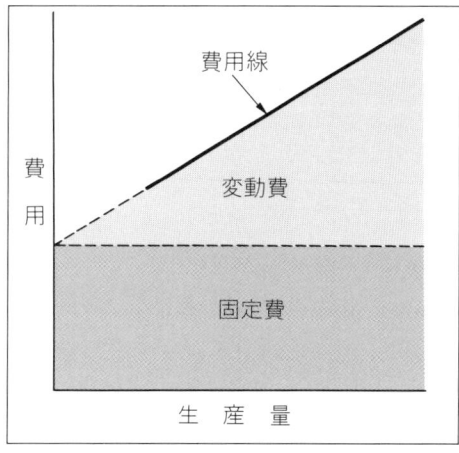

図3-6　生産量と費用の関係

分析結果の活用　自分の経営状況を，図3-7のようなグラフに示してみると，その経営状況を診断することができる。

たとえば，目標とする利益をあげるためには，少なくともどれだけの生産量が必要かを知ることができる。また，生産量をふやせないとすると，損益分岐点を引きさげる（左下方向へもっていく）ことが必要になるが，そのばあい，グラフ上で，この単価(p)以上で売れなければ採算があわないとか，固定費(a)または変動費単価(b)をここまでへらす必要があるといった判断が可能になる。

このように，損益分岐点分析は，どのていど生産量をあげれば採算割れにならないか，経営を健全にするには生産量と費用（固定費・変動費）の目標をどのくらいに設定すべきかをはかる手法である。

原価曲線とその利用　さらに，損益分岐点の考えかたと数値は，原価計算と関連させて，自分の経営の原価の高低を知り，その改善方向を知ることができる。

原価（費用÷生産量）はつぎのようにあらわされる。

　　原価＝（固定費＋変動費）÷生産量

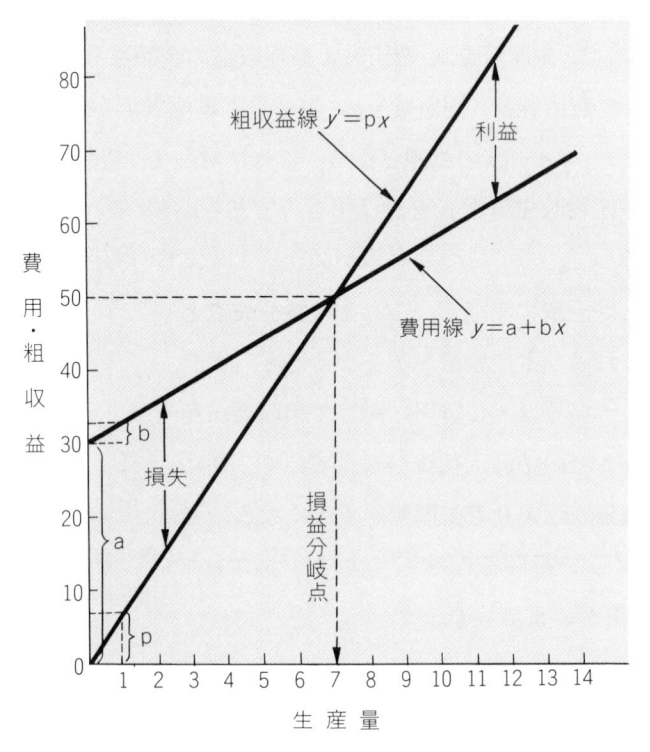

図3-7　損益分岐点分析のグラフ

$$原価 = \frac{固定費}{生産量} + \frac{変動費}{生産量}^{(1)}$$

原価をy''として，損益分岐点分析のx，a，bをあてはめると，上の式はつぎのようになる。

$$y'' = \frac{a+bx}{x} = \frac{a}{x} + b$$

これをグラフにあらわしたものが，図3-8の**原価曲線**(コストカーブ)である。原価は生産量が多くなるほど小さくなり，やがて販売単価水準$y=p$とまじわる点をすぎると，販売単価－原価がプラスになり，利益が生じることになる。この原価がpとなる点は生産量の損益分岐点と一致するわけである。このグラフ上で，自分の経営の生産量と原価を確かめることはひじょうに有益である。

たとえば，原価がのぞましい水準にあるかどうかを知り，また，原価引下げが必要なばあいには，それにふさわしい方法とていどを検討することができる。つまり，生産量＝作付け面積×単位面積当たり収量（飼育頭数×1頭当たり生産量）という関係があるから，面積や頭数は一定としたばあい，10a当たりで米が何俵とれれば採算があうか，乳牛1頭当たりで何t牛乳を搾れば黒字になるかを予測することができる。

(1) この式からは，生産量が多くなればなるほど，生産物単位当たりの固定費がさがっていくから，生産の規模が大きくなればなるほどコスト安に生産できるという大規模生産の有利性が説明される。

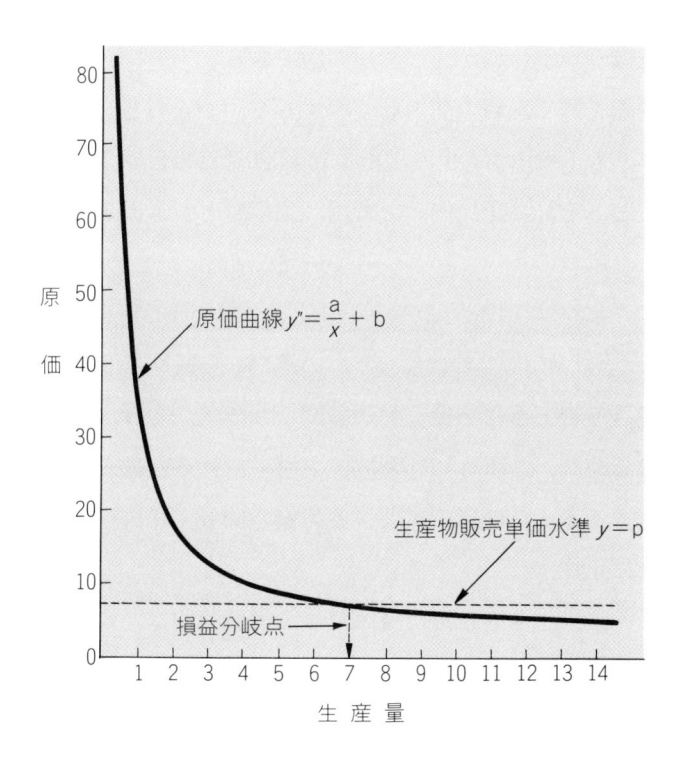

図3-8 原価曲線のグラフ

3 線形計画法による経営全体の設計

　損益分岐点分析では，生産活動の種類を特定の作物あるいは家畜の生産に限定し，しかもそれらの栽培や飼育にあたっては，同じ内容の技術や栽培・飼育方法をとることを前提にして，生産規模だけを変化させる方向で経営の改善を考えてきた。しかし，実際の経営ではいくつもの作物や家畜の生産に取り組んでいて，そのうちのどれをふやし，どれをへらしたら経営全体の成果が大きくなるか，という複雑な問題がたえず出てくる。

　このような問題に対しても，前節で学んだ固定費と変動費というとらえかたをもとにして，**線形計画法**（リニヤープログラミング）とよばれている簡便な計算方法が考え出されている。これは，かぎられた資源（生産要素）をもっとも有効に利用して，最大の利益をあげることができるような生産計画をつくる計算方法の一つである。

　問題とその前提　いま畑が60aある。ここにキュウリとトマトをつくっているが，どうも作業がかちあってたいへんだし，いそがしいわりにあまりもうかっていないように思う。どちらか一つに整理したほうがよいのか，それとも二つの組合せかたをかえたほうがよいのか，これが問題である。

　まず，問題を解くための前提を整理すると，つぎのとおりである。

　①キュウリもトマトも，生産規模を10a，20a，30aというようにふやしていくと，それに正比例して費用，生産量ともふえる。

　②単価は生産量の多少にかかわらず一定である。

　③収益はキュウリが10a当たり8万円，トマトが10万円である。

　④この二つの作物の作業がもっともいそがしい時期は6月と7月の2か月で，そのときに必要な労働時間（10a当たり）は，キュウリでは6月は12時間，7月は12.5時間，トマトでは6月は6時間，7月は20時間である。この作業に要する労働時間も，作付け面積がふえればそれに正比例してふえる。

　⑤これらの野菜生産のために投入できる労働時間は，6月は60時間，7月は100時間に制限されている。

　つまり，このように土地面積も労働時間も制限されている条件のもとで，キュウリとトマトをどのように組み合わせてつくるのがも

っとも有利か，というのが問題である。

> どちらかいっぽうだけをつくったばあい

まず，キュウリかトマトのどちらかいっぽうだけをつくったばあいについて検討してみよう。

①6月の労働の制限時間をすべて使って，キュウリをつくるとすると60÷12＝5…50aになるが，トマトをつくると60÷6＝10…100a（実際の面積は60a）になる。

②7月の労働の制限時間をすべて使ってキュウリをつくるとすると100÷12.5＝8…80a（実際の面積は60a）になるが，トマトをつくると100÷20＝5…50aになる。

③この結果，仮に全面積をキュウリかトマトの一つだけにふりむけるとして計算すると，キュウリのばあいは6月の労働制限のために50aしかつくれない。トマトは7月の労働制限のためにやはり50aしかつくれない。これではどちらの作物を選んだとしても，あたえられた土地60aのうちの10aをあましてしまうことになる。

④また，このようにいっぽうの作物だけをつくるとすると，労働をあましてしまう月ができることになる。すなわちキュウリだけにすると，7月には，キュウリに必要な労働時間は12.5×5＝62.5となるから，100－62.5＝37.5時間あますことになる。同様にトマトだけにしたときには，6月には，60－30＝30時間あますことになる。

⑤このように，キュウリだけ，トマトだけのどちらをとっても，あたえられた土地も労働も使いきれないことになるが，これによってあがる収益をみると，キュウリで8万円×5＝40万円，トマトで

表3-1 資源制限のもとでの作付けの組合せ

No.	2作物の作付け面積の組合せ（土地制限は60a）			左の作付けの組合せをとったときの労働時間						左の組合せをとったときの収益（万円）		
				6月（労働制限は60時間）			7月（労働制限は100時間）					
	キュウリ	トマト	計	キュウリ	トマト	計	キュウリ	トマト	計	キュウリ	トマト	計
①	50	0	50	60	0	60	62.5	0	62.5	40	0	40
②	40	20	60	48	12	60	50	40	90	32	20	52
③	30	30	60	36	18	54	37.5	60	97.5	24	30	54
④	20	40	60	24	24	48	25	80	105	16	40	56
⑤	0	50	50	0	30	30	0	100	100	0	50	50
				注：キュウリは10a当たり12時間，トマトは10a当たり6時間			注：キュウリは10a当たり12.5時間，トマトは10a当たり20時間			注：キュウリは10a当たり8万円，トマトは10a当たり10万円		

10万円×5＝50万円となる。

　では，土地と労働をフルに使いこなす方向で，キュウリとトマトをどのように組み合わせたら，もっとも収益が高くなるか。

　このばあい，実際にキュウリとトマトの組合せをいくつか考えて試算してみるのも一つの方法なので，その一例を示すと表3-1のようになる。ここでは5通りの組合せを示した。

　土地をよく使っているのは②，③，④であり，6月の労働制限をぎりぎり有効に使う組合せは①，②，③，7月では③，④，⑤となって，全体としては③があたえられた土地と労働を比較的有効に使う組合せである。つぎに収益が多い組合せをみると，④，③，②という順になっているから，これらの周辺に最適な組合せがありそうである。

線形計画法の実際　最適な組合せを簡単なグラフをつくって解いていく方法を図3-9によって説明しよう。

　①横軸にキュウリ，縦軸にトマトの作付け面積をとる。

　②まず，6月の労働制限60時間をキュウリだけに使ったばあいの作付け面積50aを横軸上にとる。同様に，トマトだけに使ったばあいの100aを縦軸上にとる。この二つの点を結んだ線上は，どの点をとっても6月の労働制限のもとで生産できる2作物の組合せを示すことになる。

　③つぎに，7月について同じ方法で，キュウリだけのばあいの面積80aを横軸上に，トマトだけのばあいの面積50aを縦軸上にとる。この2点を結んだ線上のいずれの点も，7月の労働制限のもとで生産できる2作物の組合せを示すことになる。

　④しかし，実際に作付けできる土地面積は60aに制限されているから，横軸・縦軸とも60aの点をとってこれを結んだ線上の点が，この土地制限のもとでなりたつ2作物の組合せを示すことになる。

　⑤以上の3本の線を引くと，②の線と④の線とがまじわる点，③の線と④の線とがまじわる点がもとめられ，それらの点から原点寄りの斜線をひいたところが，以上の土地制限と労働制限のもとでも採用できる作付け組合せの範囲である。

　⑥この多角形上の作付け組合せのなかからもっとも粗収益の多い組合せをもとめるには，等利益線を描いて，これをグラフ上で平行

移動させて多角形と接する点を探せばよい。等利益線とは，たとえば40万円の粗収益をあげるにはキュウリでは50a，トマトでは40aを必要とするので，それぞれを横軸・縦軸上にとり，2点を結ぶと，この線上では，どの点も粗収益40万円をもたらすことになるから，40万円の等利益線とよぶ。等利益線を右上方へ平行移動させれば，50万円，60万円の等利益線を描くことができる。そして，多角形ともっとも高い等利益線が接するところが，最適の組合せである。

このようにして，図3-9(2)に示したようにキュウリ27a，トマト33aが，土地制限にも労働制限にも適合して，しかも粗収益がもっとも高い点である。その粗収益は，$2.7 \times 8 + 3.3 \times 10 = 54.6$（万円）となる。

実際の経営では，このような2作物だけの作付け配分にとどまるものではない。作物数が多くなり，いろいろな制限がさらに加わっていくと，もはやグラフで解くことは困難で，コンピュータによる計算が必要となる。このばあいには，より正確な技術係数（その作目の生産に要する資源量や，要素結合に関するデータ）が必要となる。つまり，精密な計算をするには，それに耐える精密な数値が必要であり，各種の記帳（とくに作業日誌や簿記など）が欠かせない。

やってみよう
農業改良普及所や農協などをたずねて，コンピュータで作付け計画をたてるばあいのソフトウェアには，どのようなものがあるか調べてみよう。入手できれば，学校農場の作付け計画をたててみよう。

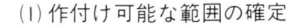

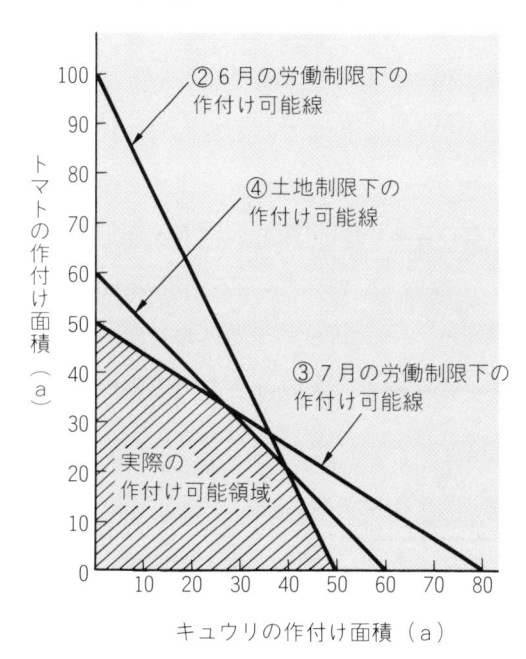

図3-9 線形計画法のグラフによる解法

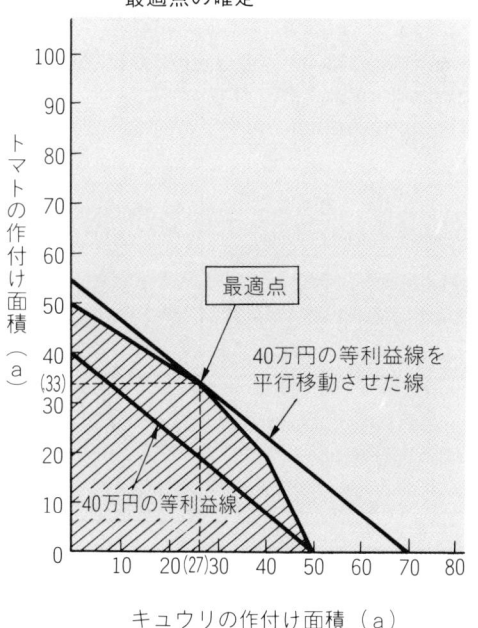

3 大がかりな経営改善のすすめかた

1 経営改善と規模拡大

　これまでみたような経営診断の結果，経営成果をよりいっそう高めることが必要になったばあい，経営者としてはつぎの三つの方向をさまざまに組み合わせた改善策をとることになろう。

　①現在の生産要素の量と結合のしかたを前提にして，経営規模の拡大と生産の能率化をはかる。

　②現在の生産要素の量と結合のしかたを改めて，より能率的な結合のしかたに切りかえ，経営規模をいっそう拡大する。

　③ ①と②を連動させて，大規模・高能率の方向を追求する。

　これらのうち，①の経営規模の拡大は，現在の土地の利用率（耕地利用率）を高めて粗収益を大きくするとともに，既存の固定資本の利用率を高めて経営費を引きさげることによって，所得の増大をねらうという方向である[1]。

　しかし，一般に経営規模の拡大というときには，図3-10のように耕地面積の拡大や飼育頭数の増大をともなうことが多い。このばあいは，拡大した土地での作業を処理したり，ふえた家畜を管理したりするために機械・施設の大型化や，高度化が必要になる。

　このようなときには，多額の投資が必要になるとともに，経営組織が大きく変化するので，経営組織の構成・運営・管理などのあらゆる場面で，新しい段階への対応が必要であり，きわめて大がかりな経営改善となる。

(1) たとえば，1年1作を改めて1年2作にするとか，表作と裏作を結びつけるといった方向である。表作のイネと裏作のムギの両方が，既存のコンバインで収穫できるようなばあいには，いっぽうで耕地利用率が高まると同時に，機械の利用率も高まる。

図3-10　多頭化と土地拡大の関連（模式図）
（図3-3と同じ資料による）

2 投資計画の立案と検討

大がかりな経営改善はどのようにして計画・設計するのだろうか。まず、機械・施設の選択や耕地の拡大が問題となる。

機械・施設の選択　技術的には、どのような性能をもち、どのような作業処理能力のあるものを選ぶか、それがすすめようとしている経営改善にとってどうしても必要かどうか、といった点を検討しなければならない。

つぎに、経済的な検討が必要になる。たとえば、図3-11は新型と旧型の農業機械の単位面積当たりの利用経費[1]を比較したグラフである。旧型は小型で購入費も安いため固定費が少なくてすむが、その利用のためにはかなりの補助労働のための労賃を要するので単位面積当たりの変動費が高くつく。これに対して新型は、大型・高性能でしかも自動化がすすんでいるため補助労働はほとんど不要で、単位面積当たりの変動費は、燃料費と運転のための労賃だけを考えればよい。しかし、購入費が高いため、固定費の大部分を占める減価償却費が旧型よりもいちじるしく多くなっている。

(1) 利用経費は、固定費＋単位面積(ha)当たり変動費×作業面積(ha)で計算される。固定費のおもなものは減価償却費・資本利子、変動費のおもなものは労賃・燃料費・修理費、などである。

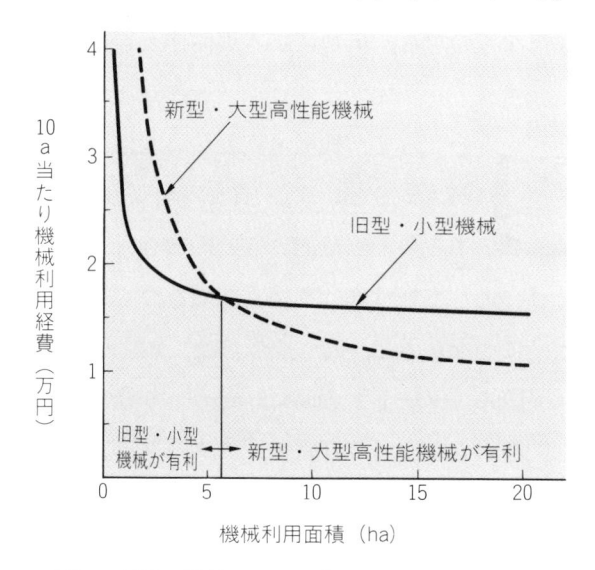

図3-11　新旧2種類の機械の利用経費の比較
［注］　上記の新旧2種類の機械コストの算出例の基礎はつぎのとおり。

	主な固定費関係			性能・特長		変動費(10a当り)
	購入価格	耐用年数	減価償却費	作業効率	補助作業者	燃料・労賃等の合計
新型高性能機械	450万円	8年	50万円	1ha/1時間	0人	8,000円
旧型・小型機械	120万円	10年	10万円	10a/1時間	3人	15,000円

この結果，新旧2種類の機械の単位面積当たりの利用経費は，利用面積が小さいときは旧型機のほうが有利であるが，利用面積がある水準より大規模（このグラフでは約5.5ha以上のところ）になると，新型機のほうがはるかに有利になることがわかる。つまり，機械の利用経費は，その利用面積がどれだけあるかによって，大きくかわってくるのである。

耕地の拡大計画　以上のような機械の利用経費からみても，また機械の性能によって処理できる土地面積が決まることから考えても，耕地面積の拡大は，機械・施設の導入と表裏一体の関係ですすめる必要がある。

したがって，耕地面積拡大が計画どおりにすすまないばあいは，実情にあわせて導入する機械・施設をかえるなど，柔軟で堅実な対応が必要である。

また，取得する耕地が一か所に集中し，ほ場整備がなされていれば，機械・施設の利用効率は高く，土地改良投資も少なくてすむ。このような耕地条件をじゅうぶん検討することもたいせつである。

なお，耕地の拡大にあたって，耕地条件が拡大計画に適合し，しかも借地料が適当なものなら，借地による規模拡大も一つの方向である。

マスタープランの重要性　ところで，機械・施設が高度化し，耕地面積がふえるということは，経営のなかの主要な生産要素が量的にも質的にも大きく変化することであり，それに応じて経営部門や経営組織をつくり直すという，経営全体の大改造につながっていく。

したがって，実際にスタートする前に，どういう経営組織にして，どういう経営部門をおくかという経営のマスタープラン（基本計画）を立てることが必要である。

そのうえで，どういう生産要素がどれだけ必要かが検討されて，はじめて機械・施設の導入，耕地拡大の具体的な計画が立つのであって，いわば，マスタープランのなかの部分計画にすぎない。そして，マスタープランの作成にあたっては，経営者の願望だけでなく，生産技術面での可能性，生産物の販路と単価，資金の源泉，国・地方自治体の補助事業などの現状，投資に対する回収計画（借入金の

やってみよう
マスタープランに必要な要素を整理して，一覧表にしてみよう。

返済計画）など，あらゆる角度から検討しなければならない。

> 投資計画のチェック

多額の投資をして経営改造をするのは，現在よりも，より多くの利益をあげることを究極の目標としているためである。したがって，マスタープランの作成にあたっては，一つひとつの投資がどのようなかたちで利益を生み出すかをち密にチェックする必要がある[1]。

そのためには，作目や経営部門別に，現在の収支（粗収益・費用・利益）と比較しながら経営改造実施中の年度ごとの収支計画を見積る（図3-12）。そのばあいには，各作目・部門の「土地・機械・労働」の結合が実施可能なものであること，粗収益は自分の技術水準などからみて高すぎないことなど，現実性の高い見積りが必要である。また，部門間の補完・補合関係（⇒p.47）がどう変化するかも検討して，収支計画に反映させる。

そして，その計画達成時の利益予想額のなかから，経営改造のために使われたさまざまな新規投資の回収・返済（利子の支払いも含む）がはたしてじゅうぶんにできるかどうかを検討する[2]（図3-12の利益の使い道）。それが確かなものになって，はじめて経営改善計画は合格点に達したといえるのである。

[1] マスタープランの作成にあたって検討されるべきことがらのうち，販売・流通，生産資材の購入，資金の調達などについては4章で学ぶ。

[2] このばあい，家族の変化にともなう家計費の変動（教育費など）も考慮して計画を立てる必要がある。

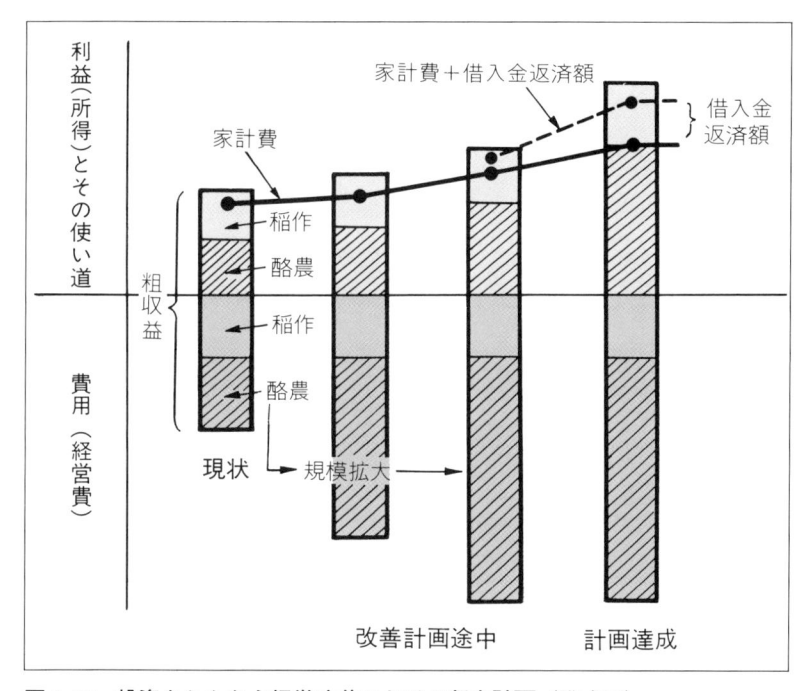

図3-12 投資をともなう経営改善における収支計画（模式図）

マスタープラン立案の実際

経営の現状と課題 表3-2は，図3-11，図3-12の基礎となったマスタープランを示したものである。図3-12の経営の現状は，稲作と酪農の経営規模が小さく作業能率がわるいため，有機物の循環など部門結合によるメリットがなく，しかも，部門間の労働力の競合がはげしいため，過重労働をもたらしているとみられる。

改善目標 しかし，作業能率の向上ができれば，良質な粗飼料の自給も可能になり，いまの家族労働力のままでも乳牛の頭数を増加させることができる。畜舎を改造すれば，飼育管理労働の節減も可能になる。幸い，経営のなかに未利用地があるので，その土地改良をおこなうと飼料作面積の拡大ができそうである。乳牛のたい肥を水田に使うと良質米の生産も可能になり，稲作と酪農の部門間の補合・補完関係も強まって，収益性の向上が見込まれる。そこで，酪農を軸にした大規模複合経営の確立を改善目標とする。

部分計画 まず，作業能率の向上について検討すると，図3-11に示した旧型機械から新型機械への切りかえが必要なことがわかる。この切りかえが採算にあうのは，5.5ha以上の機械利用が可能となるばあいである。未利用地の土地改良によって経営耕地面積が4.5haとなるので，あと1haの農地を購入することにする。乳牛の増頭や畜舎の改造は，自家育成したり自力で改造をおこったりする方向で，

やってみよう

図3-1(⇒ p.64)に示した施設野菜作のデータを自分の経営の現状と仮定して，その経営改善のためのマスタープランを，表3-2を参考にして作成してみよう。

表3-2 マスタープランの例

経営の現状と課題	改善目標	部分計画	投資・回収計画
稲作と酪農の小規模複合経営だがかならずしも安定していない	酪農を軸にした大規模複合経営（「有機農業」〈⇒ p.203〉の方向にそった土地利用型農業）の確立	乳牛頭数増加	自家育成 100万円 → 農業改良資金 30万円
		畜舎施設の改善	畜舎改造 120万円 → 農業近代化資金 50万円
		飼料作面積の拡大	土地改良 80万円 → 農業近代化資金 30万円
		良質飼料の量産	
・非能率な労働の競合による過重労働	作業能率の向上	耕地面積の拡大	農地取得 100万円 → 農地等取得資金 80万円
・稲わら→たい肥といった有機物循環の不徹底（たい肥不足）	部門間の補合補完関係の強化	大型機械の利用	機械購入 450万円 → 農業近代化資金 400万円
・稲作も酪農もあまり収益があがらない	収益性の向上	共同利用の推進 良質米の生産 家族内の作業分担	〈年間返済計画〉農業改良資金 10万円(3年償還) 農業近代化資金 48万円(10年償還) 農地取得資金 4万円(20年償還)

なるべく資金をかけないようにする。

投資・返済計画 部分計画に沿って資金の必要額を計算し，自己資金で不足する部分は各種の制度資金（⇒p.114）を活用することとする。制度資金の活用にあたっては，年間の償還額と経営改善によってもたらされる農業所得額を計算し，農業所得額が家計費に償還額を加えた金額より多くなっているかどうかを確認する。もし，多くならなければ，もう一度，部分計画を練り直して，投資・返済計画を再検討しなければならない。

3 もとめられる経営者の訓練・習熟

経営改善を実行に移していくには，改善計画だけではまだ不じゅうぶんである。それは，この計画にそって実際にさまざまな改善をしていく経営者自身の訓練が必要であるからである。たとえば，新しい大型機械の導入にあたっては，その運転操作の訓練が必要となる。また，多頭飼育では，従来の少頭飼育では考えられなかったふん尿処理に対する対応などがもとめられることが多い。

したがって，いざ経営改善に着手しようとするばあいには，それに先だって技術的な訓練のために研修をおこなうがのぞましい。少なくとも，同じ技術をとり入れている生産現場を視察し，実際に使っている人から，その長所と同時に欠点・問題点をきちんと聞くことが必要である[1]。

同じことは経営の運営面でもいえる。とくに，急速に規模を拡大したばあいにおちいりがちなのは，生産面の処理だけで手がいっぱいになり，経営の運営面やその基礎になる記録・分析に手がまわらない，という状況である。これらの点についてもじゅうぶんに学習し，習熟することがたいせつである[2]。

このように，農業経営の改善を実行することは，高度の専門能力を身につけた経営者を養成するということでもある。

[1] そうした実例が外国にしかないばあいでも，実際の使用現場をみて確かめるという慎重さが必要である。
[2] ドイツなどの西欧諸国で，古くから農業経営の研修制度（マイスター制度）がとられているのも，経営上の実務の訓練がいかに重要であるかを示すものとみられる。

4 目標達成のための発展のコース

最後に、経営改善の目標を達成するには、どのような発展のコースをたどるのが最適かについて考えてみよう。

経営発展の三つのタイプ

図3-13をみてみよう。このグラフは、横軸が時間、縦軸が経営改善の目標（金額）をあらわし、目標に達するまでの発展のコースを、さまざまな調査の結果を総合して模式的に示している。これをみると、発展のコースには、つぎの三つのタイプがあることがわかる。

①毎日、コツコツと努力し、毎年着実に一歩一歩登っていくタイプ。堅実ではあるが、目標の達成には時間がかかる。このタイプは、経営改善の効果があらわれるのに長い期間を要する土づくりや土地改良といった改善内容のばあいに有効である。

②できるだけ短期間に目標を達成しようというタイプ。いろいろな条件がともなわないと途中で失敗する危険が大きい。このタイプは、経営者の技術[1]の習得がなされており、資金の借入・返済が容易であるという社会条件があるばあいに有効である。

③じっくりと、改善行動に移るタイミングを待ち、時がくれば一気に行動して目標を達成しようというタイプ。このタイプも、②と同じような条件が必要であるが、さらに新しい経営部門にも積極的に参入できるという経営者の能力も必要になる。

このうち、従来は、農業経営というのは作物や家畜などの生きものを相手にする仕事だから、②や③のような機動性をもった方法は向かない、地味でも①のやりかたがいちばん賢明であり成功につな

(1) このばあいの技術は、安定しており永続性のあるものでなければならない。

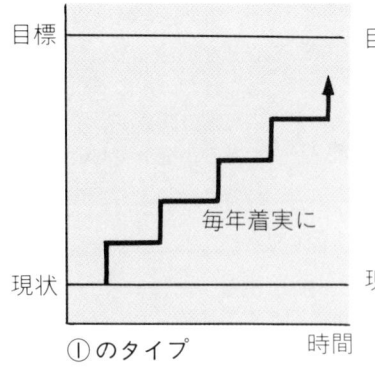

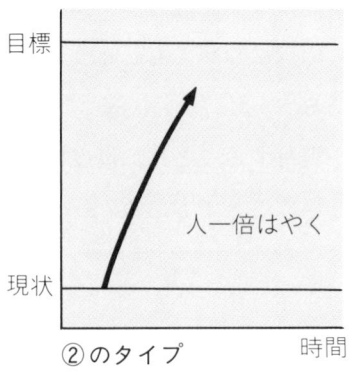

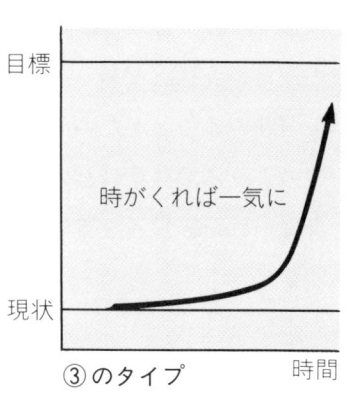

図3-13　農業経営発展の三つの類型　　（七戸長生『農業の産業的自立と人材開発』1988年による）

がるのだ，という考えが強調されてきた。

> 経営発展の基本型

しかし，それぞれのタイプが有効なのは，一定の条件があるからであって，いつでも，どのようなばあいでも一つのタイプでいいとはいえない。むしろ，これらの三つのタイプを総合した図3-14のような発展のコースを考えることができる。

ここでは，まず目標を冷静に見定める準備期を設けている。この期間は③のタイプの前半段階に近い。そして，つぎに一定の発展方向を見定め，改善計画を立てたり，訓練を積んだりする助走期にはいるが，この期間は①のタイプに近い。しかし，これで確信をもったら，計画にしたがってわき目もふらず目標に向かって突きすすむ飛躍期にはいる。この期間には②のタイプのような決断と実行力がもとめられる。そして，一定の段階に達したら，つぎの飛躍に向かって構想を練ったり，準備をしたりするつぎへの準備期（巡航期）にはいる。このようなくり返しを重ねるという発展のコースである。

じつは，この発展のコースの曲線は，生きものが成長していくときの成長曲線（Ｓ字曲線）と似ている。農業経営はあくまでも生きものである人間（経営者）が，生きもの（作物や家畜）を相手にして営んでいる生産活動であり，それを基礎にした経済活動だから，こういう発展のコースをとることは，ごく自然なかたちであるともいえよう。

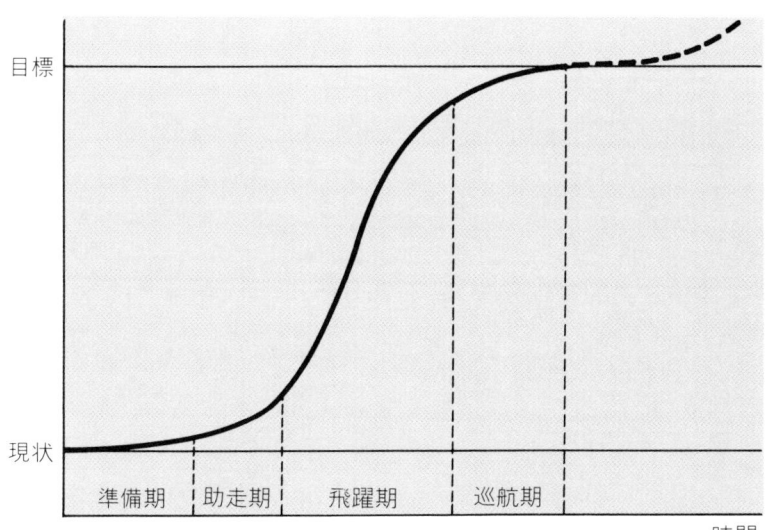

図3-14 **農業経営発展の基本型**（成長曲線型のコース）
（図3-13と同じ資料による）

参考 経営改善とコンピュータ活用

　農業経営には，いっぽうでは間断のない情勢変化に臨機応変に対応できる瞬発力が必要になると同時に，他方では長期の見通しをしっかりともって地道に努力するという持久力が重要である。瞬発力と持久力のどちらを高めるうえでも役に立つのは，普段から必要な情報をきちんと集めて整理して，いざというときにすぐに使えるように準備しておくことである。

　そのために，とくにコンピュータが力強い味方となる。コンピュータでは，経営内部のさまざまなデータを処理・加工して，技術的・経営的な診断の基礎資料をつくるのに役だつほか，ぼう大な情報を収集している外部のデータベースを活用することによって，必要な情報を瞬時に得ることができる。

　しかし，コンピュータがもたらす情報の内容を判断して，経営改善の方向を最終的に決定するのは，人間である経営者である。経営者の情報活用能力や判断力を高めることが，まず第1にもとめられることである。このためには，なかまどうしが集まって検討しあうことがのぞましい。それも条件が同じ者だけでは判断がかたよってしまう危険性があるので，さまざまな個性や経験のもち主が集まって，多面的に検討するのがよい。こうしたときにもコンピュータが活用できる。パーソナルコンピュータ通信は，いながらにして遠方の人たちと情報を交換したり話しあったりすることができる。

第4章 市場のしくみと農業経営

プロローグ
―農業新聞の市況欄を前にして―

　野菜の生産で全国的に有名な筑波町の山川さんは，昼休みに農業新聞の市況欄をみながら，農業高校に通っている息子の幸一君が出した難問にどう答えようかと思案中だ。

幸一　昨日の青果物の市況欄をみると，同じ品目なのに，出荷した市場によってずいぶん価格がちがうし，高値と安値のはばも大きく開いているよ。わが家の野菜は，はたしていちばん高く売れるところに出荷され，有利に販売されているのだろうか。

父　野菜に値段のあがりさがりはつきものだし，そういうなかで，高値で販売できる市場をねらって出荷されていると思うが……。

――そこへ，ちょうど折よく農協の販売課の森田課長が通りかかって，親子の話に加わってくれた。

森田　なるほど。農業高校に通っているだけあって，なかなかいいところに目をつけたね。せっかく，汗水流してつくった野菜だもの，少しでも高値で販売できるところへもっていって売りたいというのは人情だ。だが，そのまえに，市場によって値段がちがうのはなぜだかわかるかね。

幸一　青果物の値段は，市場での需要と供給の関係で価格が決まることは知っています。

森田　そのとおりなんだが，ほら，市況欄をみると入荷量というのが出ているだろう。これが値段の上下に大きく関係しているんだよ。ある市場が高いという情報が流れると，各産地から出荷が集中して市場の入荷量がふえ，かえって値段がさがるといったぐあいでね。

幸一　でも，おなじ東京の市場に出荷するばあいでも，遠くの産地と，この筑波町のように市場までの距離が50kmくらいの産地とでは，条件がずいぶんちがうでしょうね。

森田　そのとおりだよ。市場が遠いばあいは，運送中にいたんだり鮮度がおちたりしないようにしっかりと包装や荷づくりをして，前日に長距離トラックに積み込まなければならないが，市場が近ければ，かんたんな荷づくりで，早朝に小型トラックで運んでもだいじ

ょうぶだ。このように市場までの距離によって，包装・荷づくり費や運賃などの流通経費がちがってくる。

　それと，市場では，品質のそろった品を，毎日一定の量を決まって出荷して，その市場での信用がたかまると，別格の高値で取り引きされることもあるんだよ。

山川　なるほどね。ふだん農協の販売課の人たちが，品質をよくしようとか，計画的に生産するようにとかよびかけているのも，そうした販売戦略のためにやっていることなんですね。

幸一　そうすると，わが家の野菜をより有利に販売するためには，高値で販売できる市場をねらうことはもちろん，その市場に出荷するために必要な流通経費のことも考えに入れておかなくてはならないし，より高値で売れるものを計画的につくるという点もたいせつになってくるんですね。

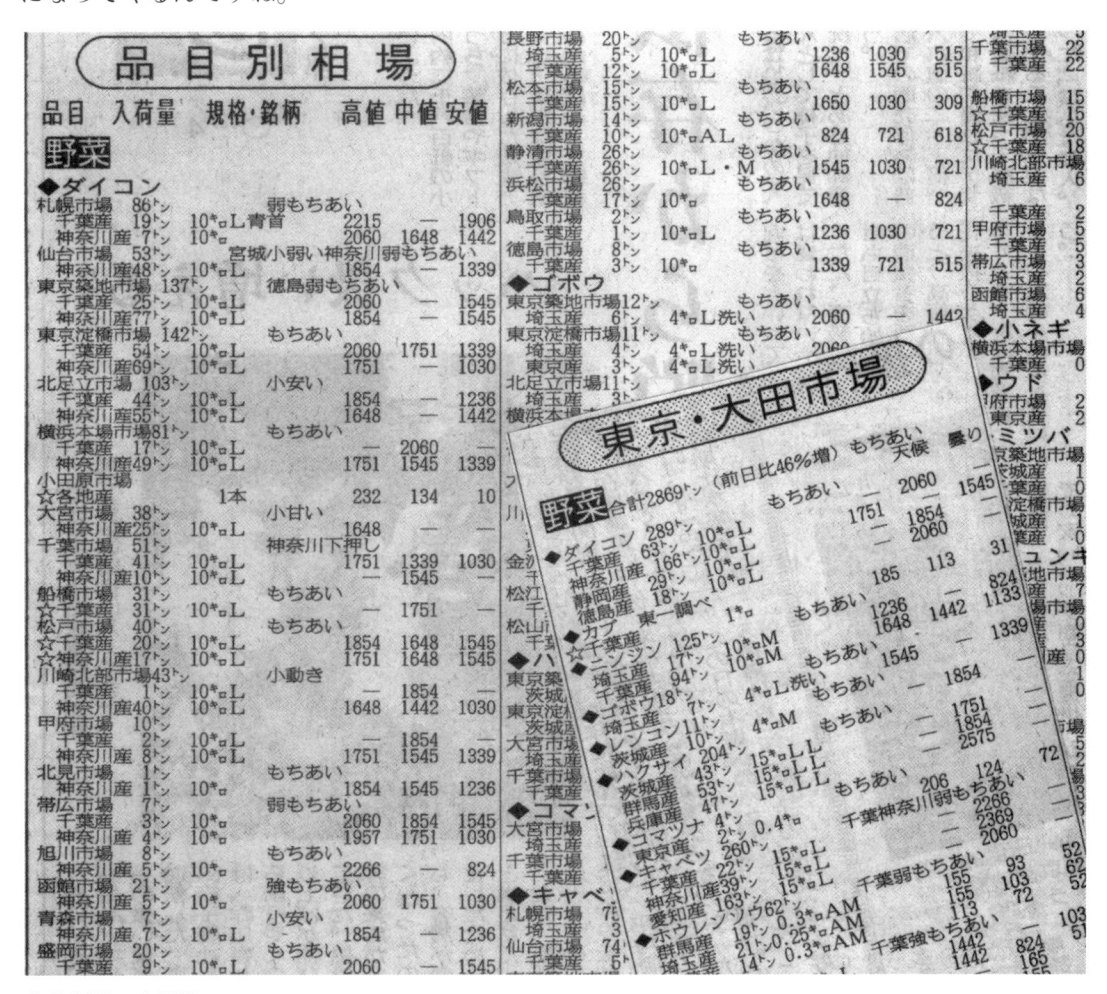

農業新聞の市況欄

1 農産物の販売と流通

1 市場のしくみと機能

市場とそのしくみ

　農業経営のなかで生産された農産物は、流通ルートに乗せられ、消費者の食卓にのぼり、食物としてのゴールに到達する。かつては、農家がとりたての農産物を朝市にもっていき、消費者に直接販売したり、リヤカーに農産物をのせて住宅地を「ふり売り」をしたりするすがたがごくふつうであった。しかし、しだいに都市が拡大していくにつれて小売店が発達すると、農家は、これらの小売店への農産物の取次ぎ役である**市場**（卸売市場）へ生産物を出荷することが多くなってきた。

　生産者と消費者のあいだに立って、取次ぎをするのが市場である。市場の役割は、農産物に対する人びとの需要と、その需要を見越して生産した人びとの供給とが、できるだけ公正・公平な条件のもとで自由に接しあえるようにする点にある。つまり、出荷された農産物を手に入れたいと考える人が、もっとも高い値をつけてせり落とすのが、この市場の大原則である。

生産者と消費者をつなぐ市場

市場の基本的な機能

　市場において，売り手の数が多く買い手の数が少ないときは，買い手の間の競争が激しくないため，買い手は買いいそぐことがなく，価格が満足できる水準へさがっていくのを待つようになる。これを**買い手市場**とよぶ。しかし，このような状況がつづくと，いきおい価格もさがるから，そのような不利な条件でも生産物をあえて売ろうとする売り手の数がへってしまう。この傾向がどんどんすすんでいくと，こんどは逆にその品物に対する需要が高まり，買い手どうしが競いあってその品物を何とか手に入れようとするようになる。そして，こんどは売り手の側は，価格が満足できる水準へとあがっていくまで売るのを待つようになる。これを**売り手市場**という。

　このような需要と供給との関係を模式的に示したのが図4-1である。需要は，価格がさがればさがるほどふえていき，価格があがればあがるほどへっていくので右さがりの曲線（**需要曲線**）となる。いっぽう，供給は，価格があがればあがるほどふえていき，価格がさがればさがるほどへっていくので右あがりの曲線（**供給曲線**）となる。そして，需要曲線と供給曲線とがまじわっている点が，需要と供給の均衡がとれた価格（P）と量（Q）を示している。

　これらの曲線のこう配は商品によってことなるが，これは価格の変化に対して需要あるいは供給が変化していく度合が，商品によってことなるからである。ふつう，価格が1%変動したときに需要あるいは供給が何%変動するかの比率を，**価格弾力性**とよんでいる[1]。

[1] 需要の価格弾力性＝需要の変動率÷価格の変動率，供給の価格弾力性＝供給の変動率÷価格の変動率

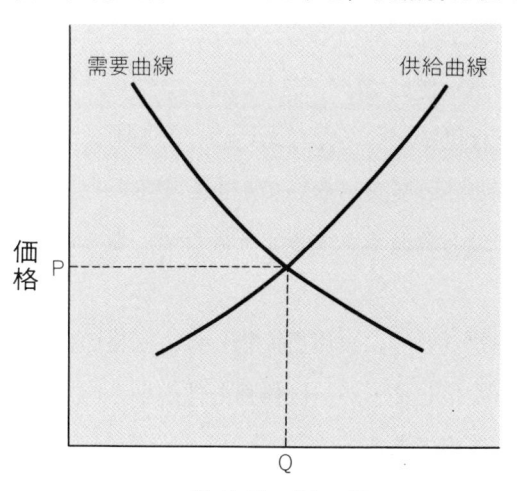

図4-1　需要と供給の相互関係（模式図）

2 市場における農産物の特殊性

農産物は生命現象の産物

市場における価格のあがりさがりには買い手（消費者）の農産物に対する要望（いわゆる**消費者ニーズ**）が示されている。

近年，農産物に対する消費者ニーズは，①できるだけ安いこと，のほかに，②品質がよく，おいしいこと，③年じゅういつでも手にはいること，④健康によく，安全な食品であること，⑤きれいで，美しい（かわいい）こと，などつぎつぎとふえている。生産者としては，これらの消費者ニーズにできるだけこたえるように最大限の努力をすることが必要である。

しかし，これらの消費者ニーズには，農業生産に季節性がある，農産物が生命現象の産物で有機物である，などの理由から，たがいに矛盾する面もある[1]。したがって，その流通に関して，農産物が工業製品とは大きくことなる特徴をもつことを，消費者にじゅうぶん理解してもらうこともわすれてはならない。

価格変動が大きい

農産物の流通に関連してわすれてはならないもう一つの点は，農産物は価格変動が大きいという点である。それは図4-1（→p.91）でみた需要曲線に特徴があるためである。つまり，農産物の供給がふえて価格が安くなったからといって，人間が食べる量には限界があるし，一つの品目だけを食べることもしないので，その農産物の需要がふつうの2倍・3倍というように伸びつづけるということはない。そのため，さらに価格がさがっていく。

逆に，こんどは供給がへったばあいのことを考えてみると，価格があがったからといって食べないでがまんするわけにいかないので，行列をつくってでも買おうとする。そのため，さらに価格があがっていく。

つまり，農産物（とくに食用農産物）は，価格のはげしい動きに対しても需要が変化しにくい（価格弾力性が小さい）という大きな特徴をもっているのである。

---

(1) たとえば，③のニーズにこたえるには，価格の高い施設栽培の農産物にたよらざるをえず，①のできるだけ安くしてほしいという要望と矛盾する面がある。もし，かなり前に収穫したものを腐らないように防腐剤を使ったりしたら，②や④の要望と矛盾する可能性もある。

❸ 青果物の流通経路と流通経費

卸売市場のしくみ

　まず，青果物（野菜や果実や花きなどを一括してこうよぶ）が主として扱われる卸売市場の概要を示すと，図4-2のようになる。ここでは中央卸売市場の機構を中心にして，流通にかかわる人びとの活動範囲を示した。**中央卸売市場**というのは，大都市やその周辺の地域（人口20万人以上）の生鮮食品が円滑に流通するように，卸売市場法にもとづいて農林水産大臣の認可を得て地方公共団体が開設した市場である[1]。

　中央卸売市場は，①産地から販売の委託をうけた**卸売業者**が青果物の集出荷をよびかけ，②集まった青果物をせりにかけて，それを**仲卸業者**がせり落とし，③大口の青果物を小売業者が買いやすい小口に分けて流通の経路に乗せる，という集荷と分荷，価格形成の役割をになっている。卸売業者が開催するせりには，ふつう，仲卸業者のほかに大口の荷を扱う売買参加者（大口の小売業者や大口需要者・加工業者など）が参加する。そして，卸売業者は，その取引量に対して一定の手数料（野菜で8.5％，果実で7％）を得ている。また，卸売業者は流通経路にのっていく青果物の代金の取立てを，出

[1] 全国56都市に91市場が開設されている。なお，都道府県知事の認可を得て地方都市に開設された市場を**地方卸売市場**という。

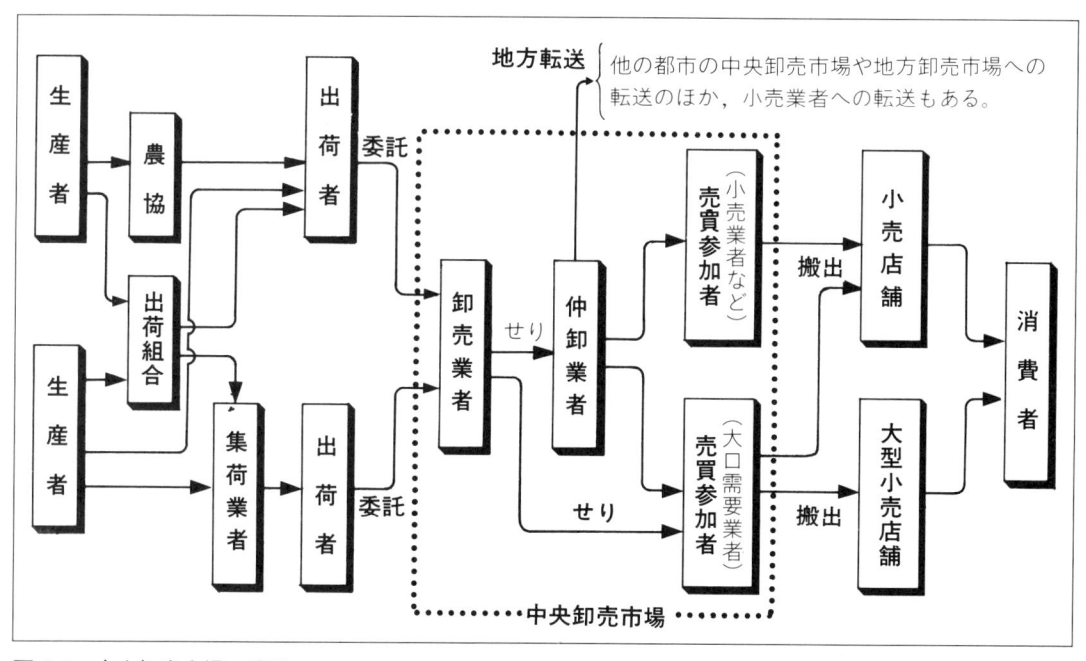

図4-2　中央卸売市場の機構

荷者にかわっておこなう役割もになっている（図中の委託はこのことを示している）。

こうしてせり落とされた青果物は，小売業者や大口需要者によって市場外に搬出され，パックに詰めかえられたり，包装しなおされたりして小売店の店頭に並べられ，消費者の手に渡っていく。

青果物の流通経費

つぎに，青果物が流通していくのに，どれくらいの経費がかかっているかをみていこう。

まず，表4-1からわかるように，市場で卸売されるまでの諸経費が，卸売価格の40～80％（B÷C）を占めている。とりわけ，野菜が収穫されてから選別され，包装・荷づくりがおこなわれるまでの材料費と労働費がひじょうに大きな比率を占めている。とくに，品いたみの危険性の大きい果菜類（トマトやキュウリなど）や葉菜類（レタスやホウレンソウなど）では，それを防ぐための包装・荷づくり材料費が多くなっている。これに対して運送料は，距離の遠近にもよるが，種類による差は小さい。

なお，荷主交付金等（卸売業者から出荷者に渡される出荷奨励金）の金額の多い品目は，出荷経費のかさむ品目（生産者にとっては，高くは売れるがそれだけ経費もかさむ品目）でもある。これは，卸売業者ができるだけよく売れる品目を集めて市場の売上げを多くしようとする経営努力のあらわれとみることができる。

やってみよう

表4-1，表4-2のデータをパーソナルコンピュータに入力して，品目ごとに集出荷経費や流通マージンなどの内訳（割合）を帯グラフなどにして，その特徴を整理してみよう。

表4-1　野菜の流通に要する経費と生産者受取価格　　（単位：t当たり円）

	生産者受取価格 A	市場で卸売されるまでに要する流通経費									卸売価格 C=A+B−D	荷主交付金など D
		合計 B	集出荷経費					出荷運送料	団体手数料および負担金	卸売手数料		
			包装・荷づくり材料費	選別・荷づくり労働費	減価償却費	資本利子	その他経費					
ダイコン	22,791	44,874	8,425	18,190	219	1,148	2,116	7,681	1,391	5,654	66,603	1,062
ニンジン	57,871	61,627	7,961	22,837	798	1,742	5,284	10,354	2,669	9,982	117,505	1,993
ハクサイ	12,535	31,604	7,513	9,524	96	724	2,282	6,757	1,026	3,682	43,507	632
キャベツ	29,062	37,154	9,241	10,549	164	928	2,905	6,395	1,441	5,531	64,971	1,245
トマト	173,848	98,663	19,417	28,366	1,577	2,946	7,394	11,603	4,929	22,431	268,805	3,706
キュウリ	139,311	84,244	11,342	29,953	626	2,096	7,618	10,343	3,827	18,439	219,382	4,173
レタス	81,314	113,147	21,059	44,335	723	3,451	9,769	11,729	5,935	16,146	189,961	4,500
ホウレンソウ	49,165	226,707	25,439	151,861	429	6,433	5,755	9,694	3,717	23,379	272,139	3,733
タマネギ	48,911	39,287	4,776	10,110	362	1,008	4,873	8,955	2,059	7,144	86,574	1,624

［注］　平成元年産の野菜の流通経費を示した。

（農林水産省統計情報部『青果物流通経費調査報告』平成3年による）

> **卸売・小売マージン**

　市場から搬出された青果物が消費者の手に渡るまでには，さらに仲卸業者と小売業者の二つの段階を経由するのがふつうである。その各段階でのマージン（所要経費＋営業利潤など）がどれくらいかかっているのかの一例を示したのが表4-2である。

　品目によってかなりことなっているが，仲卸マージンは小売価格の10〜20％となっている。これに対して小売マージンは小売価格の20〜50％を占めている。

　そして，これらの仲卸・小売マージンに卸売段階での卸売手数料と産地段階での出荷経費を加えた流通マージン総計は，小売価格の50％以上を占めており，ある一時期においてはキャベツ・レタスのように100％を超える品目もみられる。なお，各段階の経費の大半は労働費と営業費によって占められている。

　したがって，青果物の高値の原因は，こういった流通経路の複雑さや，年じゅう青果物が出まわるようにするための包装・保冷や，遠距離輸送，などによるところが大きいと考えられる。

表4-2　野菜の流通段階別価格構成比　　　　　　　　　　　　　　　　　　　　　　　　　　（単位：％）

| | 産地段階 | | 市場段階 | | | | 小売段階 | | 流通マージン総計 ⑨＝①＋③＋⑤＋⑦ |
| | | | 卸売段階 | | 仲卸段階 | | | | |
	集出荷経費 ①	生産者受取価格 ②	卸売手数料ほか ③	卸売価格 ④＝①＋②＋③	仲卸マージン ⑤	仲卸価格 ⑥＝④＋⑤	小売マージン ⑦	小売価格 ⑧＝⑥＋⑦	
ダイコン	24.8	13.6	3.6	42.0	14.1	56.1	43.9	100.0	86.4
ハクサイ	20.3	20.2	3.7	44.2	10.7	54.9	45.1	100.0	79.8
キャベツ	37.8	-5.7	2.9	35.1	16.5	51.6	48.4	100.0	105.7
トマト	14.8	48.1	5.8	68.7	10.5	79.2	20.8	100.0	51.9
キュウリ	14.9	46.5	5.7	67.0	7.8	74.8	25.2	100.0	53.5
レタス	40.4	-2.3	3.5	41.6	13.4	55.0	45.0	100.0	102.3
タマネギ	19.9	31.7	4.8	56.4	3.6	60.0	40.0	100.0	68.3

［注］　1．平成元年11月に実施した東京市場を中心とする調査結果の平均値である。
　　　　2．各品目のすべての時期を代表する平均値ではないことに注意。
（農林水産省統計情報部『青果物流通段階別価格形成追跡調査報告』平成3年による）

4 穀物の流通経路と価格

つぎに，青果物ほどにはその鮮度が問題にならない穀物（米やムギ類など）の流通についてみると，図4-3のようになっている。

政府による直接管理

米やムギ類を生産した農家は，その生産物（玄米・玄麦）の品質等級を決める検査をうけてから，農協（あるいは集荷業者）などの指定集荷業者に出荷する。集荷業者から政府に売り渡された米（**政府米**）やムギ類はいったん産地倉庫に保管され，必要に応じて政府の手で消費地倉庫に移される（政府運送）。さらに卸売業者や加工業者をへて，精米や製粉され，小売段階を通じて消費者の手に渡る[1]。このように，米やムギ類の流通過程（集荷・貯蔵・分荷の各過程）は政府が直接管理している（直接統制とよぶ）。これは，国民の主食を，①消費者には公平かつ適正な価格（消費者価格）で届けると同時に，②生産者には，食料生産を確実に達成できるような代金（再生産を保証するための生産者価格）を支払うことを，政府の責任で実施するために採用された制度である。この制度は，食糧管理法（昭和17年公布）にもとづくので，**食管制度**と略称されている。

(1) 輸入コムギは，政府の許可のもとに輸入商社が外国から買いつけ，輸入後に政府に売り渡されて保管され，そのあとは国内産コムギと同じように政府を通じて加工業者に売り渡される。

●**やってみよう**●
地域の農協をたずねて，昭和44年以降，政府米と自主流通米の割合がどのように変化してきたか調べてみよう。

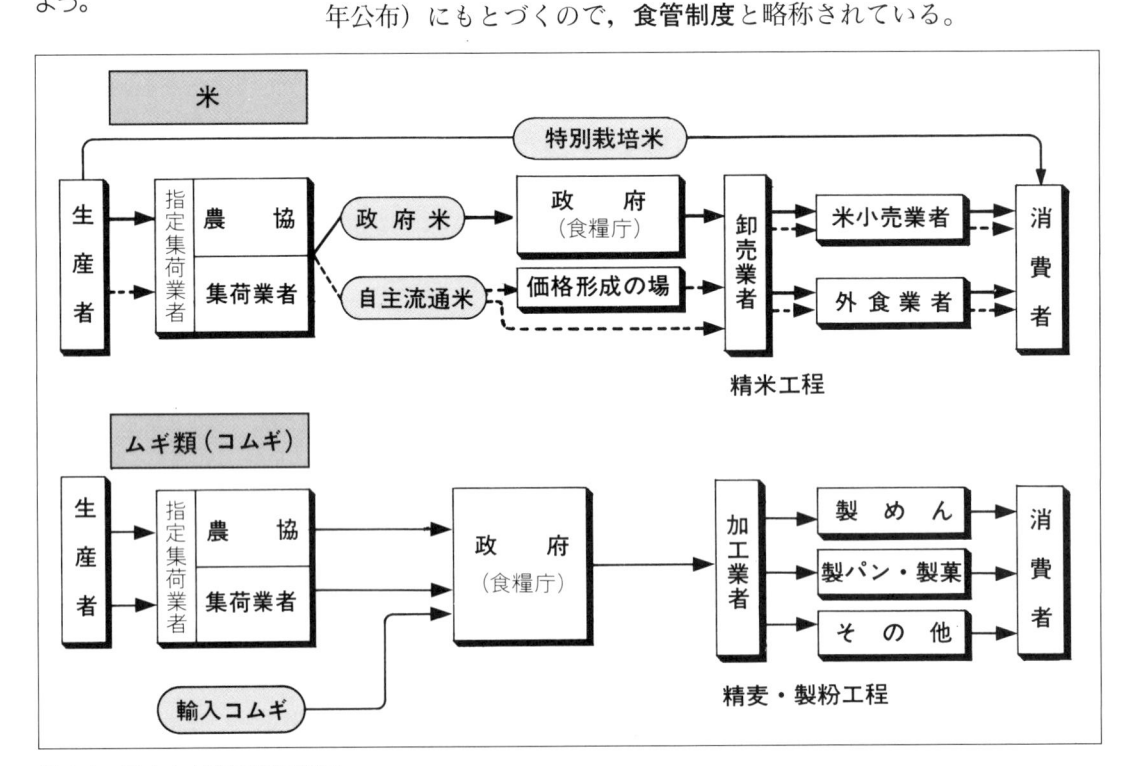

図 4-3　米やムギ類の流通経路

1 農産物の販売と流通

自主流通米とその増加

しかし，昭和40年代にはいって米の供給にゆとりができたことを背景にして，昭和44年（1969）からは指定集荷業者から政府への売渡しの過程をはぶいた**自主流通米**の制度がつくられた。これは，多少価格が高くても食味のよい米（銘柄米）がほしいという消費者ニーズに対応する制度でもある[1]。その価格は，農林水産大臣の認可をうけた集荷業者の代表である全国農業協同組合連合会（全農，⇒p.124）と卸売業者の代表である全国食糧事業協同組合連合会との交渉によって決められる。この自主流通米は，近年急速に伸びている。

平成2年（1990）の概況をみると，全国の米の収穫量は1,046万tで，このうちのおよそ366万t（35％）が農家消費（消費者への贈答米や直接販売＜自由米など＞を含む）仕向けで，残りの680万t（65％）が市場流通への出まわりとなり，図4-3に示した流通経路をたどっている。このうち自主流通米が350万〜400万t（出まわり量の60〜70％）を占め，政府が直接管理している政府米は200万t台に低下している。

自主流通米がふえるなかで，その価格に産地・銘柄ごとの需給動向や品質評価を反映させることなどを目的として，平成2年からは自主流通米の価格をせりで決める価格形成の場（「米市場」とよばれる，⇒口絵2）がつくられた。

政府米の買入・売渡価格

政府米の割合が低下してきたのは，政府米の**売買逆ざや**，すなわち政府が農家から買い入れた価格（政府買入価格）よりも，卸売業者に売り渡す価格（政府売渡価格）のほうが安い状態[2]が昭和27年ころから発生して，これが容易に解消できない状況にあったため，自主流通米の流通をすすめて食管制度による赤字（**食管赤字**）を緩和しようとしてきた結果である。

しかし，近年の米価の逆ざや状況をみると図4-4（→p.98）のようであって，売買逆ざやの状態はすでに昭和61年から解消している。これは年々，生産者米価を抑制し，政府売渡価格を引き上げてきたことによる。

ムギ類の買入・売渡価格

わが国のムギ類の総収穫量は120万〜140万tであるが，そのうちコムギが80万〜100万tを占めている。コムギの流通も，米と同じように，

[1] 食品の安全性に対する関心の高まりなどを背景として，生産者と消費者が結びつき，低農薬など栽培方法をくふうして生産した米を直接取り引きする**特別栽培米**の制度もできている。

[2] この差額は国家が負担する。さらに政府米の貯蔵・保管・運送などのための政府管理経費も国家負担で，これもあわせた逆ざやをコスト逆ざやとよぶ。

食糧管理法にもとづく政府の統制下におかれている。コムギの政府買入価格（平成3年（1991）で60kg当たり9,110円）は政府売渡価格（同じく60kg当たり3,078円）よりも高く，売買逆ざや状態となっている。

　なお，政府が買い入れたコムギを加工業者（実需者）に売り渡すさいに，昭和43年（1968）以降は製粉工場までの輸送費は実需者側が負担するようにかわった。これは毎年380万〜400万tていど輸入されているコムギについても同様である。

穀物の流通経費　図4-4によって，政府米（玄米60kg当たり）の流通経費をみると，販売業者の経費2,809円と政府の管理経費4,986円の合計約7,800円となり，消費者米価約21,000円の37％が流通経費によって占められていることがわかる。つまり，青果物よりやや少なめではあるが，穀物のような貯蔵性のある品目でも，流通経費がかなりの割合を占めているのである。

```
政府買入価格（16,500円）          政府買入段階
（生産者米価16,500円）
        ↓
政府管理経費（4,986円）            貯蔵保管段階
        ↓
              コスト逆ざや
政府売渡価格（18,203円）           政府売渡段階
        ↓
              売買価格差
販売業者経費（2,809円）            小売段階
（消費者米価 21,012円）
        ↓
〔参考〕自主流通米（新潟コシヒカリ）（23,300円）  卸売段階
```

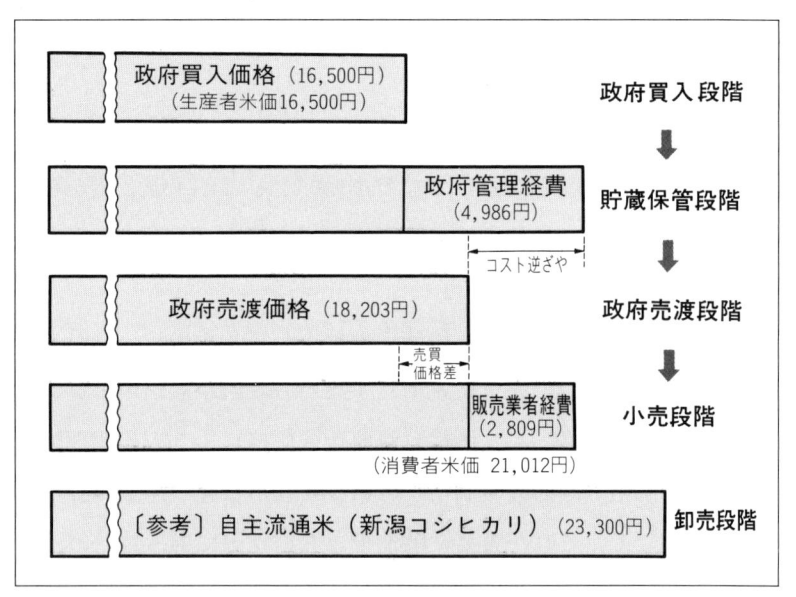

図4-4　各流通段階の米価と逆ざや（平成3年7月，玄米60kg当たり）
（農林水産省統計情報部『ポケット農林水産統計』平成4年による。ただし，〔参考〕は吉田俊幸『米の流通－自由化時代の構造変動』平成3年による）

5 畜産物の流通経路と価格

　畜産物はすでにみた青果物と同じように，鮮度が重視される品目が多い。しかし，青果物とはことなった，その品目独特の流通経路をとるものが多い。それは，つぎのような理由によると考えられる。
　①畜産物の大半が殺菌・調整・加工（牛乳），と畜・解体（肉類）といった処理工程を経由しないと商品として流通させることができない。②日本のばあい，畜産物の消費が本格的に伸びたのは高度経済成長期以降であるため，家畜商や問屋制度などの古い流通のしくみが残っている。

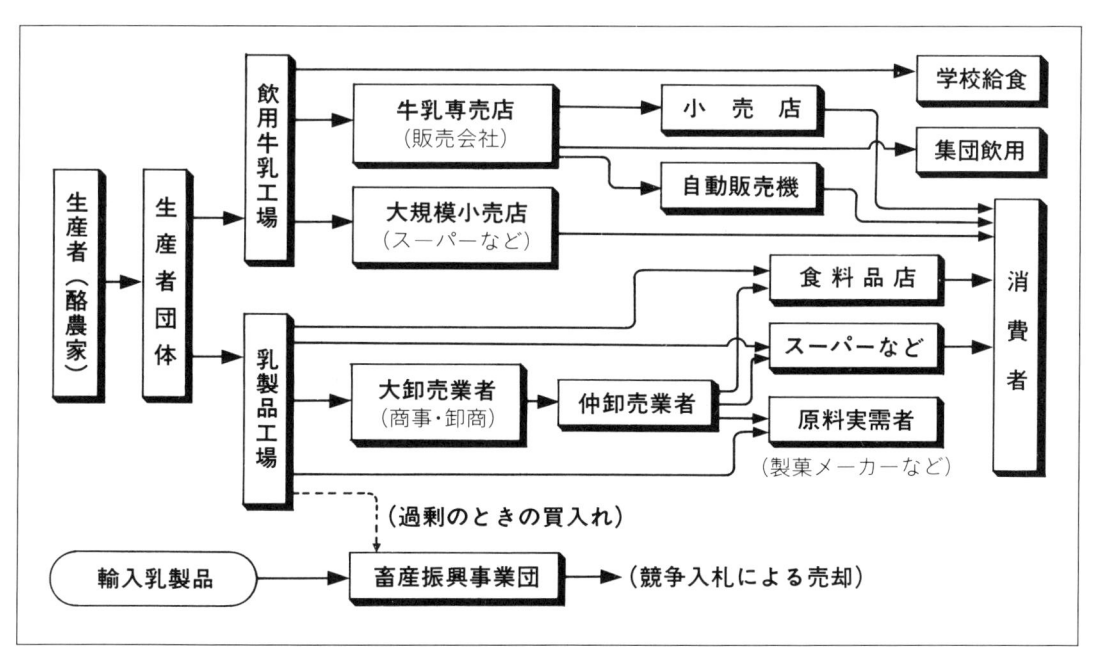

牛乳・乳製品の流通経路

　牛乳・乳製品の流通経路についてみると，図4-5のようになっている。酪農家の生産する生乳（搾乳したままの牛乳）は腐敗しやすく，これを遠くへ運ぶことは鮮度を保つという点からも，また，大半が水分[1]である商品を運ぶという点からも，あまり効率的ではない。そのため，むかしから都市近郊の酪農家が生産する生乳は飲用に向けられてきた。こういう酪農地帯を市乳圏とよぶ。

　これに対して，都市から遠く離れた地域の酪農家が生産する生乳は，バターやチーズなどの乳製品の原料として用いられてきた。こ

(1) ふつう3〜4％の乳脂肪分と，8〜10％の無脂固形分を含むが，残りの80％以上が水分である。

図4-5　牛乳・乳製品の流通経路

のような地域を原料乳地帯という。

市乳圏の牛乳価格（乳価）は飲用乳としての需要が多いために，高い水準をたどってきた。これに対して，原料乳地帯の乳価水準は，乳製品に加工する以外に販路がないということや，国産乳製品が輸入乳製品との競合が激しいといったことから，低くおさえ込まれるという傾向があった。このように，同じ生乳に価格の大きな格差があることは，流通上の混乱を招きかねない。

そのため，現在では，指定された生産者団体（都道府県の生産者を代表する出荷団体）が，地域内の生乳を一元的に集荷し，それを各乳業会社へ配分するということがおこなわれている。乳価は，出荷団体と乳業会社との交渉によって決定されるのが一般的である。

しかし，輸入乳製品との競争がはげしくなってくると，国内の酪農（とくに原料乳地帯の酪農）を保護する必要性が強くなり，昭和41年（1966）から**不足払い制度**（加工原料乳生産者補給金制度）が実施されている。この制度は，図4-6のように「加工原料乳生産者補給金等暫定措置法」にもとづいて，原料乳の保証価格と基準取引価格の差額を，生産者に支払うというものである。

なお，不足払い制度は，「畜産物の価格安定等に関する法律」にもとづいて指定乳製品の価格の暴騰・暴落を防ぐためにおこなう畜産

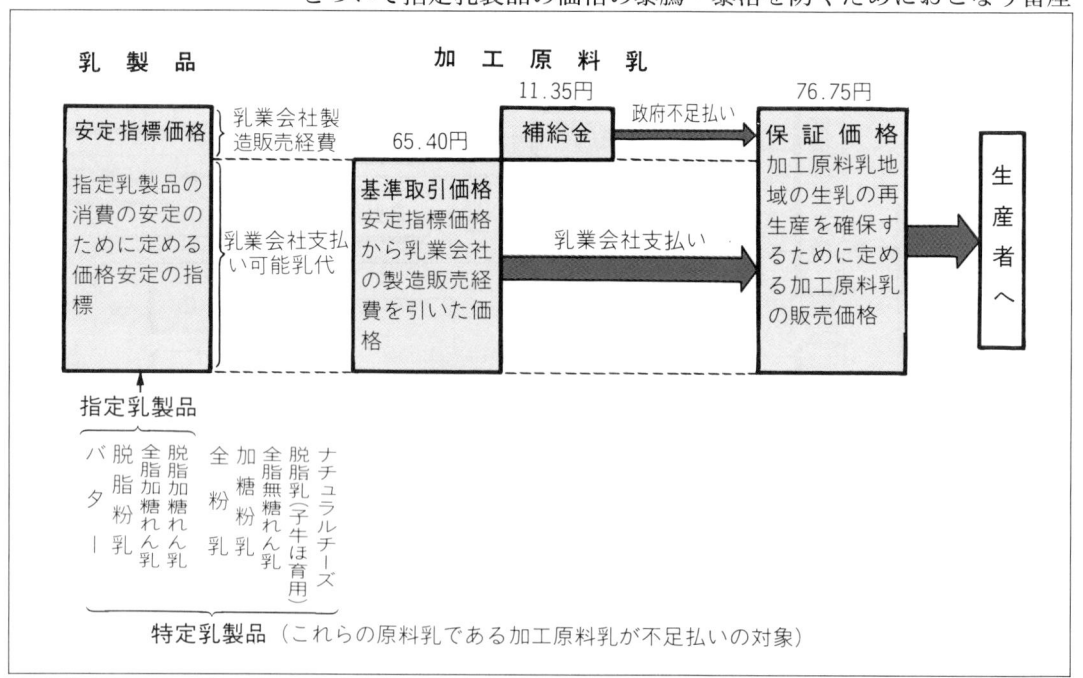

図4-6　**不足払い制度とその価格**（平成3年度，生乳1kg当たり）

振興事業団の売買（価格）操作などと一体となっている[1]。

つまり，生乳については，需要側（乳業会社）と供給側（酪農家）とのあいだで決まる飲用乳価と，政府が流通過程に介入しながら，価格の安定をはかっている原料乳価の二本だてとなっている。

食肉の流通経路

つぎに，食肉（牛肉・豚肉など）の流通経路をみると，図4-7のようにその流通経路がひじょうに複雑になっている[2]。これは，いっぽうにはむかしからの古い流通経路が残っており，他方では，近年の肉類の需要の急激な伸びに対応するための近代的な流通経路（食肉センター，⇨口絵2）が発達してきたためである。

なお，食肉価格の暴騰・暴落を防ぐために，畜産振興事業団による価格操作がおこなわれている。また，輸入食肉の増加に対応して，国内の肉用牛生産を保護するために，平成2年度（1990）から肉用子牛に対する不足払い制度（肉用子牛生産者補給金制度）が実施されている。肉用子牛の価格が，再生産を確保できる価格（保証基準価格）を下まわったばあい，あるいは生産の合理化によって実現をはかることが必要な価格（合理化目標価格）を下まわったばあいには，それぞれ生産者補給金が交付される。

(1) 指定乳製品の価格が安定指標価格の90％以下に暴落したときは，事業団が国内乳製品を買入れて，市況の上昇をはかり，逆に安定指標価格の10％をこえて暴騰したときは，事業団が手もちの乳製品を放出して市況の低下をはかる。

(2) 食肉の流通が，生体段階，枝肉・部分肉の段階，精肉の段階と，そのいずれもが特有の技術と施設を要し，しかもそこを経由しないと商品がつぎの段階に流れていかないという特性をもっているためと考えられる。

やってみよう

豚・豚肉，鶏・鶏肉，鶏卵の流通経路を調べ，図4-7のような流通経路の図をつくってみよう。

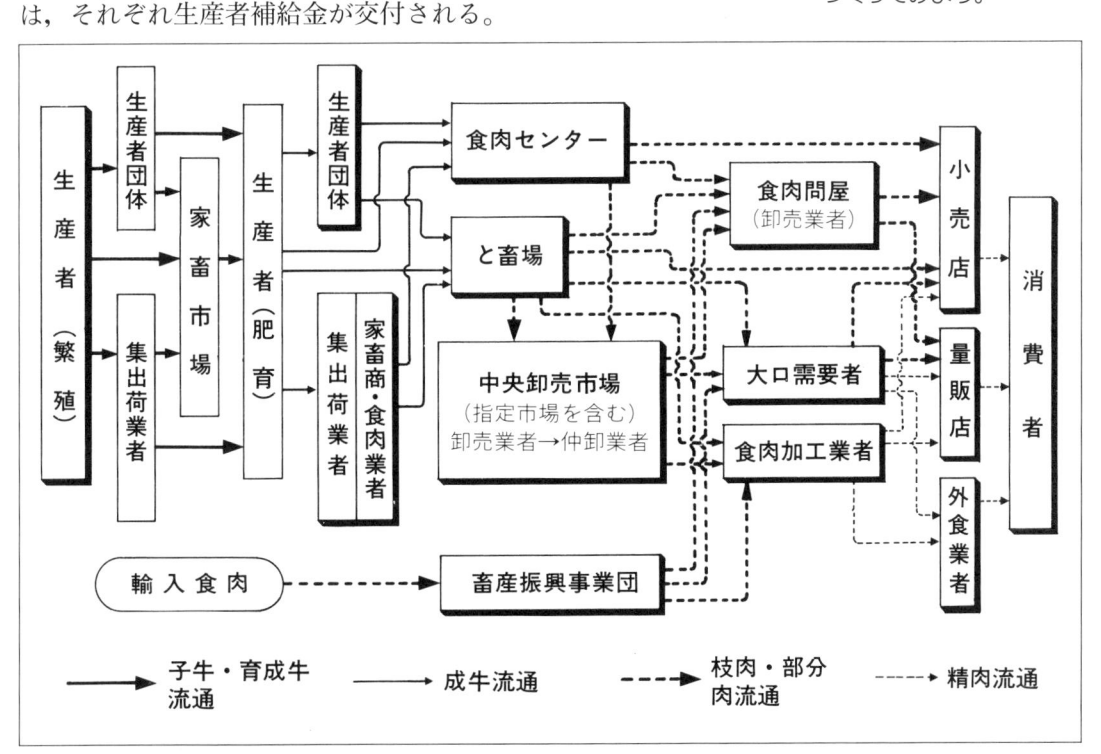

図4-7 肉畜・食肉の流通経路（牛・牛肉の例で示してある）

6 農産物の販売戦略

これまでみてきた農産物の流通経路の特徴をまとめてみると，表4-3のようになる。この表をみると，自分の家の生産物をどこへどのように販売するのがもっとも有利か，といった販売戦略が大きな課題となる農産物と，販売経路があらかじめ決まっていて，半ば管理された状態で販売せざるをえない農産物とがあることがわかる。たとえば表4-3の①は，価格管理制度下にあるから，生産者による市場の選択はむずかしい。⑤は，交付金によって最低価格は保証されているが，販売先は生産者団体の調整にゆだねられている。もちろん，それらの品目でも，品質や規格の面でいかにして消費者ニーズにこたえるかという市場対応の課題はある。

市場の選択 農産物の販売戦略がもっとも問題になるのは，②の青果物に代表される価格変動の大きい品目である。では，これが実際にどのようにおこなわれているかを，キャベツの出荷状況から考えてみよう。表4-4は，主要産地のキャベツが，京浜・中京・京阪神の市場へ出荷されている状況を季節別に示したものである。これをみると，春キャベツはおもにそれぞれの近接する市場へ出荷されている。ところが，夏キャベツになると，群馬・長野県産のものが，京浜市場だけでなく京阪神市場や中京市場へも大量に出荷されるようになっている。よくみると群馬県産は

やってみよう
農協や出荷組合をたずね，そこでの青果物の販売戦略を聞き取り調査して，まとめてみよう。

表4-3 流通過程の特徴による農産物の類型区分

類型	需要者の性格	価格決定のしくみ	関係する法令・制度	該当する農産物
①	一般消費者が中心 業務用需要者もある	農家から国が直接買い入れ，業者に国が売り渡す方式で米価審議会の答申で決まる	食糧管理法	米（政府米） ムギ類
②	一般消費者が中心	市場でのせり売りが基本	野菜生産出荷安定法 卸売市場法	青果物 米（自主流通米）
③	一般消費者が中心だが，その前に特別の処理加工工程を経由する	流通担当者や市場関係者のあいだで決まる	畜産物価格安定法	食肉，鶏卵，まゆ
④	一般消費者に届く前に大きな加工業者を経由するもの	生産者団体と加工業者とのあいだの交渉で決まる		飲用牛乳，加工用果実，ビールオオムギ
⑤	同上	上記④の決定に対して国が直接介入するもの	交付金制度 不足払い制度	ダイズ，ナタネ，原料乳，デンプン原料用ジャガイモ・サツマイモ，テンサイ，サトウキビ

京浜が中心であるのに対して，長野県産は京阪神が中心となっている。秋キャベツから冬キャベツになると，千葉・神奈川・愛知・兵庫県産の出荷がふえてくるが，とくに冬キャベツでは愛知県産のものが3市場の中心を占めるようになっている。

このように，各産地では地域の気象条件やより有利に販売できる時期にあわせて作型を選定し，それぞれの出荷能力にあわせて，市場を選択していると考えられる。つまり，各市場について，時期ごとの産地別の入荷量や取引価格といった詳細な市場情報をできるだけ集めて，今後の価格傾向を予想し，流通経費も検討したうえで，より有利により多く販売できる市場が選択されることになる。そのためには，その年だけでなく何年間もの記録と分析が必要になる。

表4-4　キャベツの主要産地の時期別出荷状況
（単位：1,000t）

	千葉県	神奈川県	群馬県	長野県	愛知県	兵庫県
年間出荷量	115.4	81.1	182.8	80.1	157.4	41.1
春キャベツ出荷量	46.0	46.7	6.1	5.8	9.9	19.7
うち京浜市場	32.5	34.3	2.0	0.4	0.2	0.4
中京市場	0.3	-	0.1	1.2	8.1	1.1
京阪神市場	0.0	-	0.0	2.1	0.1	16.8
夏キャベツ出荷量	2.5	1.8	148.9	60.1	2.1	1.2
うち京浜市場	1.9	1.7	77.9	2.8	0.0	-
中京市場	-	-	9.1	13.3	1.9	-
京阪神市場	0.3	-	19.1	27.9	-	0.7
秋キャベツ出荷量	50.2	16.8	26.1	14.2	38.5	12.0
うち京浜市場	40.3	14.8	10.7	0.5	9.9	0.0
中京市場	0.2	-	1.9	3.0	12.6	0.1
京阪神市場	0.4	-	3.9	6.6	8.0	11.2
冬キャベツ出荷量	16.7	15.8	1.7	-	106.9	8.2
うち京浜市場	12.1	12.5	0.2	-	39.7	0.2
中京市場	0.0	-	0.0	-	27.5	0.2
京阪神市場	-	-	0.0	-	12.3	7.3

［注］春キャベツは平成2年4～6月，夏キャベツは7～9月，秋キャベツは10～12月，冬キャベツは平成3年1～3月のもの。
（農林水産省統計情報部『野菜生産出荷統計，平成2・3年産』により作成）

市場外流通

農産物の販売戦略を考えるばあい，よりよく売れるものをつくるという観点がたいせつである。そのばあいには，売ることを流通関係の業者にまかせっきりにしないで，生産者自身が売ることに直接かかわることが必要となる。その一環として近年その取組みがふえている各種の市場外流通に目を向けていくことも必要になる。現在の市場外流通には，じつにさまざまな形態があるが，そのおもなものは図4-8のようである。

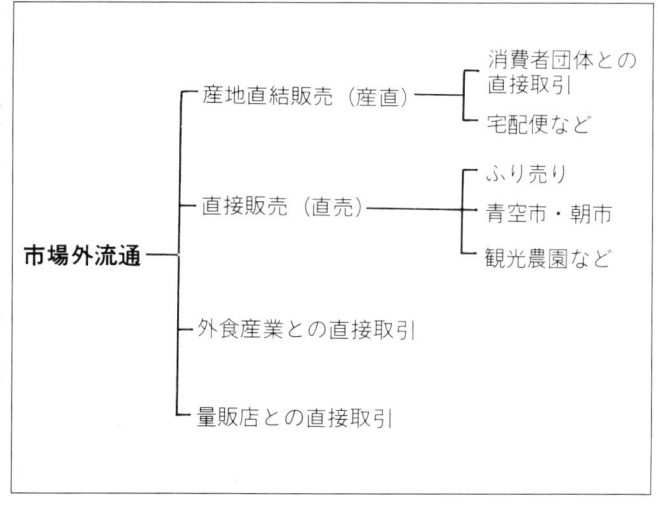

こうした市場外流通が伸びてきた

図4-8　市場外流通のさまざまな形態

市場外流通
- 産地直結販売（産直）
  - 消費者団体との直接取引
  - 宅配便など
- 直接販売（直売）
  - ふり売り
  - 青空市・朝市
  - 観光農園など
- 外食産業との直接取引
- 量販店との直接取引

背景には，①販売価格を安定させたり流通経費を低くおさえたりして手取りを多くしたいという生産者の要望，②安全な農産物を信頼できる生産者や産地から安く入手したいという消費者の要望，③規格のそろった農産物を大量に安く仕入れたいという外食産業・量販店・加工業者の要望，④地域農業の振興と農村地域の活性化をはかりたいという農協や地方自治体の要望，などがある。

市場外流通によって経営の安定をはかるためには，多くのばあいつぎのような取組みが必要になる。

①安全で品質の高い農産物を安定的に生産できる技術と，消費者ニーズにこたえられる多品目の作付け体系の確立。

②生産者と消費者の両者の要望がかなえられる適正な価格設定。そのためには，適正な原価計算が必要である。

③農産物は豊作や不作により生産量が変化しやすいので，その対策として農産加工[1]や貯蔵などによる需給調節も必要になる。

④とくに産地直結販売(産直)のばあいその開始時点から，消費者との話合いや交流を通した生産者と消費者の相互教育が欠かせない。

⑤多品目の作付けや品ぞろえ，配送・集金などを円滑にすすめるためには，個別経営では限界があり，集団活動が必要になる。

(1) 農産加工は農産物の付加価値を高めたり，地域内の就業機会を高めたりする効果もある。

参考 マーケティング

市場外流通においては，卸売市場が果たしていた多くの役割を，生産者やそのグループが果たすことになる。その活動は，生産物の販売にとどまらず，どういう作物をつくるかという作付け計画から，配送，消費者との交流，サービスなどじつに多岐にわたる。こうした一連の活動は，一般の企業においてはマーケティングとよばれている。マーケティングの考えかたは，20世紀初頭，急増した工業製品の消費（販売）をいかにして伸ばすかという課題に直面したアメリカ合衆国の産業界で，それまでの販売活動に市場調査を加えたものとして誕生した。その後マーケティングの考えかたと活動の範囲がしだいにひろがり，現在では「消費者あるいは生活者の必要と欲望に創造的にこたえるための，製品計画・販売・配送・コミュニケーションサービスに関する企業活動」として定義され，わが国でも重要な活動となっている。

やってみよう

地域でおこなわれている市場外流通について，取組みの契機や実態について調査して，そのメリットと課題などを整理してみよう。

2 生産資材の選択と購入

1 農業・農村における資材購入

　農産物をじょうずに生産することは，農家にとってひじょうに重要であるが，その農産物を有利に販売するということも，それに負けず劣らず重要である。しかし，じつはもう一つ，農家の人びとが見落としがちな重要な点がある。それは，肥料・農薬・飼料・機械などの生産資材をいかにじょうずに購入するかという点である[1]。

　農家の人びとがこの側面にあまり関心をもっていないのは，つぎの二つの理由があると考えられる。

　①農村部では，生産資材を販売しているところが少なく，農協の店舗のほかにはごくかぎられた販売者しかない。

　②生産資材の購入代金は，生産物の販売後に決済するという信用取引（営農貸付・営農貸越し〈⇒p.125〉など）が通例となっている。その結果，こういう取引が可能な，信用のあるところから購入せざるをえなくなる。そのため，どの品物がよいか，どこで買ったら有利か，といった選択の余地が少ない。

[1] 日本の農家がこれらの生産資材の購入や利用のために使った経費総額（機械や建物施設の減価償却費および補助金などを含む）は，平成2年にはおよそ6.6兆円にも達しているとみられる。これは，農業総産出額（約11兆円）の半分以上にあたる。

2 肥料・農薬の流通経路と購入

流通経路　まず，図4-9（→p.106）によって，もっとも一般的な生産資材である肥料と農薬の流通経路からみていこう。いずれも農協系統の流れと，商社系統の流れがあるが，農家の購買総額の70～80％以上は農協系統によって占められている。

　その価格は，毎年，農家の代表である全農と，肥料や農薬の製造会社（メーカー）やその団体との交渉によって決定される。工場で生産された肥料は，直接，経済農業協同組合連合会（経済連，⇒p.123）あるいは単協（⇒p.122）の倉庫に送られ，そこから農家に配送される[2]。

購入のポイント　肥料や農薬の購入にあたって注意すべきことは，①その生産資材の技術的な特性をくわしく調べる，②適切な使用方法を理解する，③必要量を正確につかむ，

[2] 農薬のばあいは，外国のメーカーから半製品や原料を輸入して国内のメーカーが製品化している形態が多いという特徴がある。

(1) アメリカ合衆国におけるごく一般的な肥料の流通経路をみると、農家は大手の製造メーカーから単肥を買うと同時に、土地診断にもとづく農家からの注文書にしたがって肥料の混合を請け負う肥料供給業者からも肥料を買っている。このようにして、流通経費の削減をすすめている。

●やってみよう●
表4-5の月別のデータをパーソナルコンピュータに入力して、肥料の種類ごとに折れ線グラフをつくり、それぞれの肥料の特徴を整理してみよう。

④適正な価格で販売し資材情報にもくわしい業者から購入する、ことである。いくら安く販売しているからといっても、①、②についての情報が不正確であったり、不じゅうぶんであっては意味がないし、必要量以上に購入しても、保管がよくないと変質などをおこすこともある。購入先は、単純に高いか安いかだけではなくて、あくまでも使う側の立場に立って、どのように使うことが適切かをアドバイスしてくれる体制をもったところがのぞましい。

また、これらの生産資材は、表4-5に示したように時期によって価格がことなり、その使用量が多くなる時期に価格が上昇する傾向がある。したがって、購入時期に配慮することも必要である。

さらに、この表からは施肥作業が簡便な高度化成（粒状）の流通経費とマージンの比率が高くなっていることもわかる。したがって、単肥で購入し、自分で配合する単肥配合がかなりの経費削減につながることは、容易に理解できるであろう[1]。

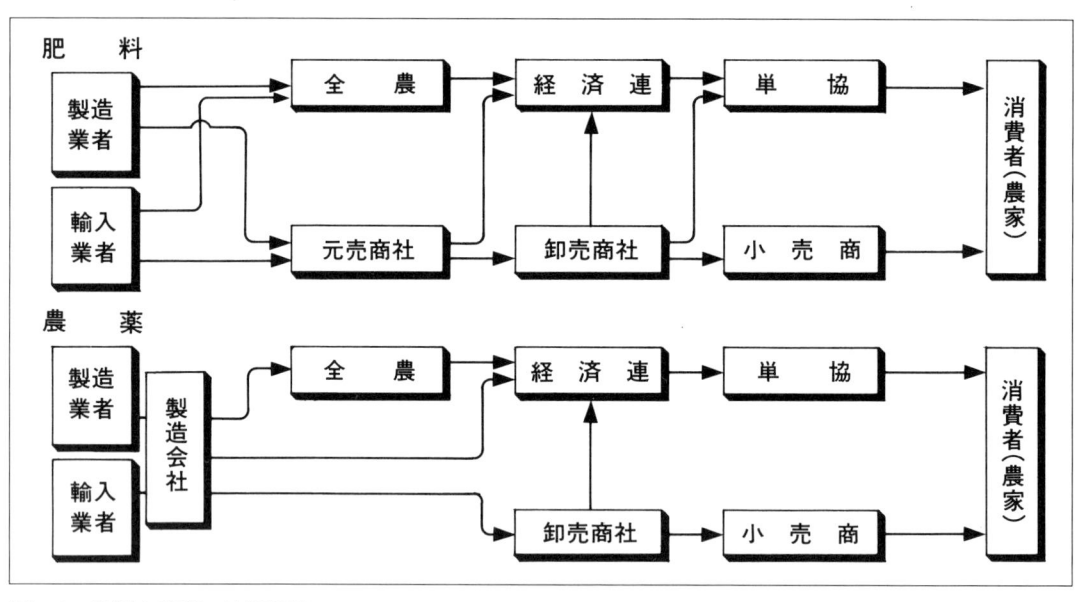

図4-9 肥料や農薬の流通経路

3 飼料の流通経路と購入

流通経路と特徴　つぎに，畜産農家にとっては，生産費のなかでもっとも高い割合を占めている飼料の流通経路と流通上の特徴についてみていこう。飼料費は，酪農や養豚，肥育牛では経営費の約30〜50％，養鶏やブロイラーでは約60％という高い割合を占めている（表4-7）から，どのような飼料をどこから調達するかは，その経営をただちに左右するほどの重要な問題である。飼料の流通経路は，図4-10のようにかなり複雑である。

まず，わが国で使われている飼料（そのうちの大部分を占める購入飼料を一般に流通飼料とよぶ）の原料は，そのほとんどを輸入に頼っている[1]。

その流通経路が農協系統と商社系統に分かれている点では，肥料や農薬と同じであるが，全農が大規模な直営工場や委託工場を数多くもっていて，大量流通への対応を積極的にすすめている点に特徴

(1) 濃厚飼料についていえば，毎年1,100万 t をこえる飼料用トウモロコシをはじめとして合計約1,800万 t の穀物飼料，そのほかにもダイズかす，ナタネかすなどのかす類を含めた総額ではおよそ4,000億〜4,100億円にのぼる輸入がおこなわれている。

表4-5　肥料の種類別・季節別の価格変化

（単位：20kg当たり　円，％）

	硫　安 （窒素21％）			過リン酸石灰 （可溶性リン酸17％）			塩化カリ （水溶性カリ60％）			高度化成 （窒素15，リン酸15，カリ15％）		
	A	B	C	A	B	C	A	B	C	A	B	C
昭和62年(肥料年度)	481	631	23.8	591	833	29.1	616	883	30.2	1,260	1,841	31.6
63年　〃	471	630	25.2	591	818	27.8	626	850	26.4	1,244	1,810	31.3
平成元年　〃	466	638	26.9	603	845	28.6	668	893	25.2	1,239	1,837	32.6
平成元年 4月	486	645	24.7	610	843	27.6	648	875	25.9	1,272	1,848	31.2
5月	486	645	24.7	610	843	27.6	648	875	25.9	1,272	1,849	31.2
6月	486	645	24.7	610	843	27.6	648	875	25.9	1,272	1,849	31.2
7月	449	642	30.1	586	843	30.5	650	883	26.4	1,215	1,846	34.2
8月	457	639	28.5	595	844	29.5	660	892	26.0	1,228	1,836	33.1
9月	465	637	27.0	604	845	28.5	670	899	25.5	1,241	1,832	32.3
10月	465	635	26.8	604	846	28.6	670	901	25.6	1,241	1,830	32.2
11月	441	634	30.4	577	845	31.7	640	902	29.0	1,202	1,828	34.2
12月	449	634	29.2	586	845	30.7	650	902	27.8	1,215	1,829	33.6
2年 1月	457	634	27.9	595	846	29.7	660	902	26.8	1,228	1,830	32.9
2月	465	635	26.8	604	845	28.6	670	905	26.0	1,241	1,830	32.2
3月	473	636	25.6	613	849	27.8	680	908	25.1	1,254	1,830	31.5
4月	481	…	…	622	…	…	690	…	…	1,267	…	…

［注］　A：生産業者販売価格（運賃諸掛りを含む全農買入価格）
　　　　B：農家購入価格（農林水産省統計情報部『農林物価賃金統計』による）
　　　　C：(B－A)÷B　（農家購入価格に占める流通経費とマージンの比率を示す）

（農林統計協会『1991年ポケット肥料要覧』による）

がある。他方，商社系統の飼料製造会社の多くは，工場の統合や移転，さらには共同出資による新会社の設立などを通じて，工場の大規模化をはかり大量流通への対応をすすめている。農協系統と商社系統のシェアをみると，農協系統が30〜40％，商社系統が65％ていどである。

購入のポイント　飼料の購入にあたっては，まず，つぎのような技術的な面からの検討が不可欠である。

①家畜にとってどのような栄養分が必要かをはっきりとつかむ，②必要な栄養分の質と量に適合した飼料はどの銘柄かを調べる，③自給飼料を含めて，給与する飼料の種類・銘柄の組合せを検討する[(1)]，④飼料は経営費に占める割合がひじょうに高いので，どの組合せが経済的にもっとも有利であるかを試算することが重要である。したがって，農家のこうした活動に対して，じゅうぶんな理解と協力を示し，正確な情報を提供してくれる供給先から購入することがのぞましい。

インテグレーション　近年，飼料会社が巨大化し，図4-11に示したような企業による**インテグレーション**（統合）がすすんできている。

(1) いくら成分がよくても，家畜の食い込みがわるければ，目的を達成できないことにも留意しなければならない。

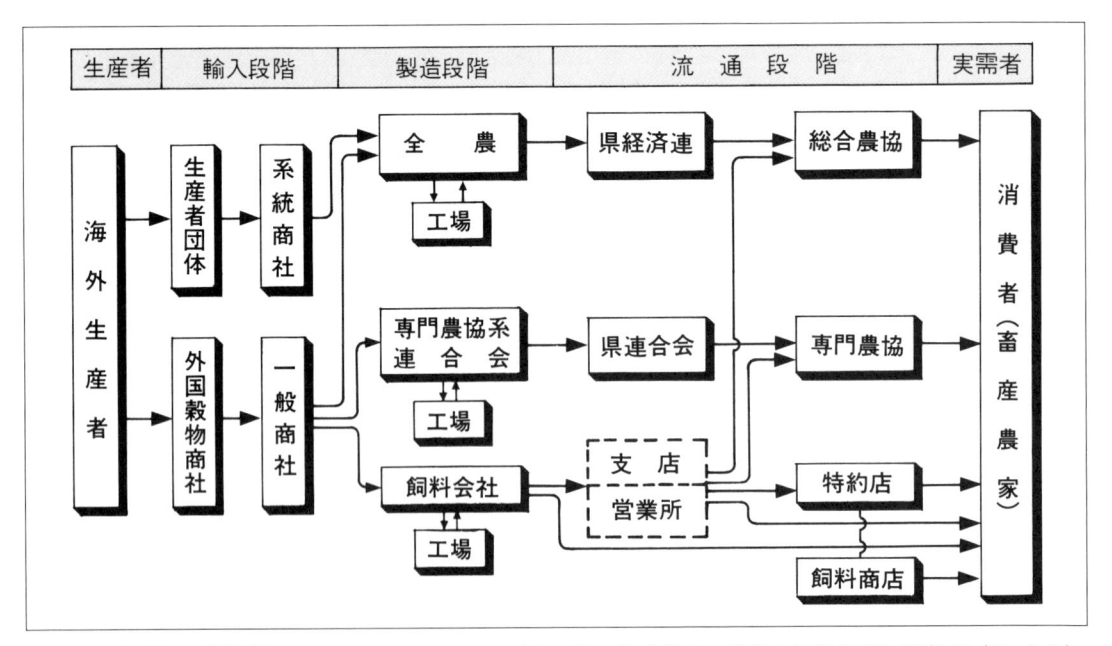

図4-10　飼料の流通経路　　　　　（吉田寛一他『畜産の消費と流通経路』昭和61年による）

わが国では，養鶏や養豚でこの動きが早くからみられたが，その統合形態は多様である。水平的統合とは，たとえば，製粉工業の副産物であるふすまと，製油工業の副産物のダイズかす・ナタネかすなどが結びついて，配合飼料を生産する企業が設立されていくことをさしている。垂直的統合とは，企業が配合飼料のほかに，肥育用の子豚や子牛，あるいは鶏のひなを生産者に供給し，できあがった肉や卵などの生産物を一手に買い取って，販売することをさしている。そして，循環的統合は，飼料やもと畜の生産・供給から畜産物の加工・販売までを一貫してすすめるものである。

　インテグレーションは，企業が新しい技術の開発や生産技術のマニュアルつくりのために直営農場をもっていたり，生産物の加工・流通に対しても大企業独自の加工工場や販路をもっていたりするため，生産者が技術的に不慣れなばあいや，販路の開拓ができていないばあいなどにはメリットがある。しかし，インテグレーションは生産から販売までがマニュアルとしてあたえられており，これにしたがわなければならないという面がある。そのため，経営者としての自由な活動がいちじるしく制限されることになる。

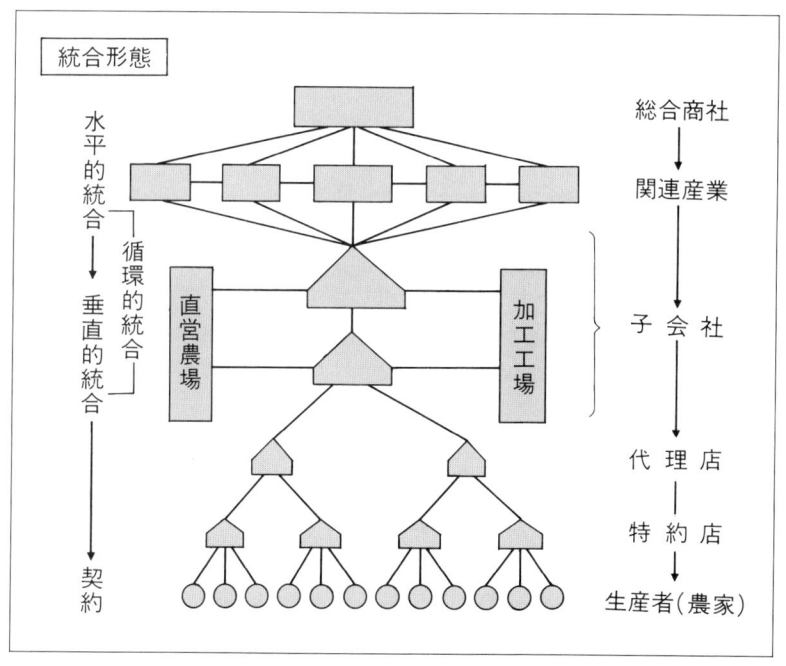

図4-11　インテグレーションのしくみの一例　（図4-10と同じ資料による）

4 農業機械の流通経路と購入

流通経路とその特徴

農業機械の流通経路をみると，やはり農協系統と商社系統の二つ[1]があり，両者のシェアは，昭和50年（1975）ごろまではほぼ50％ずつであったが，最近では商社系統が増加している（図4-12）。

購入のポイント

農業機械の購入にあたっては，つぎの二つの点にとくに留意する必要がある。

①農業機械の多くは，ふつう5年とか10年という長い耐用年数をもっているが，それを少しでものばすことがたいせつである。また，使用によってすりへったり，故障した部品の交換も欠かせない。したがって，ただ安いというだけでなく，耐久性のある機械を万全のアフターサービス体制で販売している店から購入する。

②農業機械の多くは，購入に多くの資金が必要であり，しかも，その資金は，その年だけでは回収できないという性質をもっている。しかし，これを購入したときには一時にその代金を支払う必要がある。もし，多額の資金が手もとになければ，資金を借り入れて支払うことが必要になる。したがって，有利な資金を融通しやすい購入先を選ぶとよい。

(1) アメリカ合衆国における農業機械の流通をみると，新品だけでなくて，中古機械(オークションもの)の流通も多く，機械の性能重視の流通経路が確立されている点が注目される。

●やってみよう●
農協や農機具販売店をたずね，中古機械の流通経路を調べてみよう。

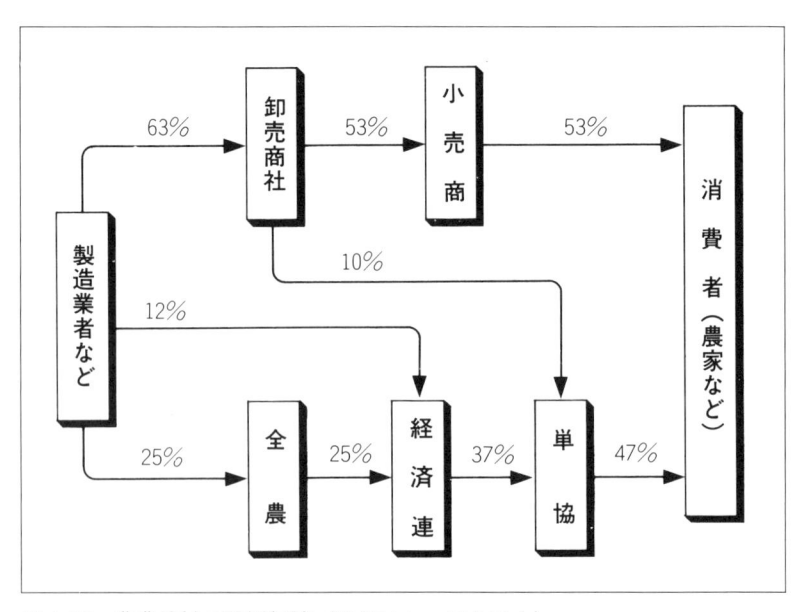

図4-12 農業機械の流通経路 （数値はシェアを示す）
[注] シェアは昭和62年度の取扱推定金額の比率
（『農業機械新聞』第2331号，平成2年9月25日による）

3 資金の調達

1 農業における資金と資金市場

資金の調達方法 現在の農業経営では，有利な資金を調達することがきわめて重要であるが，ひと口に資金の調達といっても，その方法は多様である。たとえば，①生産物を売って，その代金を得るのも資金調達の一つであるが，②農協や銀行から預金をおろしてくるのも一つの方法であり，③兼業に出て労賃を得るのも資金調達の一つである。

さまざまな調達方法の一つとして，④手もちの資金がないので，それができるまでのあいだ，よそから資金を借り入れるという資金調達がある。これは，借金や負債ともよばれるが，借金や負債がある経営は健全ではない，と思う人がいるかもしれない。しかし，現在の社会では，資金の借入れという資金調達は，ごくふつうの経済活動となっている[1]。

農業経営においても，「数か月後でないと，肥育中の肉牛を市場に出荷できないが，飼料代として資金が必要なので，肉牛を販売したときの代金で決済することを条件にして資金を借り入れる」といったことは，よくおこなわれている。

[1] 株式会社の株式というのは，「そういう企業活動をやって利益をあげようというのなら，私も賛成なので資金を提供しよう」と他人が出してくれた資金（他人資本）である。

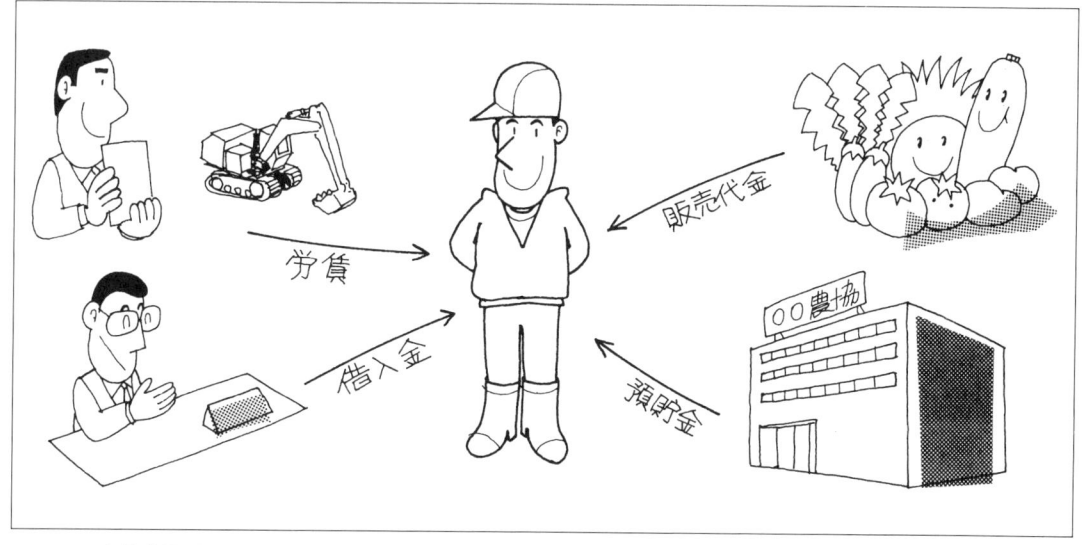

いろいろな**資金調達**

(1) 資金を借りようとする人がいっぽうにいて、借り手のくるのを待っている資金が他方にあり、資金をめぐる需要と供給の関係が成立しているという点で、これを市場(資金市場)とよぶことができる。

(2) 工業では、工場を増設すれば比較的短期間に収入の増加がみ込まれるが、たとえば、果樹園では苗木を植えてから、これが成木になり、収入が得られるようになるまでには、はやくても数年はかかる。

(3) 明治のなかごろから日本勧業銀行や各府県の農工銀行、北海道拓殖銀行などの特殊銀行がつくられ政策的金融がおこなわれた。明治末年には信用組合や産業組合(→p.120)が農家へ低利資金の供給(今日の系統金融)をはじめた。

農業における資金市場の特徴

農業における資金市場[1]には、つぎのような特徴がある。

①農業生産の多くは季節性があるため、収入のある時期がかたよっている。つまり、春には支出だけがおこなわれ、秋には一度に入金があるといったことが多いので、この収入の季節性を埋めるための資金調達が必要となる。

②わが国の農業経営は、経営規模があまり大きくなく、財産もあまり多くないため、市中銀行などの融資の対象になりにくい。

③規模拡大など経営改善に着手したばあい、その成果によって投入した資金の返済ができるようになるまでには、長期間かかることが多いので、長期・低利の資金調達が必要となる[2]。

④農業が存続し発展することは、地域社会の維持や国民経済の健全な発展にとっても欠くことができない。したがって、公的な支援策がもとめられる。

2 農業金融のしくみ

農家に対する資金の流れ

農業経営に対する資金の流れを示すと、図4-13のようである。国や地方公共団体あるいはこれに準ずる機関が、法律や条例などにもとづいて政策を実現するためにおこなう政策的金融を**制度金融**とよび、その資金を**制度資金**という。制度金融はおもに農林漁業金融公庫(⇒p.184)によっておこなわれている。なお、制度資金の取扱いは、おもに農協がおこなっている。

これに対して農協系統組織(⇒p.124)のおこなう融資を**系統金融**とよび、その資金を**系統資金**という。これは個々の農家が単協に、各単協が都道府県の信用農業協同組合連合会(信農連、⇒p.123)に、そして各信農連が農林中央金庫(農林中金、⇒p.184)に結びつくかたちで、たがいに余裕金を預けあい、必要に応じて有利な条件で融通しあうものである。制度金融や系統金融は、農業における資金市場の特殊性に対応しようとするもので、その歴史は古い[3]。

このほかにも、市中銀行などが貸し出す**普通資金**の供給もおこなわれており、これは**一般金融**とよばれている。

3 各種資金の特徴と借入計画

各種資金の特徴 資金の調達にあたっては，利率・返済期間・据置期間（元金の返済が猶予される期間）などそれぞれの資金の特徴をつかんで，借入目的や借入金額に応じて資金を選択することが重要である。

制度資金は，表4-6のように低利で貸し出され，返済期間も3年くらいの中期のものから25年にわたる長期のものまである。したがって，規模拡大など大がかりな経営改善のための農地や機械・施設の購入，土地改良など借入金額が大きいばあいに適している。

系統資金の多くは，年度内に返済しなければならない短期資金でかならずしも低利といえないが，肥料・飼料・農薬などのように1年以内に投入した資金が回収される資材の購入や農繁期の雇用労賃など季節的な低額の支払いには適している。

普通資金は，制度資金や系統資金にくらべて利率が高いので，多額の借入をおこなうと利子の支払いにおわれる。また，経営内容や担保(1)などがしっかりしていないと融資がうけられないが，企業的な経営などでは有効に運用することもできる。

(1) 借入金などの返済ができないばあいの保障として，金融機関などに差し出すもの。わが国では，不動産（とくに土地）を担保とすることが多い。

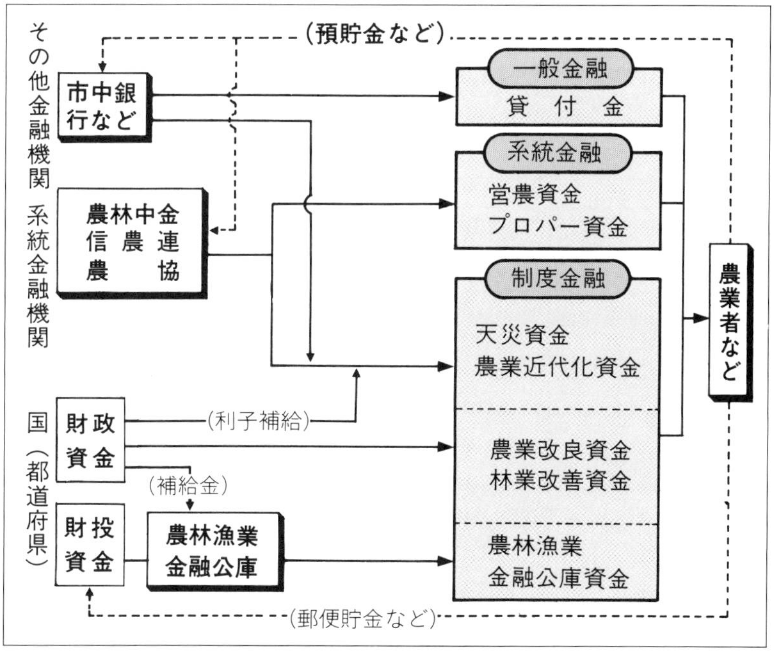

図4-13 農業金融の種類としくみ
［注］ 制度金融には主要制度資金を示した。破線は預貯金の流れ。

やってみよう
500万円のトラクタを購入すると仮定して，どの資金がもっとも有利か，農協や農業改良普及所をたずねて相談してみよう。

借入計画

自分の経営にとっての借入の限度（返済可能額）を計算して，資金を選択し，借入金額を決定することがたいせつである。経営改善のための資金借入の限界は，つぎのような式で計算することができる。

資金借入の限界＝資金要償還額（支払利子を含む）≦資金償還期間（据置期間を含む）中の純収益総計(1)

年間の償還額（支払利子を含む）
$$\leq \frac{資金償還期間中の純収益総計}{資金償還期間（年数）}$$

長期・低利の資金であればあるほど，そして据置期間が長ければ長いほど，借入の限界は大きくなり，それだけ有利な資金であるといえる。

(1) 粗収益から費用合計を差し引いたものであるが，このばあいの費用には家族労働費も含める。つまり，家族労働費を生活に必要な家計費に相当するものとみなしており，それを差し引いた残りを借入金の返済にあてることができる。このばあいに，農外所得を含む可処分所得（→ p.140）を基準にして借入限界を考えることは，借入限界が大きくなりすぎる危険性がある。

表4-6　主要制度資金とそのおもな資金の種類（平成3年12月現在）

資金	資金の特徴	資金の種類	利率(%)	償還期限(年)	貸付限度	摘要
農業改良資金	能率的な生産方式の導入や生活改善，農業後継者の経営技術の習得などのために，融資される比較的短期の無利子の資金	生産方式改善資金	無利子	5～10(1～3)以内	標準事業費の80～90%	合理的な生産方式の導入
		農家生活改善資金	〃	3～7(1)以内	50～400万円	農村生活の改善，高齢者の活動など
		農業後継者育成資金	〃	3～7(1～2)以内	20～750万円	技術習得，新しい経営部門の開始
農業近代化資金	農業経営の近代化をはかるため，系統資金や銀行などの資金を長期・低利に融通させるため，国と都道府県が利子補給をおこなう資金		5.05～5.85	5～18(2～3)以内（事業対象によって利率および償還期限に差がある）	個人1,200万円 協業1億円 農協5億円	1) 建物・構築物の改良・造成や取得 2) 農機具などの取得 3) 果樹その他永年性作物の植栽・育成 4) 家畜の購入・育成 5) 農村環境整備など
農林漁業金融公庫資金	農業生産の発展のために必要な長期・低利の資金を融通するもので，国の政策目的にそったさまざまな分野にわたって融資される資金	農業基盤整備資金	3.5～6.15	25(10)以内	1受益者当たり700万円，これ以上は事業費の80%	土地改良・造成・災害復旧などの土木事業
		農地等取得資金	3.5	25(3)以内	農地等取得（一般）個人 400万円 法人 1600万円	農地・採草放牧地および未墾地の取得
		農林漁業構造改善事業推進資金	3.5～6.15	20(3)以内	個人 1,300万円 法人 5,200万円	果樹・牛・種豚・農畜舎などの導入
		自作農維持資金	4.8	20(3)以内	個人 750万円	農地の売却を防止し，経営を維持
		総合施設資金	4.8	25(10)以内	個人 2,400万円 法人 8,400万円	農業経営改善計画にもとづく施設の導入
天災資金	天災による被害農業者のために，低利の資金を融資する資金	経営資金	3.0～6.5	3～7以内	被害により差がある 個人200～600万円 法人2,000～2,500万円	天災により被害をうけた農家

［注］償還期限の欄の（　）内は据置期間を示す。

4 労働力の調達

1 農業労働力と労働市場

農業労働力の実態

生産費調査によって，おもな農産物の費用構成をみると，労働費の比率がひじょうに大きいことに気がつく（表4-7）[(1)]。

この労働費の内訳は，自家労働費が大部分を占めているが，ほとんどの農産物で，雇用労賃が支払われていることから，雇用労働力が投入されており，そのほかにも賃借料および料金というかたちで，他人に料金を支払って作業をまかせていることがわかる。

とくに経営規模が大きくなると，自家労働力だけでは対応しきれなくなるケースが少なくない。たとえば，表4-8は，多頭化がめざましくすすんでいる北海道の酪農のデータを示したものであるが，搾乳牛1頭当たりの飼育管理労働時間は，搾乳や飼料の調理・給与などの機械化がすすみ，近年急速に減少してきている。

[(1)] 畜産物では飼料費やもと畜費が圧倒的に多いが，第3位の費目は労働費となっている。米やコムギ・ダイズなどでは農機具費と労働費が大半を占めており，とくに野菜や果実では，労働費の割合がきわだって高くなっている。

表4-7 おもな農産物の生産費の費目別構成　　　　　　　　　　　　（単位：％）

費目	普通作物						費目	青果物					費目	畜産物			
	米	コムギ	原料用カンショ	原料用バレイショ	ダイズ	テンサイ		ミカン	リンゴ	キュウリ(春どり)	トマト(春どり)			牛乳	肥育牛	肥育豚	鶏卵
種苗費	2.1	5.1	4.0	19.5	3.5	3.9	種苗費	—	—	1.1	1.5	種付料	1.4	—	—	—
肥料費	6.4	13.9	11.9	13.7	7.4	26.1	肥料費	6.2	4.5	5.4	5.2	もと畜(成鶏)費	—	58.2	45.1	20.3
農業薬剤費	5.4	6.3	2.8	11.2	6.8	8.7	農業薬剤費	8.9	7.3	2.6	3.3	飼料費	52.2	26.0	36.0	57.9
光熱動力費	2.3	2.3	2.3	2.5	2.8	1.7	光熱動力費	1.7	1.2	10.4	8.0	敷料費	0.9	1.8	0.4	—
その他諸材料費	1.6	—	—	—	—	4.2	その他諸材料費	0.2	4.2	0.6	1.3	光熱・水・動力費	2.1	0.6	1.4	1.9
水利費	4.7	—	—	—	—	—	水利費	0.2	0.7	0.1	0.3	獣医・医療品費	2.6	0.6	1.8	0.6
賃貸料および料金	7.3	20.8	0.9	2.5	5.6	1.5	賃貸料および料金	0.9	5.7	0.1	—	賃貸料および料金	0.8	0.2	0.4	0.1
建物・土地改良設備費	3.3	2.4	0.8	2.9	2.4	2.7	建物・土地改良設備費	1.9	1.6	0.5	0.8	乳牛(母畜)償却費	6.9	—	—	—
農機具費	30.3	27.8	13.4	26.9	20.7	25.3	園芸施設費	1.8	0.3	19.3	18.8	建物費	2.1	1.4	2.0	2.9
その他費用	—	0.6	2.0	0.3	0.8	—	農機具費	5.7	8.8	4.5	3.7	農機具費	3.9	1.4	1.7	3.1
							成園費	9.6	5.7	—	—					
労働費	36.6	20.8	61.9	20.5	50.0	25.9	労働費	62.9	60.0	55.4	57.1	労働費	27.0	9.9	11.2	13.2
雇用労賃	0.7	0.1	1.2	1.1	1.0	1.6	雇用労賃	4.9	7.0	0.9	0.3	雇用労賃	0.2	0.0	0.0	2.6
自家労働見積	35.9	20.7	60.7	19.4	49.0	24.3	自家労働見積	58.0	53.0	54.5	56.8	自家労働見積	26.8	9.9	11.2	10.6
費用合計	100	100	100	100	100	100	費用合計	100	100	100	100	費用合計	100	100	100	100

（農林水産省統計情報部『米及び麦類の生産費』『工芸農作物等の生産費』『果実生産費』『野菜生産費』『畜産物生産費調査報告』いずれも平成元年度による）

しかし，酪農家1戸当たりでみれば，そのような作業能率の向上を基盤にして多頭化がより急速にすすんだため，飼養管理のための総労働時間はむしろ急速に増加してきている。年間4,000時間を超えるということは，仮に夫婦で年じゅう休みなく働くとしても，畜舎内の飼育管理労働だけでも毎日1人当たり5.5時間も必要になっていることを意味する。その結果，とくに夏には牧草の収穫・調製作業のために，多くの実習生を雇い入れたり，草地の管理や育成牛の放牧は料金を支払って他人にまかせたりすることが，ごくふつうになっている。

同様のことは，農作業のピークがとくにいちじるしい野菜生産でもひろくみられ，雇用労働力が必要となっている。

農村の労働市場　地域内には，農業だけでなく，他の産業からの求人（需要）があり，これにこたえて就労しようとする求職（供給）があることを考えれば，これを労働市場ととらえることができる。したがって，農業経営においては，他産業の雇用条件も考慮して，雇い入れる労働力の質や労賃を設定するという市場対応が必要である。

表4-8　乳牛飼育管理労働時間の推移　（北海道平均）　　　　　　　　　　（単位：時間）

		合計	飼料の調理，給与，給水	敷料の搬入，きゅう肥の搬出	搾乳および牛乳処理	牛乳運搬	飼育管理その他
換算搾乳牛1頭当たり	昭和35年	506	126	52	185	52	91
	40年	376	95	46	148	29	58
	45年	237	48	29	113	14	33
	50年	175	36	22	87	6	24
	55年	145	31	17	74	2	21
	平成2年	115	26	13	61	0	15
酪農家1戸当たり	昭和35年	1,467	365	151	537	151	263
	40年	1,504	380	184	592	116	232
	45年	2,204	446	270	1,051	130	307
	50年	2,713	558	341	1,349	93	372
	55年	3,521	754	413	1,798	49	510
	平成2年	4,140	936	468	2,196	0	540

（農林水産省統計情報部『畜産物生産費調査報告』各年度による）

やってみよう
地域の農作業の労賃と兼業に出たばあいの労賃とを調べ，比較してみよう。

2 農業労働力の需給調整

雇用の条件　農業において人を雇うさいには，すでにみたような農業労働の特徴（⇒p.42）をじゅうぶんに理解し，作物や家畜に興味をもっている働き手であることが大前提となる。同時に，ほぼ似たような労働強度，労働条件の職場と同水準の労賃（時間単価）を支払うことがのぞましい。つぎに，雇った人が気持ちよく能率的に働けるような職場にしなければならない。

経営組織の改善による雇用機会の拡大　雇われる人は，長期的に安定して働けることを求めている。いっぽう経営の側からみても，いったん雇ったら，仕事がとぎれないように働いてもらうことがのぞましい。

いま，夫婦2人の労働者を年俸300万円で雇っているとしよう。仮に，4月から9月までしか仕事のない稲作だけにこの労働者を使ったとしたら，1か月当たり50万円の労賃を支払うことになる。10haの稲作を10a当たり30時間の労働を要する作業方式でこの夫婦にまかせたとすれば，総作業時間は3,000時間となり，1時間当たりの労賃は1,000円になる。これではやや割高な労賃である。そこで，稲作の仕事のない10月から3月までの6か月間に，朝晩1時間30分ずつ，育成牛の飼育の仕事をしてもらうことにする。こうすると，それほど大きな労働強化にならずに夫婦で延べ1,000時間の就業時間の増加が可能となり，1時間当たりの労賃を750円へと低下させることができる。

つまり，年間をとおしての安定的な雇用の機会を拡大して，適正な労賃水準にしていくことが，経営者としての課題となる。そのためには，作目の結合や，月別の労働配分などを計画的にすすめておくことが必要である。

たとえば，野菜作において，各野菜の月別労働時間の分布が図4-14 →p.118 のようだとすれば，春どりのキュウリやトマトを栽培することによって冬から春の雇用機会がつくり出され，夏どりあるいは秋どりのキャベツをこれに結びつけることによって，夏から秋にかけての雇用機会がこれに連続してつくり出されることになる。

協定による雇用機会の創出

労働需要のピークがことなる農家間で，雇用労働力を含めた労働力の「手間がえ」をおこなうのも有効である。つまり，自分の経営のなかで年間労働配分を均等化しようと努めても，限界がある。そこで，ピーク時には臨時の労働力を雇用するが，そのばあい，周辺の農家との話し合いで，自分の家の労働のピーク時に手伝ってもらった分を，周辺の農家の労働のピーク時に手伝いに出ることで帳消しにするという協定を結ぶというものである。アメリカ合衆国における大型コンバインをもった賃作業者（カスタム・オペレーターとよぶ）への作業委託は，こちらの農場から，そのつぎの農場へ，そして隣の農場へ，という協定によって2か月以上の連続作業（雇用確保）を可能にさせている。

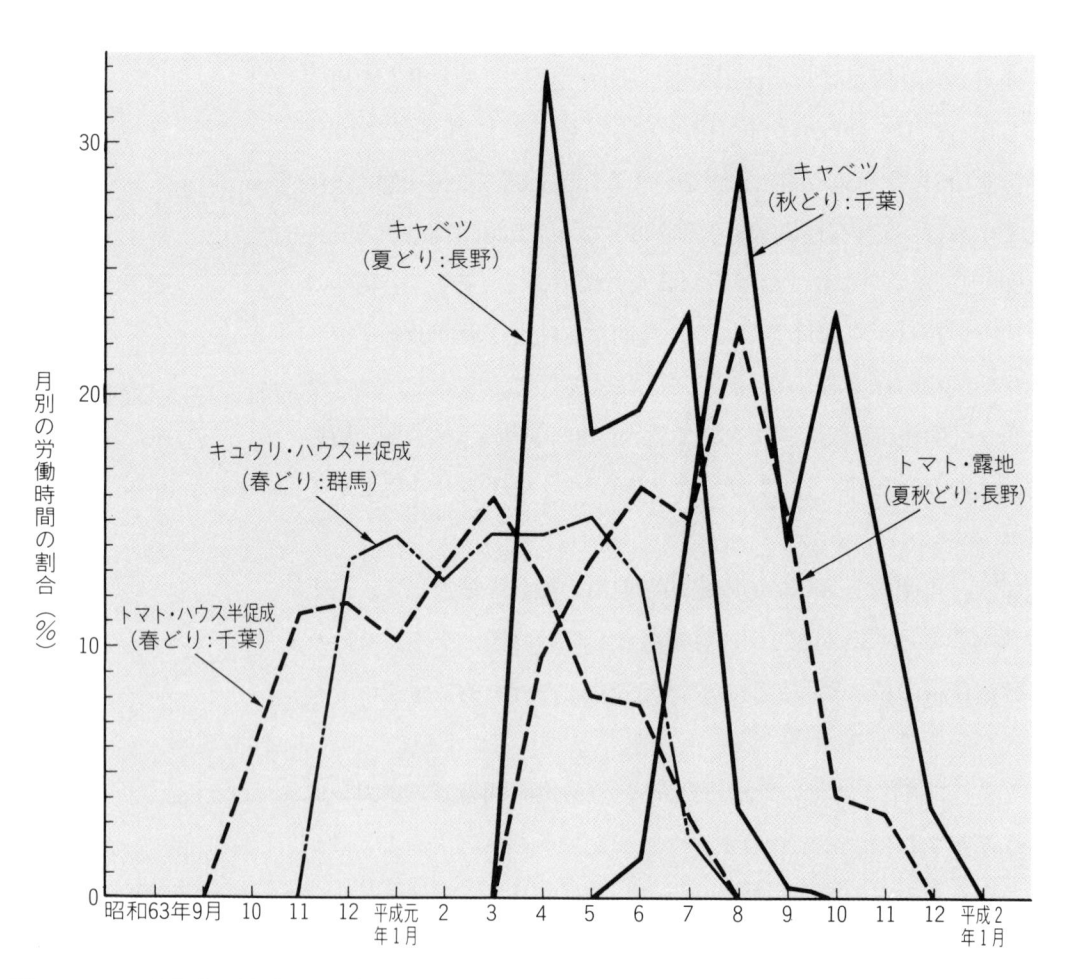

図4-14　おもな野菜の月別の労働時間の分布

5 農業経営と農業協同組合

1 市場のひろがりと農業協同組合

　現代の農業経営者は、これまでみたようなじつにさまざまな市場の網の目のなかに取り囲まれて経済活動をつづけている。

　このような農業を取り巻く状況を念頭におくと、個々の農業経営者はひろい大海に浮かぶ小さな木の葉のようなものに思われる。巨大な資本力をもった企業がこの市場の要所要所に存在していて、全体の流れに大きな影響をおよぼしているため、とても自分のすすみたい方向に自由に動くことができないようにみえる。

　しかし、個々の農業経営者も地域でグループをつくり、町や村を単位にしてまとまりをもち、それがさらに都道府県、そして全国というひろがりで組織化されていくと、これはもはやけっして弱小な存在とはよべなくなる。わたしたちの町や村にある農業協同組合という組織は、このような全国的なつながりをもち農業経営者の力を結集した組織なのである。

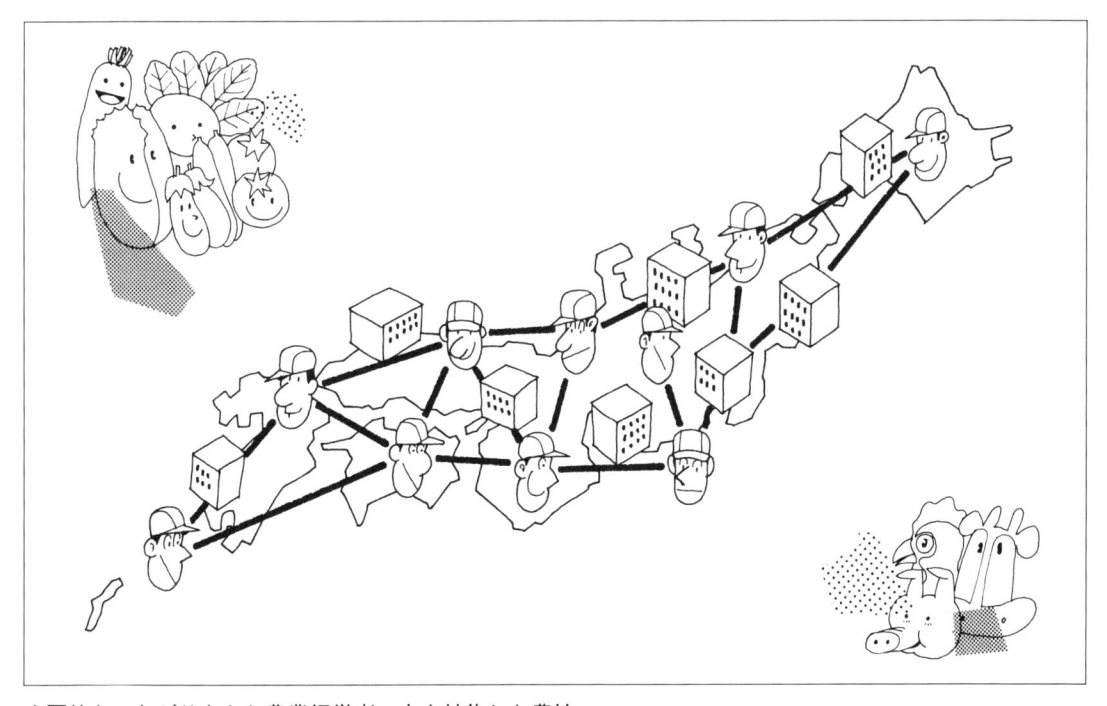

全国的なつながりをもち農業経営者の力を結集した農協

2 農業協同組合の源流

産業組合の活動　日本の農業協同組合の源流は，明治33年（1900）に制定された産業組合法にもとづいて，全国の市町村につくられた**産業組合**の活動にはじまる。当時は地租改正（⇒p.8）による重税や急速な工業化による産業構造の変化，さらには好況・不況の大きな経済変動のなかで，生産資材を購入したり，そのための資金を調達したりする面でやりくりがつかない農家が少なくなかった。いっぽう，こうした経済力の乏しい農家を相手にした高利貸しも少なくなかった。そこで，農家生活と農村社会の安定をはかるために，産業組合などの組織化が切実にもとめられたのである。

この産業組合を源とする協同組織は，農家を啓発しつつ，その経済活動を一つの大きな力に結集させていく原動力（農民に対する教育的な面を含んだ原動力）であった。

もちろん，農家どうしがたがいに助けあう相互扶助の活動は古くから各地でおこなわれており，江戸時代後期になると貨幣経済の浸透に対応して設立された報徳社[1]のような活動も生まれたが，それらは自然発生的なレベルにとどまるものであった。

世界の英知を集めた日本の農業協同組合　協同組合の源流は，イギリスで1844年に設立されたロッチデール公正先駆者組合（労働者の生活協同組合）[2]や，ドイツで1862年にライファイゼンによってつくられた農村信用組合[3]にもとめることができる。とくに，ロッチデールの組合は，その運営にあたっては，①市価により現金売りをする，②利益は購入高に比例して組合員に分配する，③議決は1人1票とする，④組合員をよく教育する，などの方式を採用し，現在の協同組合の運営の母体となっている。

また，昭和22年（1947）に制定されたわが国の農業協同組合法（⇒p.195）の根底には，加入・脱退の自由などアメリカ合衆国の民主主義の影響もある。このようにさまざまな国における経験と英知を集めて設立されたのが，わが国の農業協同組合である。

---

(1) 二宮尊徳によって天保14年（1843）に，設立された。報徳社は，構成員が出資し，これを資金として無利子の貸出しをおこない，これによって生産があがり，ゆとりができたときに借りた金より多くの金を返すといった方法をとった。かれの影響をうけた人びとによって各地に報徳社がつくられた。

(2) ①生活用品の購買店の設立，②組合員住宅の建設，③失業した組合員のための工場の設立あるいは農地の購入や借入，④自給自足の共同村の建設，などを活動内容としており，理想的な社会をつくろうとする社会運動の内容をもっていた。

(3) 自助の精神を基本にして高利貸しに対抗するためにつくられた農村の地縁的なつながりを尊重する信用組合。ライファイゼンは「一人は万人のために，万人は一人のために」と説いてやまなかった。この信用組合は，のちに販売・購買の事業もおこなうようになった。

3 農業協同組合の組織と運営

農協の設立と組合員の資格

　農協の設立の目的は，農業協同組合法にあるように，「農民の協同組織の発達を促進し，もって農業生産力の増進と，農民の経済的・社会的地位の向上をはかり，あわせて国民経済の発展を期する」ことにある。この趣旨に賛同する15人以上の農民が発起すれば，農協を設立することができるし，脱退や解散も自由である（**加入自由の原則**）。

　ここでいう農民とは，みずから農業を営む個人または農業に従事する個人と，農業を営む農事組合法人（⇒p.173）をさしており，これらの人が正組合員として農協に参加することができる。このように加入条件を限っているのは，農協が非農業者的な利害に支配されないようにするためである。ただし，その農協の地区内に住む非農業者も准組合員として加入できるが，役員の選挙権や議決権はない。

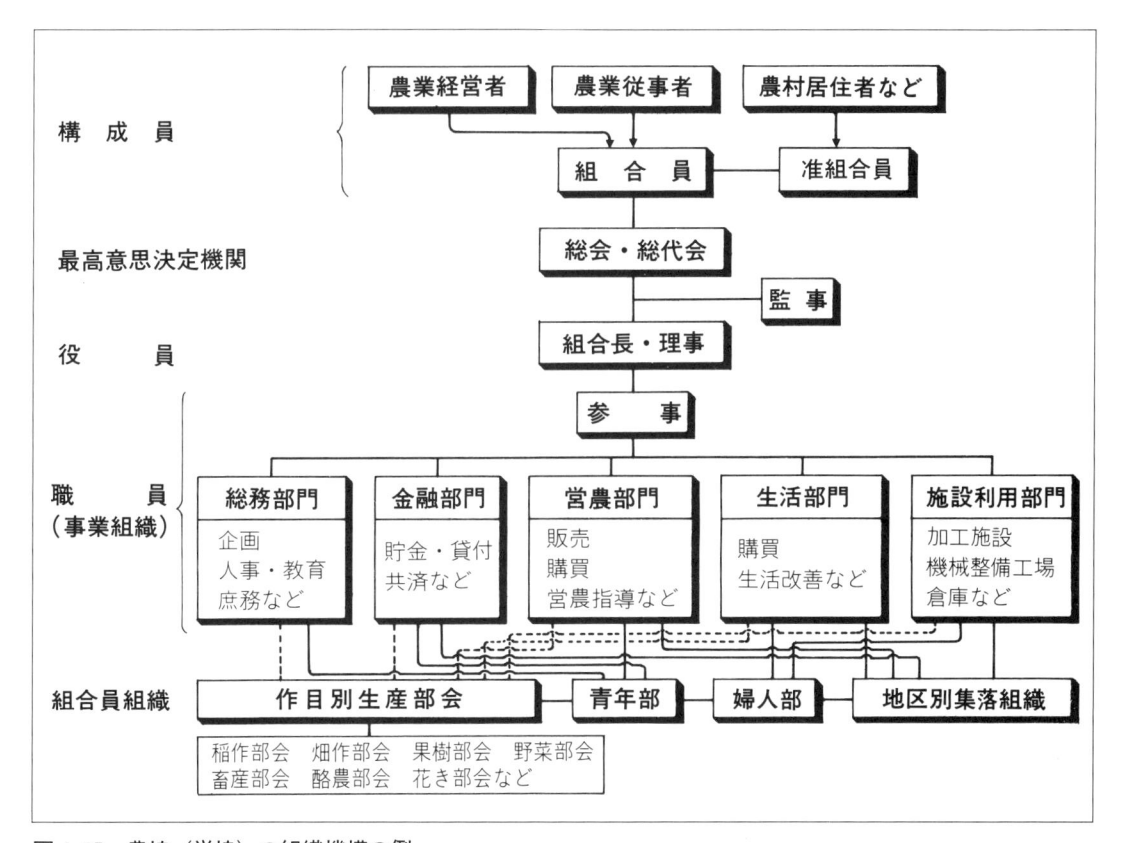

図4-15　農協（単協）の組織機構の例
［注］　作目別生産部会と事業組織のつながりは破線で示した。

> **単協の組織機構**

こうした主として個人の組合員から構成されている単位農協（**単協**）の組織機構の概略を示すと，図4-15（→p.121）のようになっている。ここでは，信用・購買・販売・利用・共済などの事業全般を取り扱っている**総合農協**の例を示した。

　総会・総代会　組合員総会（**総会**）は，農協の最高意思決定機関であり，正組合員の平等な議決によって決定される[(1)]。正組合員が500人を超えるばあいには，総会にかわる**総代会**を設けることが認められている。総代は，正組合員から選挙され，その正組合員総数の5分の1以上の人数を選任する。

　役員　組合には，代表および執行機関として**理事**[(2)] 5人以上，また，監督機関として**監事**[(3)] 2人以上の役員をおくことになっている。理事は定数の4分の3以上が正組合員であることが必要である。

　総代や役員の任期は3年以内で，組合運営の自治的な法規である定款で決める。

　職員　理事の業務執行方針にもとづいて日常的に業務を処理するのが職員である。**参事**をおいて，日常業務の総括にあたらせることも多い。

> **組合員組織**

組合員は農協の運営に対して，総会（総代会）で議決権を行使するだけでなく，日常的に農協の運営に参加している。このような組織としては，図4-15（→p.121）に示したような，作目別生産部会・青年部・婦人部・地区別集落組織などの組合員組織がつくられている。

> **組合員の権利と義務**

正組合員は農協の運営に対して，つぎのような権利をもっている。出資口数の多少に関係なく「1人1票制の原則」にもとづいて，だれもが議決権・選挙権を平等にもっており，役員や総代に選任される権利もある（**民主的運営の原則**）。このほか，総会招集請求権や役員改選請求権，書類閲覧請求権，参事・会計主任解任請求権など，農協の公正で民主的な運営を保証する権利が認められている。

　それと同時に，組合員はみずから参加してつくった農協の発展に役だつよう，組合の円滑な運営のためにどうしても必要となる統制（定款にもとづく統制）にしたがう義務がある。すべての組合員の出資を必要とする出資組合（総合農協など）のばあいは，組合員は

(1) 毎事業年度にかならず1回開く通常総会と，重要問題がおこったときに臨時に開く臨時総会とがある。通常総会でのおもな議決事項は，①前年度の事業報告，②会計決算書の承認，③剰余金処分案あるいは損失金処理案の承認，④当年度の事業計画，などである。

(2) 総会で決定した方針にもとづいて農協の業務を執行する任務をもっている。理事のなかから組合長（組合長理事）や専務理事などが選出される。

(3) 理事がおこなう業務の状況，農協の財産の状況を調べ（監査），農協の運営を健全にする役割をもっている。

出資金を払わなければならない。出資をしない非出資組合のばあいも賦課金支払いの義務がある。

農協独自の運営方式　農協(出資組合)の活動の成果である剰余金は、組合の事業運営のための損失補てんや各種の準備金を差し引いたのち、その残りの部分が配当される(**剰余金処分方法の原則**)。配当の方法は定款によって決められており、株式会社のように出資高に対してだけでなく、利用高に応じても配当される。出資配当のばあいは、出資金の7％(連合会は8％)を上限とすることが決められている(**出資配当制限の原則**)。

協同組合原則　これまでみてきたような、①加入自由の原則、②民主的運営の原則、③剰余金処分方法の原則、④出資配当制限の原則、さらに⑤組合員や役職員の教育の重視(**教育活動促進の原則**)、⑥協同組合相互間の協同や連合組織の発展(**協同組合間の協同の原則**)、を協同組合原則とよんでいる。これは、協同組合の理念や設立の目的、組織の性格などをふまえて、協同組合を運営してその目的を実現していくうえで必要なものとされており、世界各国のさまざまな協同組合[1]に共通するものもある。

(1) 世界各国の協同組合の連絡・提携機関としては、国際協同組合同盟(ICA, International Cooperative Alliance)があり、その加盟国は、70か国以上で、組合員は6億人以上である。

やってみよう
地域にある森林組合・漁業協同組合・生活協同組合など、各種協同組合の組織機構と運営方式について調べ、農協と比較してみよう。また、協同組合と株式会社のちがいを整理してみよう。

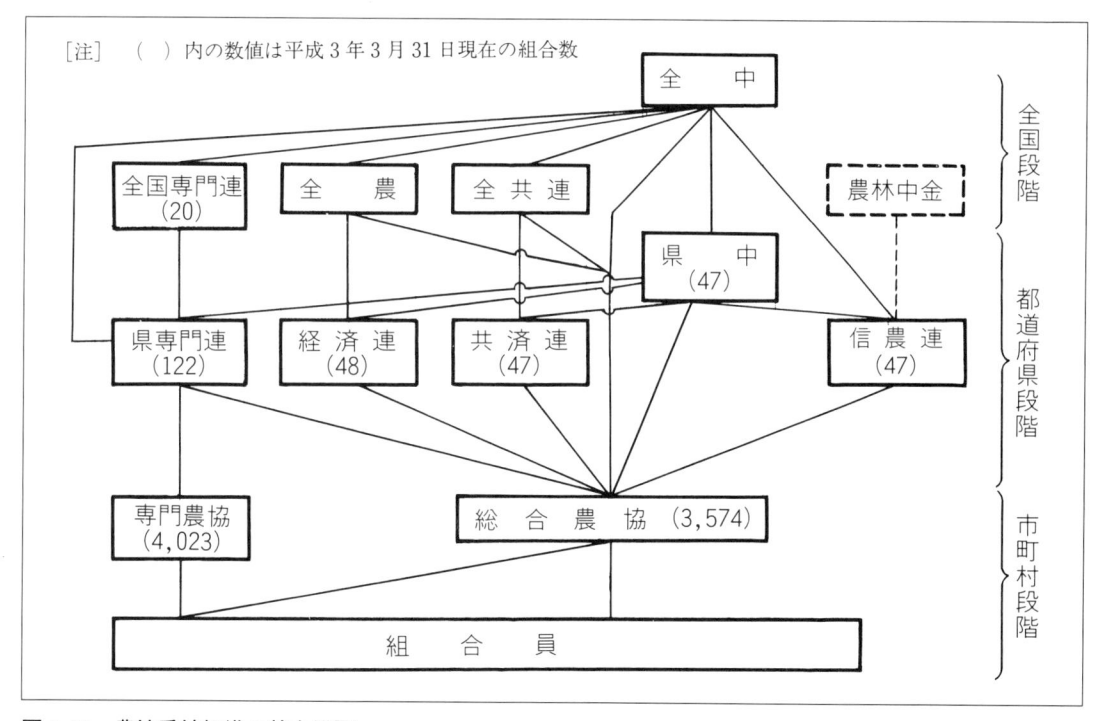

図4-16　農協系統組織の基本構図

[注] 共済連は共済農業協同組合連合会、全共連は全国共済農業協同組合連合会、県中は都道府県の農業協同組合中央会、全中は全国農業協同組合中央会、の略称。全農は⇒ p.97、経済連は⇒ p.105、信農連・農林中金は⇒ p.112。

系統組織 このように農協は，独自の組織と運営方法によって組合員の営農や生活を守っているが，市場の拡大（最近では国際的なひろがりまで）に対応するには，市町村の段階の単協⁽¹⁾の力だけではかぎりがある。そこで，図4-16のように単協を会員とする都道府県段階の連合会や全国段階の連合会組織が結成されている。

なお，総合農協のほかに，特定の作目に関係する事業を専門に取り扱う専門農協が設立されており，同じように全国段階につながる系統組織が結成されている。そして，これらの単協から全国段階の連合会までをすべて含めて**農協系統組織**とよんでいる。

4 農協の事業

農協の事業の範囲は，これまでみてきた農業経営を取り巻くさまざまな市場のひろがりとほぼ一致する。したがって，農協は，個々の農家とさまざまな市場とのあいだに立って，農家の経済的な利益を保護・増進するために活動している組織であるということもできる。以下，農協のおもな事業についてみてみよう。

販売事業 組合員の営農活動の成果である農産物を共同で有利に販売しようとする事業である。農協の販売事業には，①大量に供給するので，価格形成に影響力をもつことができるとともに輸送費を安くすることができる，②市場での需要をみながら計画出荷して有利な価格を実現できる，③農産物の規格の統一や組織的な宣伝活動などによって，市場での評価を高めたり消費の拡大をはかったりすることができる，といった利点がある。

販売事業における組合員と農協の関係には，無条件委託方式⁽²⁾・手数料方式⁽³⁾・共同計算方式⁽⁴⁾・全利用方式⁽⁵⁾という農協独自な方式がある。また，販売事業の系統組織は，単協→経済連→全農となっている。

農協の販売事業の利点をじゅうぶんに発揮させていくためには，消費者との連携をいっそう強めていくことがたいせつである。

---

(1) 平成3年の全国の単協の総数は7,597で，5年前の8,854にくらべるとかなり減少している。これは，統合・合併によって農協経営の合理化をすすめつつ，組合員に対するサービスの向上をはかるとともに，経済の国際化などに対応しようとするねらいによるものである。

(2) 組合員が売り値・時期・出荷先などいっさい条件をつけずに農協に販売を委託する方式。

(3) 無条件委託方式で決まった販売価格のなかから，農協が販売に要した人件費・通信費などを徴収する方式。

(4) ある一定期間内に出荷された品質の同じ農産物について，その期間内の平均価格で精算する方式。

(5) 大量の農産物を計画的に販売するために，組合員は単協を全面的に利用し，単協は連合会を全面的に利用していく方式。

購買事業

必要な資材を共同購入し，それを組合員に供給する事業である。計画的に大量購入することによって安く仕入れ，流通経費を節約して組合員によい品物を安く供給することを目的としている。販売事業と同じように，四つの方式があるが，購買事業ではさらに予約注文・現金決済[1]の方式もある。購買事業のうち生産資材が約60%を占め，残りが生活資材である。系統組織は，販売事業と同じく単協→経済連→全農である。

購買事業においては，とくに生活資材の系統利用率を高める必要が指摘されているが，生活指導事業（⇒p.127）による生活設計や合理的な消費生活の提案などをおこなうなかで，購買事業を位置づけていく必要があろう。

信用事業

農協の事業のなかでもっともはやくからはじめられた。組合員からの預金のうけ入れ，資金の貸付（系統金融）をおもな事業としている。このほかにも，手形の割引，債務の保証，為替取引などもおこなっている。預金には，普通預金・定期預金・定期積立金などがある。貸付には，手形貸付[2]・証書貸付[3]・当座貸越し[4]などがある。信用事業での系統組織は，単協→信農連→農林中金となっており，単協は資金の70%近くを信農連に預け入れている。信農連・農林中金の預かり金は，単協その他の事業の資金や系統金融の資金として運用されたり，公共団体や農業関連産業などに貸し出されたりしている。

信用事業においては，組合員の農協利用率をさらに高めるため，

(1) 組合員は前もって農協に注文し，それを連合組織でまとめ，全農は，この大量予約注文を背景にしてメーカーと交渉して安く仕入れる。そして，経済連・単協・組合員は，その供給をうけると同時に現金で支払う方式。

(2) 組合員が振り出した手形によって貸し付けるもので，利息は前払い。

(3) 貸付証書による貸付で，利息は後払い。

(4) 預金の残高がなくても，当座預金の当座貸越契約によって，ある一定の契約限度まで貸し出す。

店舗による購買事業（環境保全のため発泡スチロールトレーの回収にも取り組んでいる）

経営努力によって貸出し利率を引きさげていくことがもとめられている。

共済事業 組合員の不慮の事故や災害など対する保険事業であるが，組合員が相互の掛金によって，補てん・救済しあい，生産と生活の安定をめざそうとするものである。農協共済には，共済期間が長く，事故にあったときや満期に共済金が支払われる長期共済[1]と，共済期間が短く事故にあったときだけに共済金が支払われる（事故のないときは掛金がもどらない）短期共済[2]とがあり，さまざまな種類が用意されている。共済事業の系統組織は，農協→共済連→全共連となっているが，多額の支払いに対応するため，農協は共済連に，さらに共済連は全共連に共済している。また，集まった共済金はおもに農業資金や生活環境整備資金などに使われている。

農協の共済事業は，その事業量が急速に伸びているが，その推進にあたっては，組合員の掛金の額が所得や家計費とつりあいのとれたものにするようにじゅうぶん配慮しなければならない。

利用事業 大型機械・施設[3]や生活改善用施設・文化施設[4]などを農協で設置して，組合員が共同で利用して，生産と生活の改善をはかるものである。

最近では生活・文化施設の充実に力を入れている農協もふえており，組合員だけでなくひろく地域住民全体の生活・文化のセンターとしての役割を果たすようになってきているところもみられる。

指導事業 指導事業には，営農指導事業と生活指導事業とがある。ともに，直接利益を生み出す事業ではないが，組合員の営農・生活全般にわたって指導・援助を総合的におこなう事業で，販売・購買・信用・共済などの農協の事業の基礎となっているところに大きな特徴がある。

営農指導事業 営農指導事業のおもな内容と役割は，①農地条件の整備，②地域の農業振興計画の立案と，個々の農家の営農設計の指導，③営農計画にそって，農産物の安定生産や品質の向上を実現するための技術指導や資材・資金の調達などに対する指導，また，そのための作目別生産部会の組織化などである。

営農指導事業は，そのいっそうの充実がもとめられているが，現

---

(1) 年金共済・養老生命共済・こども共済・建物更生共済・農機具更新共済などがある。
(2) 火災共済・自動車共済・自動車損害賠償責任共済・傷害共済などがある。
(3) 大型トラクタ・ライスセンター・農業倉庫・共同選果場・農機具修理工場・共同育苗施設など。
(4) 集会場・生活センター・購買店舗・各種加工施設・有線放送施設・理美容施設・図書館など。

状では農協間の格差も大きい[1]。営農指導事業の充実をはかっていくためには、とくにそのにない手となる営農指導員の拡充と研修などによる資質の向上がもとめられている。

生活指導事業 生活指導事業の範囲は、消費・健康・文化・教養・娯楽などきわめて多岐にわたるが、これらは組合員の自主的な意欲をもとにした活動である。したがって、組合員の意識を高め、組合員みずからがグループをつくり活動に参加していくように支援することがとくにたいせつである。営農指導事業と同じように、そのにない手である生活指導員の拡充と資質の向上がもとめられている。

その他の事業 以上のほかに、農協がおこなっているおもな事業をあげるとつぎのとおりである。

厚生事業 医療施設の設置によって組合員の健康を守ることを目的として医療活動をおこなう事業で、治療活動と予防活動（健康管理活動）がある。農協の厚生事業は、健康相談や健康診断、栄養改善などの健康管理活動が活発におこなわれている点に特徴がある。

受託農業経営事業 組合員の委託をうけて、農協が農作業の一部や農業経営を直接受託したり、受託者へのあっせんをおこなったりする事業。この事業は、昭和45年（1970）の農協法の改正によって農協の事業として新たにおこなわれるようになった。

宅地等供給事業 転用農地の売渡しや宅地造成、住宅の建設や売渡し・貸付をおこなう事業である。都市化のすすんだ地域の農協では、良好な住居環境と地域環境づくりをすすめている。

[1] 平成元年の経過をみると、営農指導員数は全国で1万9,267人で1組合当たり5.2人となっている。また、未設置農協は11.8%となっている。

営農指導員による指導事業

128　第4章　市場のしくみと農業経営

ほかに，農地の貸付，売買や信託，農業生産法人への現物出資などをおこなう**農地保有合理化事業**，農用地の造成・改良などをおこなう**農業生産事業**，農産物の加工をおこなう**加工事業**などもある[1]。

(1) このほか，農協法以外の法律により，簡易郵政事務，国民健康保険業務，農業者年金の業務代理，農業倉庫事業などもおこなうことができる。

経営体としての農協の事業

以上のように，農協は多岐にわたる事業をおこなって組合員の営農活動の発展や生活の向上に努めているが，一面では経済団体としての経営体である。したがって，みずからの経営が健全でなければ，その目的を達成することができない。また，各事業は密接に関連しあっている。そこで，単協の経営の現状をみたのが図4-17である。

これをみると，信用・共済事業以外はすべての事業部門が赤字になっている。では，赤字の大きい指導事業を縮小して利益の大きい信用・共済事業を拡大していけばよいかというと，そういうわけにはいかない。それは，指導事業の性格からも明らかなように，指導事業の充実によって他の事業部門の発展もあるのであって，それなしには経営の永続的な安定は保証されないからである。つまり，指導事業と他の事業部門は補完関係(⇨p.47)にある。また近年，購買事業の赤字が大きくなっているので，これを縮小する方向も考えられるが，組合員へのサービスの面を考えると，容易に縮小の方向はとれない。さらに，信用・共済事業の大きな利益が，かならずしも

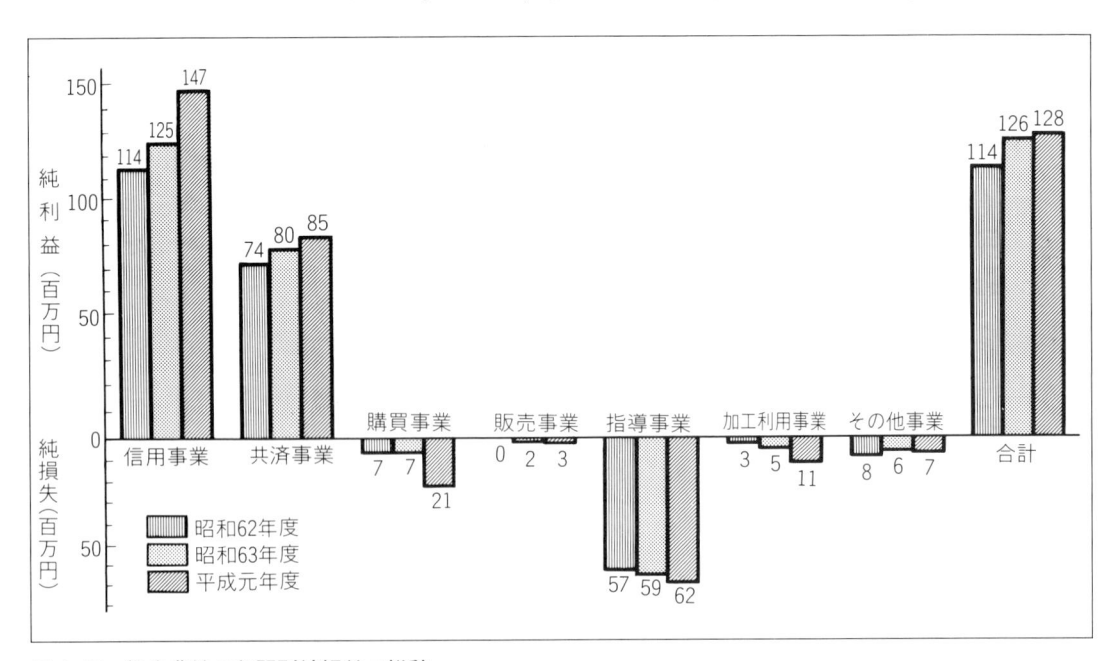

図4-17　総合農協の部門別純損益の推移
［注］　各年度とも約300農協の総平均である。　　（農林水産省『農業協同組合経営分析調査』各年次による）

農家の営農活動の成果によってもたらされたものだけではなく，兼業収入や都市化にともなう土地売却収入などによってもたらされている点にも注意しなければならない。

このようにみてくると，地域や組合員の構成などによって差はあるが，農協の経営の基本は，指導事業の拡充をはかりながら，各事業で経営努力を重ねなければならないということになろう。

各事業の基礎となる活動　そのためには，組合員の協同活動の活性化や経営をになう役職員の資質の向上がもとめられる。さらに，地域住民やひろく国民全体へのはたらきかけも必要になっている。こうした活動として，教育・広報活動や農政活動がある。これらは，各事業の基礎となる活動にほかならない。

教育・広報活動　「協同組合運動はそこに参加した人びとを啓発し訓練する活動である」といわれるほどで，教育・広報活動はきわめて重要な活動である。この活動には，大きく組合員教育（指導事業はその中心になる）と役職員教育とがあるが，地域住民やひろく国民全体に農業や農協について理解してもらうための対外的な教育・広報活動も日ごとに重要性を増している。

農政活動　組合員の営農や生活は，国や地方自治体の農政の影響を大きくうけているので，系統農協組織だけの努力では限界がある。このため，系統農協組織は，政府や地方自治体，さらには経済諸団体などに対して，農業・農村の安定・発展をはかるための政策実現に向けて，多面的なはたらきかけ（建議）をおこなっている。これが農協の農政活動である。農政活動は，おもに立法機関に対しておこなわれるが，その基本は，ひろく農業者（海外の農業者も含め）相互や国民全体の合意を形成していくことと考えられる（⇒p.198）。

農協中央会の役割　農協中央会は，農協の中央指導機関として，農協の組織・事業の強化・発展，経営の健全化などのために，つぎのような指導・教育をおこなっている。①組織・事業や経営の指導，②組合の経理の監査・指導，③教育・広報活動および情報の提供，④農協に関する調査・研究。また，農協中央会は，農協の利益代表として農政活動のセンターとしての役割も果たしている。

5 農協の課題とあるべきすがた

　日本のように農協系統組織が体系的に結成され維持されているのは，世界でも例をみない。この農協系統の組織機構や活動内容に，とくに東南アジアをはじめとする発展途上国の人びとが大きな関心を寄せている。それは，経済発展の出発点として，どうしても農業・農村の発展が必要であると考えているからである。

　だが，日本の農協が本当にモデルとなるには，つぎのような課題を解決しなければならないだろう。

農協の課題　**協同組合としての理念と経営体としての現実**
　農協もこれまでにみてきたような市場のしくみのなかで活動している経営体であるから，経営的な合理性の追求をおこたるわけにはいかない。ところが，経営的な合理性を追求すると，組合員に対する奉仕がおろそかになるばあいも出てくる。しかし，農協の本質は「そのおこなう事業によって組合員のための最大の奉仕をおこなうことを目的とする」組織であり，一般の企業とはちがう。つまり，農協が協同組合としてかかげる理念と経営体としての現実との矛盾をどう解決するか，という課題があるのである。

組合員間の連帯意識の喪失　農協が設立された当初の組合員は，たがいに助けあう地縁的な結合を基本にしており，連帯意識が強かった。しかし，社会・経済条件が大きく変化し，とくに近年のように

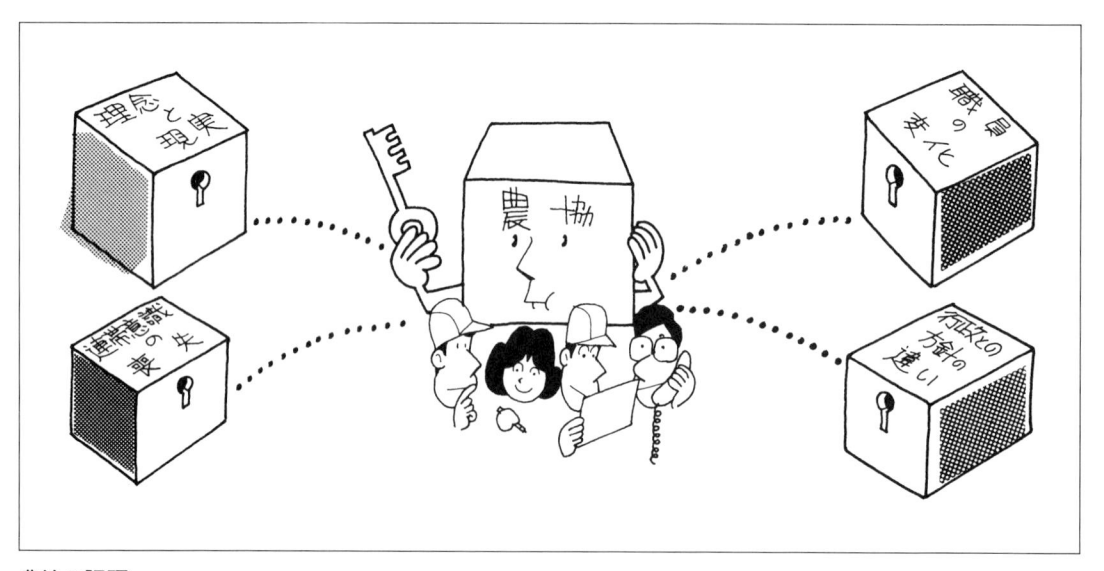

農協の課題

多くの組合員は兼業の方向にすすみ，少数の組合員が専業を志すといったようにかわってくると，組合員間の連帯意識が失われていく。そして，農協の経営活動の発展方向についても，さまざまな意見が出てきて容易にまとまらないというような事態におちいる。たとえば，専業農家の組合員は営農中心の運営方針を主張するのに対して，兼業農家の組合員は混住化社会への対応を中心にした運営方針に切りかえることを主張するといった対立が出てくる。

職員の体質の変化　農協の職員の側にも，組合員に対する奉仕機関に勤めるという観念がうすれてきている。こうした傾向は，農協の合併がすすんで大型農協になればなるほど出てくる。だがこれは，組合員の眼からみれば農協のサービス低下と映るであろう。

農協と行政の方針のちがい　農協の描く将来展望と，行政がめざす地域社会の方向（たとえば地方自治体の打ち出す地域経済の将来構想）とが，かならずしも一致しないという問題もある。たとえば，優良農地を保全し，地元の農業生産を積極的にすすめていこうとする農協の方針と，これをレジャーやリゾート用の方向で利用して経済発展をはかろうとする地方自治体の方針のちがいは，その調整がひじょうにむずかしい問題である。

やってみよう
農協の将来像について自分たちの考えをまとめてから，地域の農協の役員や職員を講師に招き，今後の方向について討論してみよう。

農協の提供する農園で野菜づくりに取り組む地域の住民

> **農協のあるべき
> すがた**

　今後の農協のあるべきすがたは，農協が発足当初にもっていた人びとをひきつける運動体としてのエネルギーを回復していくことであろう。そのために，現代では，農業者ばかりでなく，地域の住民も，さらには都市の住民までも，ひきつけていけるような農協ならではの運動理念と活動内容(たとえば，農業・農村の発展と人類的課題＜⇒p.22＞の解決をあわせて実現していくような活動)を強く打ち出していく必要がある。こうしたばあい，世界の新しい農業政策の動き（⇒p.203）に目を向けていくこともたいせつになる。

　農協は元来，そこに結集した人びとを啓発し訓練するという機能をもっているはずである。そこで，この教育的な機能を，たんなる市場対応のための技術的・経済的なことがらに限定せず，自然と人間がふれあう楽しさやすばらしさを，ひろく国民全体に伝えるために発揮させていくことがのぞまれる。

第5章 農家・農村生活の改善

プロローグ
― 海外視察からかえったおばのみやげばなし―

　昨年，農業高校を卒業して浅間町の農協の生活課に勤めているまゆみさんは，となり町で露地野菜と肉用牛の複合経営をやっているおばさんが，ヨーロッパ農業の視察研修から帰ってきたと聞いて，さっそくそのみやげばなしを聞きに訪ねた。

まゆみ　はじめての海外研修はどうでした。
おばさん　そうね，ちょうど天気がよかったし，見るもの聞くもの，何もかもはじめてで，たいへん勉強になったわね。
まゆみ　ドイツにはたしか，「天使が旅をすると，青空がほほえむ」ということばがあるそうだから，おばさんたちのグループにはだれか天使がいたのね……。
おばさん　海外に出ると，ふだん何気なしに見すごしている毎日の生活のしかたやものの考えかたを，思わず反省させられるようなことに直面することが多く，ひじょうに勉強になるわね。
まゆみ　そういうのをカルチャーショックっていうんですって。その代表的な話を聞かせて。
おばさん　そうね。いちばんおどろいたというか感動したのは，ドイツの北のほうのハンブルク近くの農村で農家を訪問したときのことだったわ。そのお宅に招かれて，手づくりのチョコレートケーキとコーヒーをごちそうになったんだけれど，その家の廊下やドアの上のところに，古い昔の農具がきれいに磨かれてアクセサリーとして飾りつけられていたの。
まゆみ　それじゃ，まるで昔の武家屋敷で鎧や槍を飾っていたのと同じような感覚ですね。
おばさん　そうねえ。牧草を集めたり運んだりするのに使ったフォークや，牛の頭につけてプラウをひかせるのに使ったような道具も飾られていて，それは，農家であることにたいする誇りをあらわしているということだったわ。
　それと，もうひとつドイツの農村が美しいのにはおどろいたわ。訪れたバイエルン州では，「農村を美しく」「農家で休暇を」といっ

たスローガンのもとに，州ごとの農村整備のコンクールがおこなわれていて，ファームステイ（農家民宿，⇒p.152）もさかんだったわね。

まゆみ　農家民宿というと，わたしの町でもスキー場のあるとなりの集落でやっているけど，おなじようなものなの。

おばさん　そうねえ，日本の農家民宿というのは，スキーや海水浴のために利用されることが多いのにたいして，ドイツでは，家畜と遊んだり農作業を体験したり，近くの川や池で泳いだりして，農村の暮らしや環境を満喫するために利用されているの。そのため，滞在者が自炊できるように台所をそなえたものが多いのには驚いたわ。

まゆみ　わたしたちの地域も，経営の規模拡大をはかったり共同出荷をすすめたりして，他の地域に負けないくらいの所得をあげられるようになってきているけど，農村環境の整備という点になるとまだまだこれからですね。

おばさん　せっかく，周囲の景色もいいんだから，それにマッチした農村環境の整備をすすめて，農村に住んでいることに誇りがもてるようにしていかないとね。

窓辺を花で飾ったファームステイの建物

1 農業経営と農家生活

1 経営改善の目標

　わたしたちが豊かな生活を送るためには，それを支える経済的な基盤が必要である。その経済的な基盤は，今日の社会ではさまざまな職業に従事することによって手に入れることができる。

　わたしたちは，農業という現代社会の重要な職業にたずさわり，農業経営を営んでいる。

　農業経営を営むということはわたしたちが生活していくうえで欠くことのできない経済活動であり職業活動であるが，農業という職業の魅力は，経済的な基盤を得るということにとどまらない。つまり，農業という職業には，豊かな自然に囲まれ，そのなかで家族といっしょに作物や家畜などの生きものを相手に仕事をしながら，自分の人間性を豊かにし，楽しく生活していくことができるという魅力がある。

　フランスのパリ盆地の農場の人たちは，自分たちのなかまを「鋤（すき）の貴族」とよぶ。ニュージーランドの農民は，冬の農閑期には北半球の夏をめがけて旅行し「農家のバカンス」を楽しんでいるという。農業経営の改善は，こういった豊かな農家生活の実現のためにこそある。

豊かな自然の中で生きものを相手にする農業の魅力

2 農家生活の特徴

経営改善の目標のなかに,生活改善という重要な課題をきちんと位置づけていくためには,まず農家の生活が都会の人びとの生活とどのようなちがいがあるかを正確につかんでおく必要がある。

そこで,表5-1を参考にしながら農家生活のきわだった特徴をあげると,つぎの4点がある。

家族が多い　まず第1に,都市の家族よりも家族数が多いという特徴がある。その差は,平均値では0.6～1人多いていどだから,かならずしも農家は大家族,都市の世帯は核家族,とはいえない。しかし,農家では,家族数が5～6人の世帯がもっとも多く,総農家数の36%,7人以上の世帯が15%を占めており,両者をあわせると約半数の農家が5～6人以上の家族である。このことは,夫婦とこどものほかに,その親の世代の人がいっしょに暮らしている,世代間のつながりが強い家族構成であることを意味している。

家族が同じ職場で働く　第2に,これらの家族が同じ職場で働くという特徴をもっている。もちろん,かつてのように家族全員,老人もこどもも総動員で農繁期の仕事をこなすという状態はみられなくなった。平均的には1～2人が自家農業に従事するていどにかわっているが,それでも親子・夫婦がそろっていっしょに仕事をしているばあいが多い。そのばあい,女性の労働が過重になる傾向がある。農家の女性は,家事労働

表5-1　農家世帯の概要と特色

	1世帯当たり家族数（人）	家族のうち自家農業に就業した者（人）	家計費（万円）	エンゲル係数（%）	〈参　考〉都市勤労者世帯の概況	
					家族数	エンゲル係数
昭和40年	5.28	1.86	65.5	36.0	4.11	36.3
45年	4.84	1.63	122.5	28.9	3.87	32.4
50年	4.56	1.41	265.0	25.9	3.80	30.6
55年	4.40	1.18	394.2	22.9	3.79	27.9
60年	4.34	1.14	470.1	21.8	3.75	25.8
平成2年	4.25	1.04	527.4	20.8	3.64	24.2

［注］　都市勤労者世帯の概況は,人口5万以上の都市の勤労者世帯（官公庁・学校・会社・工場・商店などに世帯主が雇用されている世帯をさす）の数値。
（総務庁統計局『家計調査年報』・農林水産省統計情報部『農家経済調査報告』各年次による）

と農業労働の両方をこなさなければならず，毎日の休息時間や睡眠時間が男性よりもかなり短くなっている，という調査報告もある。こうした女性の労働をいかにして軽減していくかは，農家生活を改善していくにあたってのポイントである。

高い生活水準 　第3に，農家の生活水準は一般に，都市世帯よりも高い水準を示している。それは，世帯員1人当たりの家計費の金額からみても，表5-1のエンゲル係数（→p.137）からみても，うかがうことができる。

また，表5-2によって，カラーテレビ・ＶＴＲ・ラジオカセットなどの耐久消費財の保有状況からみても，農家は都市の人びとにくらべてほとんど差のない消費生活を送っている。

表5-2　非農家と農家の耐久消費財の保有状況の比較　　　　　　（単位：％）

	非農家			農家		
	昭和45年	55年	平成元年	昭和45年	55年	平成元年
電気冷蔵庫	90.8	99.1	98.6	83.1	99.2	98.5
電気掃除機	73.8	96.2	98.5	48.3	93.5	98.5
カラーテレビ	28.6	98.3	99.2	18.1	97.6	99.6
ＶＴＲ	−	2.6	65.1	−	1.3	51.6
ラジオカセット	34.1*	63.1	75.9	18.9*	54.9	70.5
ピアノ	8.4	16.8	22.8	1.1	10.4	14.8
ルームエアコン	7.3	42.9	66.2	0.7	17.4	37.5

［注］　＊はテープレコーダーの数値である。
（経済企画庁『家計消費の動向』平成3年による）

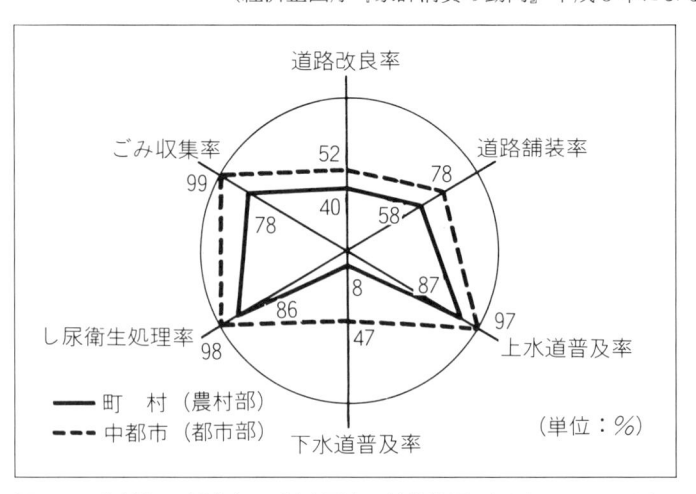

図5-1　農村部と都市部の生活環境の整備状況（平成3年3月末）
（自治省『公共施設状況調』平成3年による）

> 生活環境の整備のおくれ

第4に,生活環境の整備という点からみると,農村が都市にくらべて低い水準にあることは否定できない。とくに,下水道・し尿衛生処理・ごみ収集処理などではたちおくれがみられる(図5-1)。

　農村の生活環境の整備をすすめていくばあい,都市とことなる手法が必要になることに留意する必要がある。それは農村地域は農業生産の場と生活の場という二つの機能が一体になっているからである。たとえば,生活排水の処理は,生活環境の整備の面からだけでなく農業用水の水質保全の面からも重要になってくる。

　したがって,農村の生活環境整備にあたっては,農業生産基盤の整備(ほ場整備・農業用用水施設整備・農道整備など)との密接な関連をはかり,両者を一体的にすすめていくことがたいせつである(⇒口絵4)。

　また,医療関係や教育・情報交流などのサービスも今後の拡充がもとめられている。

参考　先進諸国のなかでの日本の生活水準

わが国の生活・文化水準を先進諸国と比較してみると,表5-3のようになっている。

表5-3　おもな先進諸国の生活水準

	調査年	住宅の所有状況(%)		施設普及率(%)		エンゲル係数(%)
		持家	借家	水道	水洗便所	
日　本	1988	61.4	37.2	94.0*	65.8	21
イギリス	1982	59.0	41.0	…	97.2	17
デンマーク	1982	54.9	43.8	98.7	94.6	22
旧西ドイツ	1982	40.1	59.9	99.2	97.1	22
フランス	1982	50.7	41.0	99.2	85.0	20
アメリカ	1983	64.7	35.3	98.4	97.6	13
カナダ	1981	63.7	36.3	99.5	98.9	17

[注]　エンゲル係数(たばこを含む)は1987年の数値。＊は1983年の数値。
(矢野恒太記念会編『'90-'91世界国勢図会』1992年,農林水産省統計情報部『国際農林水産統計』1992年による)

3 農家経済のしくみとその改善方向

農家経済のしくみ

生活改善をすすめるばあい，その経済的な基礎となる農家の収入と支出（農家経済）のしくみや実態についても知っておく必要がある。

農家の収入と支出は，経営と家計が一体となった経営体（家族経営）のなかでおこなわれていることが多い。また，農家経済には，農業経営以外の収入（農外収入）や支出（農外支出）もある[1]。

図5-2は，農家経済のしくみを模式的に示したものである。なお，ここでは，農業経営の活動の成果を，農業所得（⇒p.50）であらわしてある。

まず，農家の収入についてみてみると，農業所得に農外所得を加えたものが**農家所得**で，これに**年金・被贈等の収入**[2]が加わったものが**農家総所得**である。つぎに，支出についてみると，農家総所得から**租税公課諸負担**[3]を差し引いた残りが農家の自由になる金で**可処分所得**とよばれている。さらに，可処分所得から家計費を引いた残りが，貯蓄や経営改善のための資金などに使うことができる金で，**農家経済余剰**とよばれている。したがって，可処分所得をできるだ

(1) 農外収入から農外支出を引いたものが**農外所得**である。

(2) 年金（恩給）に祝金・香典などの被贈収入，補助金などを加えたもの。

(3) 国税・都道府県税・市町村税の租税と，社会保険負担・農業共済負担などの公課諸負担を加えたもの。

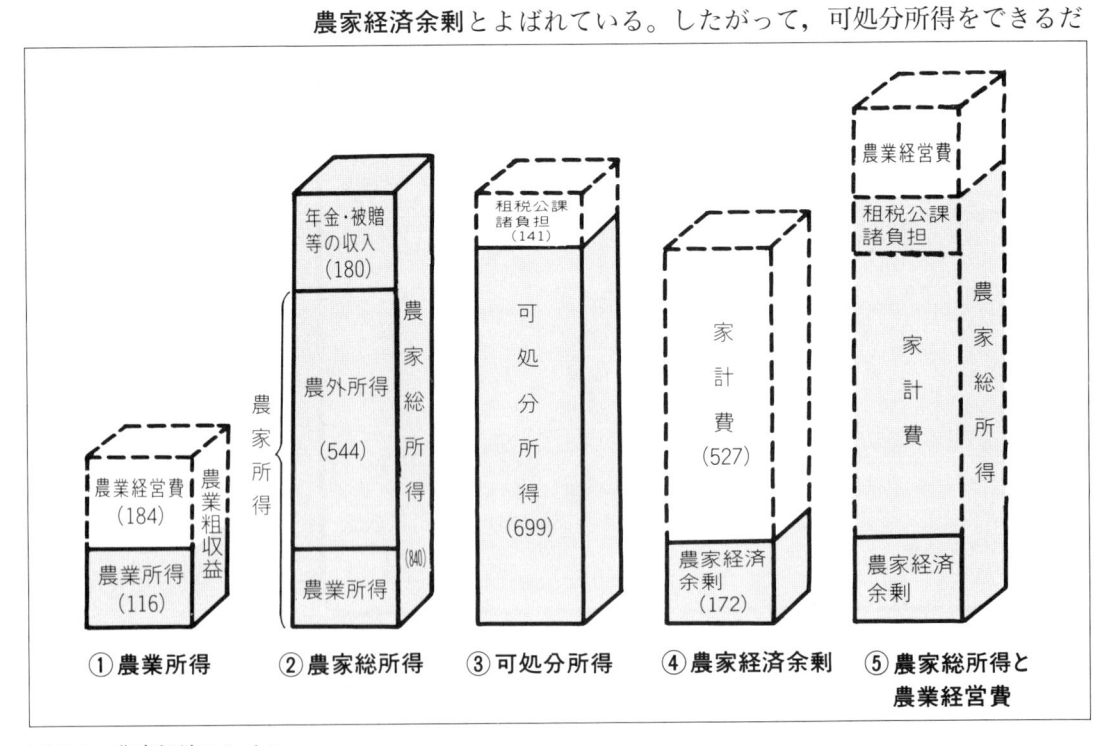

図5-2 農家経済のしくみ
［注］（ ）内の数値は『平成2年度農家経済調査報告』による全農家平均1戸当たりの数値（単位：万円）

① 農業所得：農業経営費(184)／農業所得(116)／農業粗収益
② 農家総所得：年金・被贈等の収入(180)／農外所得(544)／農業所得／農家所得／(840)
③ 可処分所得：租税公課諸負担(141)／可処分所得(699)
④ 農家経済余剰：家計費(527)／農家経済余剰(172)
⑤ 農家総所得と農業経営費：農業経営費／租税公課諸負担／家計費／農家経済余剰／農家総所得

け多くして豊かな生活を実現し，そのうえで農家経済余剰を多くすることが，農業経営の最終目標であるといえよう。

こうした関係を計算式で示すと，以下のようになる。

農業所得＋農外所得＝農家所得

5 **農家所得＋年金・被贈等の収入＝農家総所得**

農家総所得－租税公課諸負担＝可処分所得

可処分所得－家計費＝農家経済余剰

また，農家経済は，図5-2⑤のように示すこともできる。つまり，農家総所得に農業経営費を加えたものが，農家の動かしている金の
10 大部分であるが，これらの運用はひとまとめにしておこなわれることも多い。経営と家計が一体になっているというのは，経済的にはこうした点をさしているが，このため，家計費がふくらみすぎたため，農業経営費を縮小せざるをえないといった事態も生まれてくる[1]。

農家経済の安定・発展のためには，農業経営費を無計画に家計費
15 にふり向けたり，逆に家計費を犠牲にして農業経営費を拡大したりしないで，経営と家計をはっきり区別して，それぞれを計画的に運営していくことがたいせつである。

(1) 経営費を借入金でまかない，負債をかかえこむ例がみられる。

◯**やってみよう**

図5-3から自分の地域の収入と支出にどのような特徴があるかまとめ，その理由を考えてみよう。

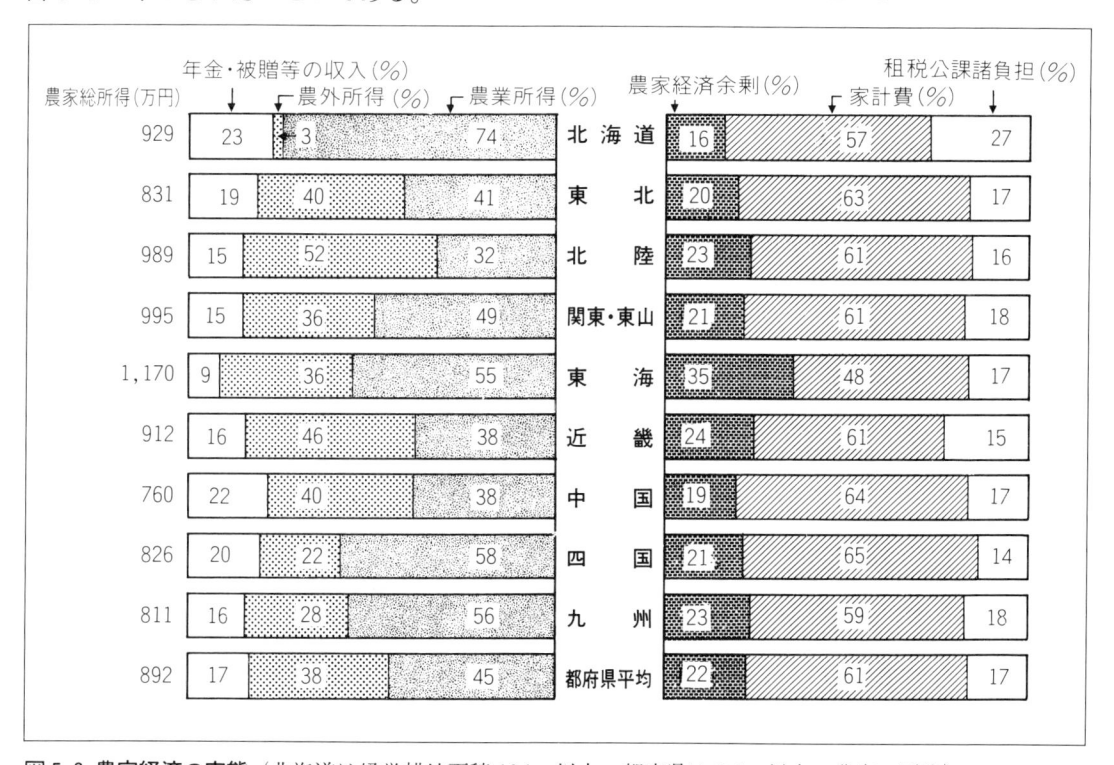

農家総所得(万円)	年金・被贈等の収入(%)	農外所得(%)	農業所得(%)	地域	農家経済余剰(%)	家計費(%)	租税公課諸負担(%)
929	23	3	74	北海道	16	57	27
831	19	40	41	東北	20	63	17
989	15	52	32	北陸	23	61	16
995	15	36	49	関東・東山	21	61	18
1,170	9	36	55	東海	35	48	17
912	16	46	38	近畿	24	61	15
760	22	40	38	中国	19	64	17
826	20	22	58	四国	21	65	14
811	16	28	56	九州	23	59	18
892	17	38	45	都府県平均	22	61	17

図5-3 農家経済の実態（北海道は経営耕地面積10 ha以上，都府県は2 ha以上の農家の平均）
（農林水産省統計情報部『平成2年度農家経済調査報告』平成4年による）

農家経済の実態

→p.141 図5-3は、比較的経営耕地面積がひろい農家の収入と支出の内訳を地域別にみたものである。まず、収入についてみると、地域の農業形態や産業構造などのちがいによる地域差がかなりみられるが、とくに北海道や四国・九州では農業所得が大きな割合を占めている。また、年金・被贈等の収入もかなりの割合を占めていることがわかる。

つぎに、支出についてみると、地域差はさほどみられず、50〜60％が家計費にまわされている。租税公課諸負担はほとんどの地域で15％を超えるまでになっている[1]。

農家経済の改善方向

まず、収入をいかに多くするかが問題となるが、農業所得についてはすでに学んだので、ここではそれ以外の収入についてみてみよう。

農外所得の大半は、兼業所得が占めているが、兼業するばあい、農業経営にとってプラスとなるような職種を選ぶことも検討する必要があろう[2]。いっぽう、年金・被贈等の収入も無視できない。家族周期（⇒p.165）を考えて、適正な金額を年金・保険などにまわしていくことが必要であろう。

つぎに、支出をいかに合理的に計画的におこなうかが問題となる。まず、租税公課諸負担は国民として当然負わなければならない義務である。しかし、その年の所得や経営費などを自分で計算して申告するようにすると、税負担を軽減することができるばあいが多い。所得にかかる税額の算出・申告方式には、①納税者みずから収支・税額計算して申告する収支計算方式と、②面積や収入金に対して標準的な税額がかかる標準方式とがある。前者には必要経費や専従者控除を自分で計算して差し引くことができるという利点があり、とくに青色申告にはさまざまな特典がある。また、都市化のすすんだ地域などでは相続税に対するそなえも欠かせない。

なお、家計費についてはあとでくわしくみるが、可処分所得がこれまでのように急速に伸びつづけることは予想できにくいこと、貯蓄など将来へのそなえが欠かせないこと、などを考えれば、低い家計費の伸びのなかでも、農家でなければできないような豊かな生活を実現していくくふうを積み重ねることが必要であろう。

---

(1) 昭和50年(1975)ころまでは全農家平均で10％ていどであった。

(2) 農業生産にもいかせる技術や資格を取得して、農作業のひまなときに短期間有利な稼ぎに出るとか、将来の規模拡大に向けて資金をたくわえるために農閑期に数年間稼ぎに出る、といった方向は、農業経営にとってもプラスになろう。

2　農家生活の改善

1　もとめられる発想の転換

生活態度の改善を優先させる

　生活改善をすすめるためには，まず家族がいっしょに食事をしたり，その日のできごとや，各自の計画を語りあったりする時間がじゅうぶんにとれるような生活のしかたを家族全員が協力してつくりあげていく必要がある[1]。

　そのためには，①女性の農業労働の負担を軽減する，②家事労働を家族が分担する，ことがとくにたいせつである。もし，農作業がいそがしくてとてもそんなことはできないという家族があるとしたら，まず，かえなければならないのは，農作業がいそがしくなってしまう仕事のすすめかたなのである。

　仕事を能率的にすすめるには，①仕事の時間を決めてその範囲内で完了する，②そのために効果的な作業方法をくふうする，③仕事の分担を計画的にする，といった改善が必要になる。

　従来は，とにかく朝はやくから夜おそくまで働くのが美徳と考える傾向があった。しかし，そのような長時間労働は長続きしないし，

[1]　西欧では市民としての生活の条件として，①家族とともになごやかな時間をすごすこと，②職場では専門家として契約どおりの仕事の実現に最善の努力をすること，③地域の住民として隣人のために協力すること，という三つのことをきちんとしなければいけないという考えかたがある。従来の日本の農村で欠けていたのは，①の点であろう。これから国際化がどんどんすすむとしたら，こういった国際的な市民社会の常識をわすれるわけにはいかない。

生活改善をすすめるにあたってもとめられる発想の転換

仕事への集中力も散漫になる。したがって、「きょうはこれだけの仕事を何時までにやる、そのためにこういう分担でがんばろう」といった仕事のすすめかたのほうが能率的である。

> **消費生活の計画化**

つぎに、消費財の購入をはじめとする消費生活を、もっと計画的におこなうことがたいせつである。まわりの人たちの生活水準より低いのではないかといった劣等感をもち、きちんとした計画なしに家財道具や生活物資を買ったりする傾向がないだろうか。

生活面の経済的な無理・無駄・無計画によって家計費がふえると、当然、農業経営のほうでも無理をして収益をあげなければならなくなる。経営面で無理をすると、収益そのものが不安定になるばかりでなく、家族の労働面での無理につながっていく。そして、その無理が、家族のなかに病気をもち込んだり、不和をもち込んだりする原因ともなりかねない。

この悪循環の源は消費生活のまずさにある。その意味でも、計画的な消費生活への改善に心がけることがたいせつである。

> **地域住民の総意を結集する**

また、農村の生活環境を整備するには、地域の非農家の人びととの協力も重要である。近年は農村のよさをみなおす非農家の人びとがふえてきており、農村の生活環境をよりよくしたいという気持ちは、農業にたずさわる人だけのものではなくなってきている。したがって、農村の生活環境に関心をもつ地域住民の総意を結集して、生活環境の整備をすすめていくこともたいせつである。

このような交流を通じて、たがいが農村のよさをあらためて認識し、農村の生活・文化水準をさらに高めていくために、農家生活と農業経営の改善方向を語りあい相談しあうことがもとめられている。

2 農作業の実態と生活の改善

生活改善の内容は，①農作業や労働環境に関すること，②食生活や健康に関すること，③農家経済や消費生活に関すること，④農村の生活環境に関すること，⑤家族関係に関すること，などじつに多様であるが，これらは密接に関連していることが多い。

たとえば，大規模な野菜産地で農閑期になると病院通いの人が多いといった状況があるとすれば，このばあいにまず改善すべき点は，農繁期の農作業のありかたであろう。同時に，毎日の食生活も改善しなければならないであろう。

ここでは，農作業や食生活の改善例についてみてみよう。

労働状況の調査　図5-4は，茶栽培農家で主婦の茶摘みの作業がどのような労働負担になっているかを調査した結果を示したものである。作業の種類によって労働強度にかなりのばらつきがみられるが，茶袋をトラックに積み込む作業のエネルギー消費がもっとも高い。労働強度は，ふつう**エネルギー代謝率（RMR）**で示され，RMRは，基礎代謝量[1]：B，労働時代謝量：W，安静時代謝量：Rとすると，(W－R)/Bで計算される。

この図に示される約3時間のRMRは，平均2.53，消費エネルギーは1,401kcal（1日8時間労働とすると1日の消費エネルギーは3,736

[1] 安静状態でも内臓器官は生理機能を営んでおり，エネルギーが消費されている。このような生命維持のために必要な最低のエネルギー量を基礎代謝量という。

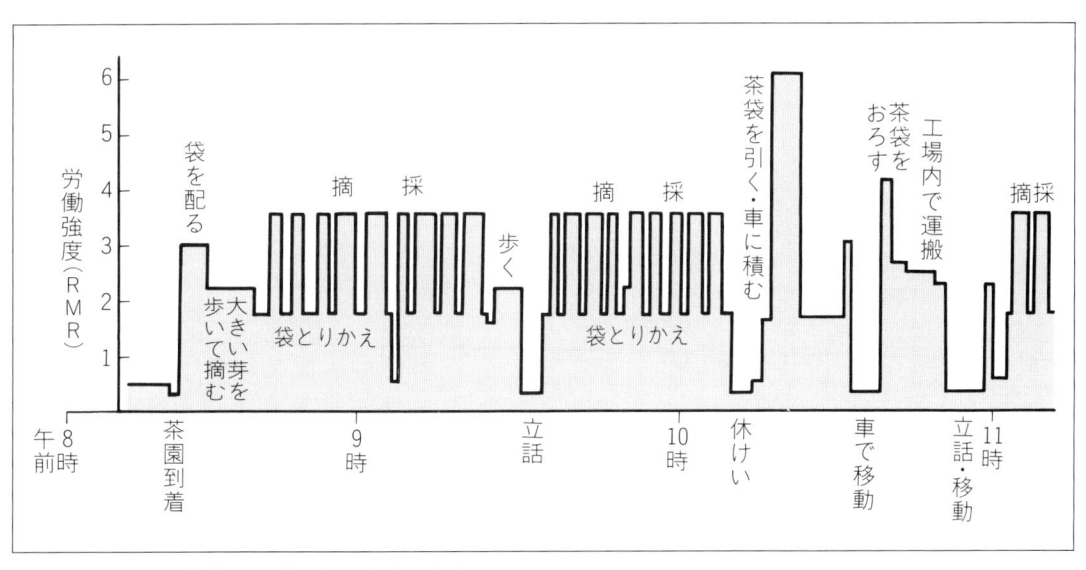

図5-4　時間別・作業種類別の労働強度の変化
［注］　専業農家（イネ＋茶）の主婦の調査結果
（日本農村生活研究会西日本支部編『農家生活生産の再結合』昭和58年による）

kcal)であった。通常の労働に従事したときの1日の標準消費エネルギーは50歳代の女性で1,800kcalとされているから、かなりの重労働になっていることがわかる。

同様にして、2戸の野菜農家のハクサイ収穫時期における1日24時間（1,440分）の労働状況を夫婦別々に調べた例が表5-4である。RMRが高い値を示す力仕事は、夫のほうが多くなっているが、妻のほうは家事作業の時間がかなり多く、消費エネルギーもふつうの労働状態よりも20～30%近くよぶんに消耗していることになる。

したがって、健康を保つうえでは、農繁期の体力の消耗（消費エネルギー）を正確にとらえ、それを補充するエネルギーならびに栄養分の補給をきちんとおこなうことが、ぜひとも必要となる。そのためには、食事のエネルギー計算やPFCバランス（タンパク質・脂肪・炭水化物のバランス）の計算は、農作業がいそがしいときにも欠かすことができない。そういっためどをはっきりさせるためにも、生活改良普及員や保健婦などの協力のもとに、例に示したような労働状況を科学的に調査しておくことがたいせつである。

表5-4 ハクサイ収穫時の労働状況

生活内容		RMR	A家族				B家族			
			夫48歳		妻42歳		夫36歳		妻32歳	
			時間(分)	kcal	時間(分)	kcal	時間(分)	kcal	時間(分)	kcal
農作業	作業準備	1.5	5	13.5	5	10.8	6	16.2	6	13.0
	畑への往復(自動車)	0.5	8	13.6	8	10.9	9	15.3	9	12.2
	収穫(根切り・葉取り)	2.2	157	533.8	170	462.4	149	506.6	122	331.8
	畑での運搬	2.0	14	44.8	13	33.3	16	51.2	7	17.9
	袋詰め(秤量・テープかけ)	2.1	169	557.7	157	414.5	140	462.0	125	330.0
	トラック積下し	3.2	10	44.0	8	28.2	25	110.0	20	70.4
	作業あとかたづけ	1.5	10	27.0	15	32.4	25	67.5	42	90.7
	休息(座って)	0.2	12	16.8	12	13.4	60	84.0	57	63.8
	食事と食後の休けい	0.4	95	152.0	92	117.8	50	80.0	48	61.4
	計	―	480	1,403.2	480	1,123.7	480	1,392.8	436	991.2
家事作業		1.5	―	―	250	540.0	―	―	330	712.8
睡眠		-10%B	540	486.0	480	345.6	510	459.0	481	346.3
身のまわり、その他		0.6	180	324.0	60	86.4	214	385.2	93	133.9
余暇、その他		0.5	240	408.0	170	231.2	236	401.2	100	136.0
1日計		―	1,440	2,621	1,440	2,327	1,440	2,638	1,440	2,320

［注］ 基礎代謝は夫 毎分1.0kcal、妻 0.8kcal。-10%Bは基礎代謝の10%減をさす。

（日本農作業研究会編『農作業便覧』昭和50年による）

> 健康診断による
> 作業改善

　図5-5は，イチゴ栽培がふえた集落で，イチゴ生産組合のメンバーが中心になっておこなった集落全員の健康診断の結果である。慢性の病気も多いから，健康異常のすべてがイチゴ栽培だけの結果であるとはいえないが，この集落でのイチゴ栽培は，健康を犠牲にした営農活動だといえる。

　この調査の結果をみて，イチゴ生産組合の人たちは「なんともいえないはずかしさを覚えました。その原因は，みんなが知りすぎるほど知っていたのです」と率直に反省して，さっそく，作型と作付け面積の改善に着手したという。このように，健康診断の結果に対しては，率直かつ迅速に対応していくことがたいせつである。

3 家計費の実態とその改善方向

→p.148
　図5-6は，農家世帯の家計費の内訳がどのようになっているかをみたものである。家計費の費目を，①飲食費，②住宅費・被服費・家具費など，③その他の費目に大きく分けてみると，①と②はそれぞれ約20〜25％ずつを占め，残り約50〜60％は③で占められている。

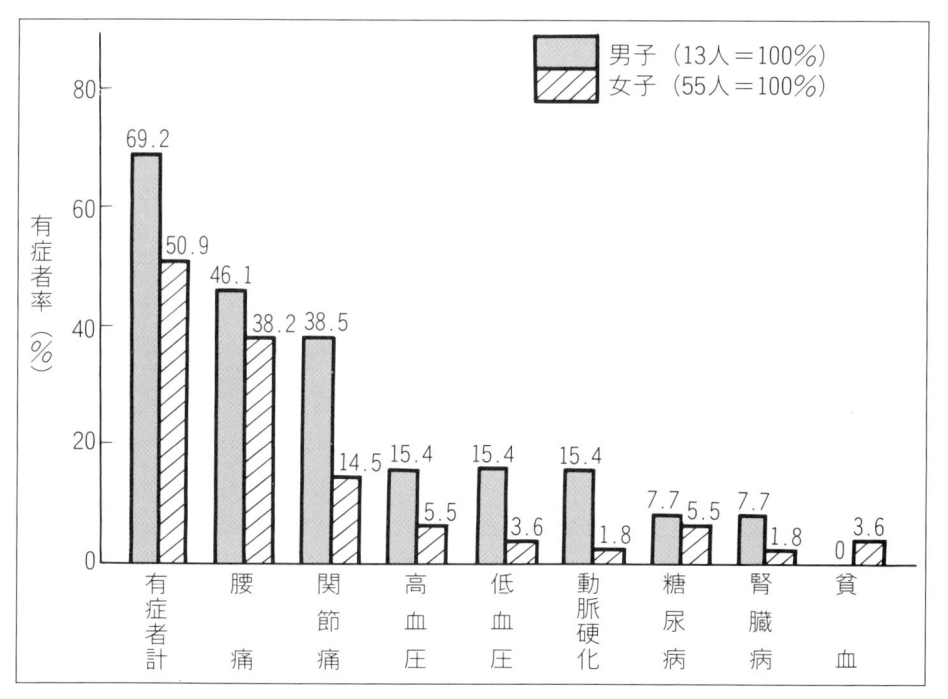

図5-5　ある農業集落（イチゴ生産組合員を含む）の健康検診結果
　　　（日本農村生活研究会西日本支部編『地域づくりと生活理念』昭和53年による）

(1) 全農家平均では11%（専業6%、第1種兼業13%、第2種兼業12%）となっている。

この傾向は都市の勤労者世帯にも共通する。これを専業・兼業別にみると、とくに兼業農家ではこづかい・諸会合費・雑費の占める割合が高く、専業農家では贈答・送金の占める割合が高いことが注目される。

飲食費では、外食費の占める割合がその10%[1]を超え、調理済み食品の割合がふえている。農業経営の改善によって女性の農業労働の低減などをはかりながら、さらに自家農産物の生産・加工に努める必要があるだろう。食品の購入にあたっては、食品表示に目をとおして食品添加物を点検したり、家事用品などは周辺の環境に悪影響をあたえないものを選択したりすることもたいせつである。生活資材は、生産資材の調達と同じように、品質のよいものをサービスの行き届いたところから購入することがたいせつである。

(2) 家族のなかに下宿している高校生や大学生がいると送金がふえ、家族のだれかが集落や農業団体の役員などについていると、こづかい・諸会合費がふえることが予想される。

③の費目は、その世帯の構成員の年齢や家族周期、地域の生活習慣などによってことなってくる[2]。必要な時期にはじゅうぶんに使い、節約できる時期には浪費をいましめるといった生活態度がもとめられる。

やってみよう

専業・兼業によって家計費の内訳にちがいが出てくる理由を考えてみよう。また、自分の家の実態と比較してみよう。

4 農家経済の診断

農家経済を合理的に運営・改善していくためには、農業経営の改善と同じように、その実態をつかんで診断することがたいせつであ

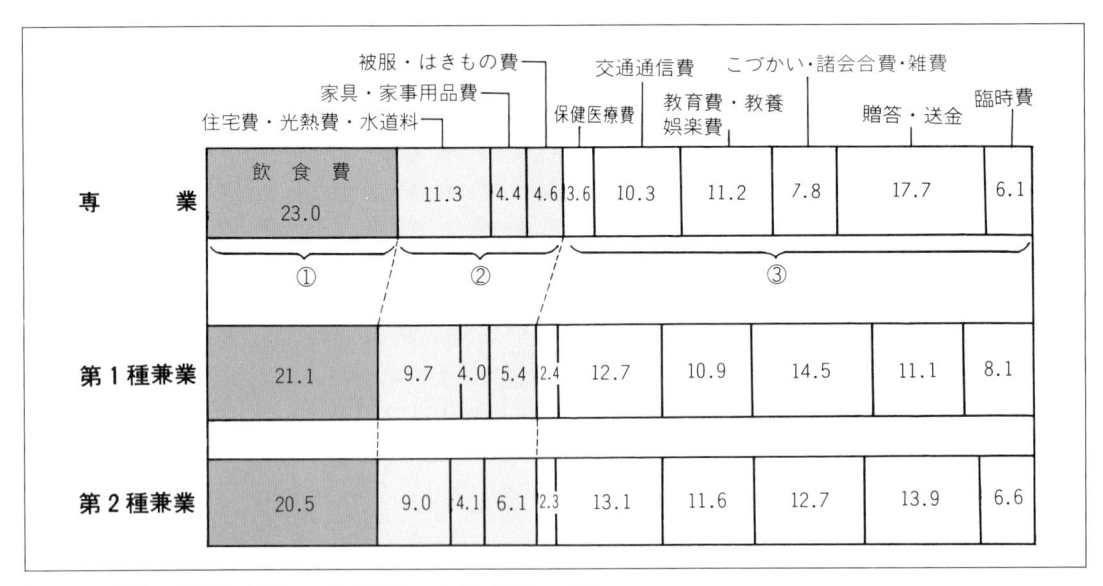

	飲食費	住宅費・光熱費・水道料	被服・はきもの費	家具・家事用品費	保健医療費	交通通信費	教育費・教養娯楽費	こづかい・諸会合費・雑費	贈答・送金	臨時費
専業	23.0	11.3	4.4	4.6	3.6	10.3	11.2	7.8	17.7	6.1
	①	②			③					
第1種兼業	21.1	9.7	4.0	5.4	2.4	12.7	10.9	14.5	11.1	8.1
第2種兼業	20.5	9.0	4.1	6.1	2.3	13.1	11.6	12.7	13.9	6.6

図5-6 専業・兼業農家別にみた家計費の内訳（単位：%）
（農林水産省統計情報部『平成2年度農家経済調査・農家生計費統計』平成4年による）

る。ここでは，農家経済調査での分析指標を紹介してみよう。

$$\text{世帯員1人当たりの可処分所得}(円) = \frac{\text{可処分所得}}{\text{年間月別平均世帯員数}}$$

$$\text{世帯員1人当たりの家計費}(円) = \frac{\text{家計費}}{\text{年間月別平均世帯員数}}$$

$$\text{平均消費性向}(\%) = \frac{\text{家計費}}{\text{可処分所得}} \times 100$$

$$\text{エンゲル係数}(\%) = \frac{\text{飲食費}}{\text{家計費}} \times 100$$

$$\text{雑費比率}(\%) = \frac{\text{雑費}^{(1)}}{\text{家計費}} \times 100$$

これらの分析指標は，同じ地域内や所得の規模が似た経営と比較してみると，分析対象の農家経済の特徴をおおまかにつかむことができる。表5-5に，可処分所得別・地域別の値を示した。一般に世帯員1人当たりの可処分所得や家計費は多ければ多いほど，平均消費性向やエンゲル係数は低ければ低いほど，また雑費比率は高ければ高いほど，経済的な生活水準が高いとされている。しかし，これらの分析指標は，消費生活の基本的パターンや生活文化がほぼ共通であることを前提としているので，それらが大きくことなる地域間などでの比較の際には，じゅうぶんに注意しなければならない。

(1) ここでいう雑費とは，図5-6の③の費目と同じである。

●やってみよう●

自分の地域の分析値と全国の分析値をレーダーグラフ(⇒ p.64)に示して，今後の生活改善の方向を考えてみよう。

表5-5 可処分所得別・農業地域別の農家経済の分析例

可処分所得による区分	1人当たり可処分所得(万円)	1人当たり家計費(万円)	平均消費性向(%)	エンゲル係数(%)	雑費比率(%)	農業地域による区分	1人当たり可処分所得(万円)	1人当たり家計費(万円)	平均消費性向(%)	エンゲル係数(%)	雑費比率(%)
平　　均	164	124	75.5	20.8	59.8	全　　国	164	124	75.5	20.8	59.8
210万円未満	29	99	344.1	25.0	52.9	北 海 道	128	111	86.3	21.2	57.1
210 ～ 290	92	100	108.7	25.7	52.9	東　　北	141	105	74.6	22.9	57.9
290 ～ 330	114	104	91.5	26.1	52.4	北　　陸	167	129	76.7	20.5	60.0
330 ～ 370	113	108	95.1	24.3	56.0	北 関 東	160	124	77.4	20.6	61.2
370 ～ 410	126	117	92.5	23.7	54.8	南 関 東	159	128	80.6	20.1	61.1
410 ～ 450	119	113	94.3	22.6	56.5	東　　山	194	147	75.9	19.5	61.5
450 ～ 500	124	105	84.8	24.0	55.7	東　　海	177	127	71.6	20.2	60.1
500 ～ 550	135	113	83.8	22.4	57.6	近　　畿	194	146	75.1	20.1	58.6
550 ～ 600	137	108	78.6	22.8	57.6	山　　陰	145	109	75.2	22.6	56.3
600 ～ 700	147	113	77.0	22.0	59.4	山　　陽	189	139	73.4	20.4	60.5
700 ～ 800	158	121	76.8	20.5	60.2	四　　国	175	128	73.2	21.2	58.8
800 ～ 900	169	126	74.4	20.4	60.4	九　　州	147	115	77.7	21.0	60.7
900万円以上	229	147	64.1	18.3	62.9	沖　　縄	122	103	84.3	24.2	58.2

(図5-6と同じ資料による)

3 農村の生活文化の向上のために

1 農村環境の整備

農村環境の重要性

　これからの農村生活の改善を考えるばあい，農村環境の整備が重要である。それは，農村環境は，農家の経済活動だけでなく，教育・文化活動，娯楽など，人間としての多面的な活動全体の基盤となっているからである。たとえば，農家の住宅は，家族が生活をともにする場であるとともに，こどもたちが育つ場でもあり，地域のなかまが集う場でもある。地域の公民館をはじめとするさまざまな施設は，地域の人びとが集い，生活改善や地域づくりの夢を語りあったりレクレーションを楽しんだりする場である。また，農道は，地域の住民が情報交換したり，こどもたちが遊んだりする場でもある。そして，これらは農村の景観をかたちづくり，その保全は国民的な課題にもなっている。

　これまでは，農村の整備をすすめるばあい，こうした観点からの取組みがじゅうぶんではなかったため，これがとくに若い後継者の定着や，若者や女性のいきいきとした活動をさまたげる原因の一つになってきたとも考えられる。ここでは，農村環境の整備を軸にして豊かな家庭生活の創造や新たな地域づくりに取り組んでいる例を紹介してみよう。

やってみよう
　農村のなかで，農家の住宅，公共施設，農道・水路などが，生活面で果たしている役割をまとめてみよう。

農村の景観にも配慮した石張りの水路

3 農村の生活文化の向上のために

住宅の改善の方向

　農家の住宅の改善というと，多額の資金をつぎ込んで近所に負けないような立派なものにしないといけない，といった考えかたが今日でもある。しかし，いざ立派な住宅ができてみると，日常の生活をすすめるうえでは不便であったり，その維持・管理が負担になったり，家族のプライバシーが守れないといった不満が出ることも少なくない。

　ある農業後継者は，結婚するにあたり，倉庫だった建物をトイレも台所も風呂もついている住宅にひじょうに安く改造した。そして，2人で応接セット・じゅうたん・ステレオと家財道具をそろえていった。この住宅の改造によって，若夫婦も両親もおたがいに気兼ねがなくなった。さらに，この住宅は，夫婦のなかまが自由に集う場となり，こどもができて学校へ通うようになると，こどもの友だちが立ち寄って遊べる場ともなった。

　これからの農家の住居の整備にあたっては，家族がたがいの立場やプライバシーを認めあいながら，家族としてのまとまりや協力が維持され，さらにはなかまづくりや子育てをスムーズにすすめることができるような居住空間をつくり出していくことがもとめられているといえよう。

農道や水路の整備方向

　農道や水路の整備において，最近では，農道の整備はアスファルト舗装，水路の整備はコンクリートの3面張り，といったものばかり

コンクリートで三面張りされた水路

ではなくなってきた。たとえば，農道はアスファルト舗装にしないで，水路は自然石を組んで小石を敷き，農道や水路沿いには木や花を植えるといった整備をすすめる事例が各地でみられるようになっている。こうした取組みは，農家の生産活動に活力をあたえるとともに，混住化がすすむなかで情報交換の機会が少なくなりがちな農家と非農家の間の相互理解を深めるといった役割もはたしている。

ある集落では，こうした農村環境の整備に取り組んだ結果，農家は毎日水田にいくのが楽しくなり，地域の非農家や老人とのつきあいも深まり，こどもたちは水路で魚釣りを楽しめるようになっている。さらに，ホタルが舞う水路の用水でつくった米を「ホタル米」とネーミングして売り出そうとか，農道のそばに憩いの場をつくろうとか，というような夢もひろがっている。

つまり，農道や水路は生産の基盤としてだけでなく，豊かな農村生活にとっても欠かせない基盤であり，さらにうるおいのある農村景観をかたちづくる重要な役割もになっているのである。こうした点に着目して，世界に自慢できる農村環境をつくっていくことによって，都市との交流も深まり，さらには海外からも利用者が訪れるファームステイ[1]（農家民宿）といった取組みにもつながっていく。

(1) ドイツのバイエルン州では1960年代からファームステイの取組みがはじまり，現在約1万戸のファームステイがある。ファームステイには動物（家畜）がいる，自然環境がよい，こどもの遊び場がある，安い，といったよさがあり，国内はもとよりオランダ，フランスなどからも客が訪れ，バカンスの時期（7～9月）を中心に一定期間滞在して農村生活を満喫している（→口絵4）。

やってみよう

生産面と生活面，さらには景観からみたばあい，これからのほ場整備や農道・水路整備などのすすめかたはどうあるべきか，話し合ってみよう。

整備された石組みの水路で遊ぶこどもたち

2 農家生活の改善計画

長期の改善計画　生活改善の必要性はわかっていても、事態がさほど深刻でないときには、1日のばし2日のばしになってしまうことがある。これは、そのうちになんとかなるだろうという安易な考えによることもあるが、もう一つは、改善目標が「豊かな食生活」「家族の健康づくり」といったように抽象的で、明確な数値で表現できないことが多いからでもある。

したがって、生活改善には、第1次5か年計画とか第2次3か年計画というように期間を区切って、その期間内に実現できるような具体的な改善目標を定めて実施していくことが、とくに必要である。

そして、まず生活改善にさいして、①必要となる経営改善の方向を吟味し、②それにあわせて経営計画を立て、③この経営計画に整合するように日々の生活改善の目標をセットする、というように二段構え、三段構えの改善計画をもつことがたいせつである。

そして、計画を立てたら、その基本姿勢をつらぬき、途中で安易に計画をかえない、ということもたいせつである。

各家庭独自の改善計画　それぞれの家庭には、独自の家族周期（⇒p.165）があり、それにそって経営の改善も、生活の改善もすすめていかなければならない。

その意味では、あまり、まわりの農家の生活様式をまねしたり都会の流行をおったりすることは危険である。

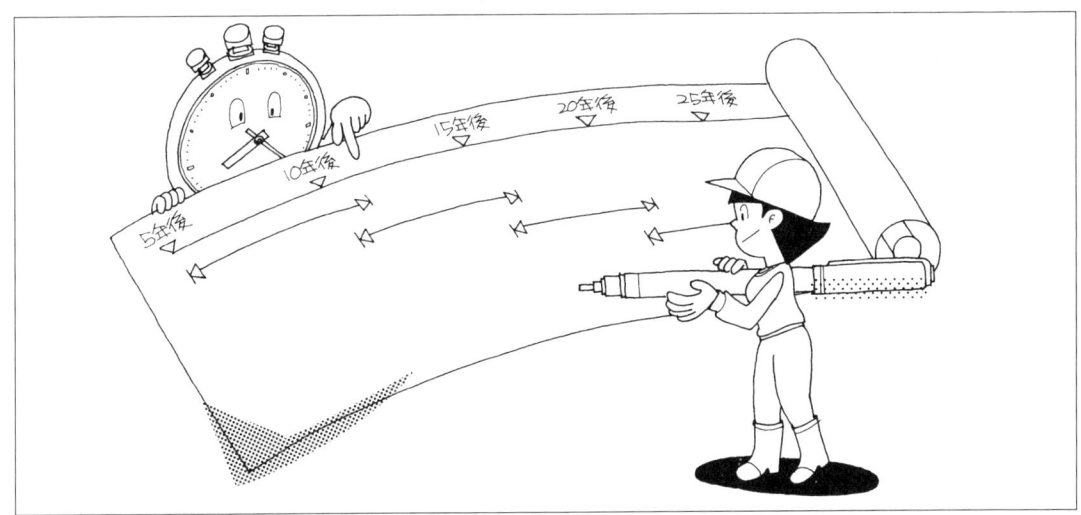

生活改善に必要な長期の改善計画

とくに，耐久消費財の購入や住宅の改築などにあたっては，どういうかたちでいつおこなうかを各家庭の条件をふまえてじゅうぶんに検討し，各家庭独自に計画を立てて一つひとつ着実に取り組んでいく必要がある。

そうすれば，不必要に劣等意識をもつこともないし，家計費がふくらみすぎて経営を圧迫するといったこともなくなるにちがいない。

地域全体の改善計画 生活改善の活動範囲やそのテーマは，個々の家庭や特定のテーマだけに限定されてしまうばあいがある。しかし，生活改善の課題は，農業経営や農家経済，さらには地域社会などとも密接にかかわっている。したがって，その活動の範囲やテーマをいっそうひろげていく必要がある。

そして，地域の人たちが多様な経験や知識をもち寄って交流しあいながら，息の長い活動をつづけていくことによって，そこに地域独自の生活文化（地域の生活習慣や行事，衣食住のうえでのくふうや地域のもつ教育的な機能など）が形成されることになる。

もちろん，こういった生活文化は，一朝一夕にできあがるものではないし，あらかじめ，こういう生活文化をつくろうといってもできるものではない。きのうよりもきょう，去年よりも今年，というように一歩一歩，生活改善をすすめていくなかで積み上げられていく，いわば樹木の成長にしたがってきざまれていく年輪のようなものである。

地域の生活文化としてひきつがれる年中行事（秋祭り）

第6章 経営・生活の改善と集団活動

プロローグ
——農業高校の生徒会が呼びかけた共同作業——

　九重町は，県境の峠からのながめが雄大で美しいので，近年は四季折々にドライブに訪れる人がふえてきている。そのため，町の中央を通る国道の交通量が多くなり，車窓から道ばたや田畑に投げ捨てられるごみの量が多くなってきた。そこで，この地区にある農業高校の生徒会がよびかけて，毎月第1・第3日曜日の朝8時から地区の住民全体で国道沿いの清掃をおこなうことになった。農業高校に通っている健一君も，実行組合長をしているとなりのおじさんといっしょに参加した。

健一　クラブ活動がないときは，なるべくこの作業に出るようにしているのだけれど，あいかわらず空きかんだらけでいやになってしまうね。これじゃ，農作業にも支障が出るだろうし……。
　自動車で走っているときには，そこに住んでいる人のことは忘れてしまって，つい窓からぽいと捨ててしまうんだろうか。
実行組合長　そうでもなさそうだよ。ごみの多い場所は決まっているから，ごみがたまっているところがあると，そこに安心して捨てていくのじゃないかな。そうだとすれば，当面，わが地区を，ごみを捨てるのがためらわれるくらい美しくするしかないね。
健一　「みんなで捨てればこわくない」という感覚ですかね。
実行組合長　みんなでいっしょに行動するというのは，やはりいいことをするばあいにだけにしたいものだね。
——そこへ，となりの地区に住むおばさんが通りかかった。
おばさん　やあ，ご苦労さん。元気かね。
実行組合長　野菜の収穫作業が一段落したので，勤労奉仕に出てきたところさ。
おばさん　勤労奉仕だなんて，そんな昔ふうのことばを使ったら，健一君がびっくりしてしまうんじゃないかね。
健一　いやー。そのていどのことなら，だいたいけんとうがつくよ。集落の人が，1戸から1人ずつとか，2人ずつ参加して，集落のための共同作業をおこなうことでしょう。

実行組合長 そのとおり。むかしはこんな立派な舗装道路や用水路はなかったから，雨水で掘れたところに砂利を入れて補修したり，用水路の雑草を刈ったりするのも，集落総出でやったものだ。作業が終わったあとの慰労会は，集落の将来について話し合ったり，農業技術の情報交換をしたりする場でもあったんだよ。

おばさん 小さな橋のかけかえや共同施設の修理なんかも，実行組合長さんたちが先頭にたってやっていたね。

実行組合長 ああ，あのころは若かったし，地域でできることは，みんなで力をあわせてやったものだ。

むかしばなしになってしまったけど，最近では，地区の将来を考えて，農作業の共同化や農産物加工施設の共同利用をおこなう農事組合法人（⇒p.173）をつくろうかと話し合っているところなんだよ。

健一 時代はかわっても，農業経営の改善をすすめていくうえで，集団活動はかかせないものなんですね。

総出で遊歩道の整備に取り組む地域の住民

1 農家を取り巻く社会環境

1 急速にかわりつつある農業集落

　農家を取り巻く社会環境は，近年，急速に変化してきている。ここでは，それを農家の生活の場であり，生産の場ともなっている農業集落についてみてみよう。

すすむ混住化と過疎化　全国にはおよそ14万にのぼる農業集落があるが，近年，都市への人口集中の影響が周辺の農村にまでおよんできて，多くの農業集落が大きく変化してきた。たとえば，図6-1によって1集落当たりの平均戸数をみると農家数がしだいに減少している反面，非農家数が急速

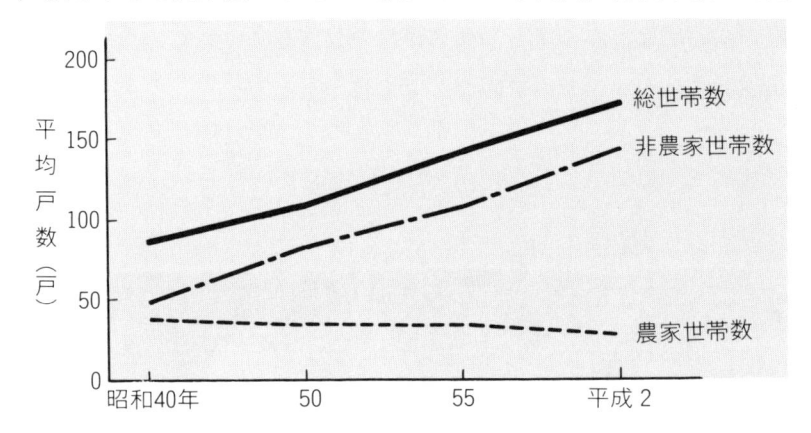

図6-1　農業集落当たりの平均戸数の変化
（農林水産省統計情報部『農林業センサス農業集落調査』各年次による）

表6-1　農業集落の構成変化　　　　　　　　　　（単位：％）

		昭和40年	昭和50年	昭和55年	平成2年
農家率別	10％未満	2.9	6.8	10.1	15.2
	10～30％	8.3	11.4	13.2	16.4
	30～50％	9.7	11.0	12.1	15.7
	50～80％	29.3	28.5	29.4	33.0
	80％以上	49.7	42.2	35.2	19.7
農家数規模別	9戸以下	3.6	7.8	9.7	15.7
	10～29戸	45.3	46.7	48.2	52.3
	30～49戸	28.7	26.2	24.5	20.2
	50～99戸	18.1	15.8	14.5	10.2
	100戸以上	4.3	3.5	3.1	1.6

（図6-1と同じ資料による）

にふえてきて，集落全体の戸数が急増しつつあることがわかる。

つぎに，表6-1によって農業集落のなかでの農家の占める割合(農家率)をみても，農家率が80％以上の純農業集落は，この20～30年間に約50％から約20％へといちじるしくへっている。その反面，農家率が30％以下の混住化がすすんだ農業集落は，約10％から約30％へと急激にふえている。また，一つの農業集落の農家数についてみると，それが9戸以下にへってしまった集落がふえている。こうした農業集落のうち，山村地帯などでは，過疎化に直面している。

農業集落の可能性　農業集落というと，かつては村じゅうがなんらかの血縁つづきで占められていて，ときには閉鎖的な社会をイメージさせてきた。しかし，近年は多くの集落で混住化がすすみ，古いしきたりや取決めもしだいにうすれつつある。また，交通条件が改善されて，人口集中地区へ行くのに要する時間が短縮された集落が大はばにふえてきている（図6-2）。つまり，農村と都市とのあいだの生活環境面での格差は，急速に縮小しつつあるといえる。

したがって，今日の多くの農業集落は，いっぽうで新しい都市的なセンスをとり入れながら，他方では過密に悩む都市とはちがった豊かな自然環境のもとで生活しつつ，生産活動をおこなうことができる場となっていると考えることができる。

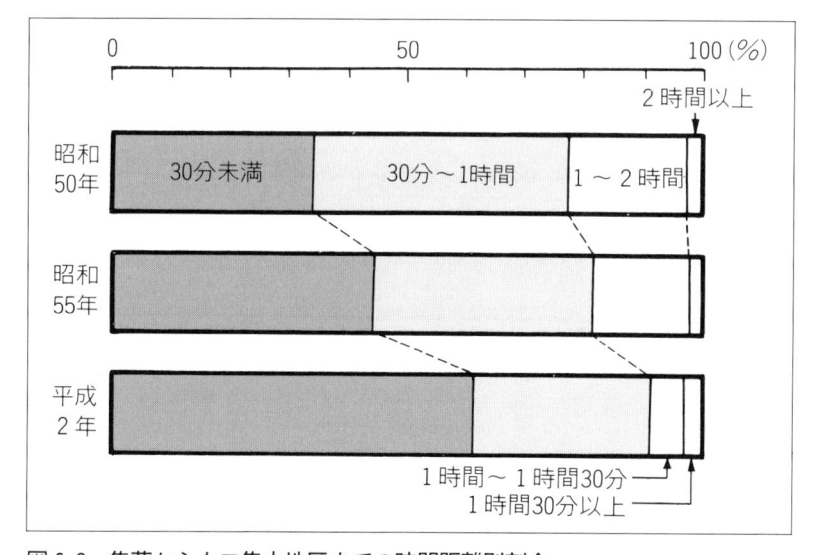

図6-2　集落から人口集中地区までの時間距離別割合
[注]　ここでいう人口集中地区とは，国勢調査で人口集中地区を設定している市町村の該当地区をさす。　　　　　　　　（図6-1と同じ資料による）

2 農業集落の変化と農業生産

農業集落という社会環境の変化が，農業生産のうえにおよぼす影響としては，つぎの二つのことが大きい。

> **すぐれた技術の積極的導入**

第1は，すぐれた技術の普及がスムーズにおこなわれるようになったことである。従来の閉鎖的な雰囲気のもとでは，すぐれた技術が外部から紹介されても，なかなか普及していかなかった。仮に，それがごく一部の人びとに普及しても，今度は，それらの人びとがその技術を秘密にし，そのメリットを独占しようとする傾向があったために，集落内にひろがっていきにくかった。さらに，すぐれた技術の普及には，ふつう経済力の大小が関係しているから，経済的に豊かな農家にしか普及していきにくいといった制約もあった。

しかし，こういった旧来の集落の雰囲気がうすれていくと，「これがよい」と思う技術があれば，だれに気がねをすることもなく，自由にとり入れ，自由に創意くふうをこらすという進取の気風がひろがっていく。現実にも，多くの地域で独自に新しい作目や技術をとり入れ，農家がそれぞれに生産力の発展にとり組んでいる。

> **役員とその選出方法の変化**

第2は，集落のリーダーに農業者以外のさまざまな知識・経験をもった人材の登場が可能になったことである。

従来は，もっぱら農業者のなかから，家柄などでリーダーを選んだり，経済的に豊かな人を代表に立てたりする傾向が強かった。しかし，農業集落が大きく変化してくると，農業者だけでは集落をとりしきることができなくなる場面が生まれてくる。そこで，新しく

表6-2 農業集落の役員の職業および選出の方法 （昭和55年）　　　　　　　　　　（単位：％）

役員の区分	総集落数	役員の職業別の集落数				役員の選出方法別の集落数		
		農家の人			非農家の人	輪番	特定の人	選挙
		計	農業が主の人	農業以外が主の人				
農業集落の代表者	100	86.6	56.8	29.8	13.4	24.9	24.9	50.2
実 行 組 合 長	100	99.1	70.6	28.5	0.9	44.5	18.8	36.7

［注］　このデータは「1980年農林業センサス」の結果で，全国の134,348農業集落（市街化区域内の農業集落は除く）を対象としたものである。実行組合長については実行組合のある116,291集落を対象としている。この調査以後は，全国を対象としたこうした内容の調査はおこなわれていない。（図6-1と同じ資料による）

集落に住むようになった非農業者のなかの有能な人にリーダーに加わってもらう新しい局面があらわれてくる。

　事実，表6-2をみると，農業生産に直接関係する実行組合の役員には，さすがに農業を主にしている人が選ばれている。しかし，ひろく農村生活に関係する役職（農業集落の代表者）については，農業以外の仕事を主にしている人や非農家の人が役員になっている集落が，じつに40％以上に達している。また，その選出方法をみても，輪番あるいは選挙によって公平に分担している集落が多くなっている。ここにも，農業集落がしだいに民主的な運営方法を採用するようになってきていることがうかがわれる。

　このように農業集落という社会環境は，今後の農業生産を発展させる基盤としても徐々に整備されつつあり，かつてのような保守的・閉鎖的な性格が色濃く残っていて生産力の発展をさまたげる状況は，ほとんど影をひそめたといってよい。

| 新たな生産力の発展に向けての課題 |

しかし，3節でみるような新たな生産力の発展のための農業生産組織（⇒p.169）の結成や運営といった点になると，現在の農業集落には，①非農家がふえてきたために組織化が困難になったこと，②農家のなかにも専業・兼業の分化など多様化がすすんで合意が形成されにくくなったこと，③旧来のこまぎれに分散した農地の所有状態に手をつけないかぎりは，効率的な生産活動がむずかしいこと，など解決していかなければならない課題が残されている。

❸ 農業集落の変化と農家生活

　農業集落を生活の場としてとらえたとき，その社会環境の変化は，生活にどのような影響をあたえているのだろうか。

| 都市との格差の縮小 |

生活物資（とくに耐久消費財）の入手面では，図6-2に示したように人口集中度の高い市街地への時間が大はばに短縮したことからも，以前のような都市部との差は少なくなった。しかし，ごく日常的な食品・衣料の購入面では，いぜんとして不便さがあるとみられる[1]。

しかし，表6-3のように現在でも農村への住宅地の進出がつづいて

(1) そのことは農家世帯のほうが，非農家世帯よりも，たとえば，緑黄色野菜，調味・し好飲料，肉類，卵類，乳類などや油脂類の摂取が少なくなっていることにもあらわれている。

やってみよう

地域の10農業集落を対象にして，農家率，役員の種類・選出方法・職業について，分担して調べてみよう。そして，農業集落の農家率のちがいによって，それらにちがいがみられるか比較してみよう。

おり，新しい住民が都市的な生活様式や消費者ニーズを農村にもち込むことによって，都市との格差は減少していくと考えられる。また，農業集落の生活環境（⇨p.139）についても，混住化の進行はその改善に結びつく可能性をもっている。

生活面での創意くふう　従来の農業集落の閉鎖性は，生活面での創意くふうに対しても，それをさまたげるような作用をおよぼしてきた。しかし，現代では，新しい生活様式についての情報がほとんど地域差なしに，直接家庭に入ってくるし，個々の生活のプライバシーについての理解も深まりつつあるので，農業集落に住んでいることは，むしろ創意くふうをこらして新しい生活様式をつくりあげていく可能性をもっている。

すすむ生活の個別化　従来の農業集落では，集落内の生活環境の保全（道路補修など）の仕事は，構成員の平等な勤労奉仕によって維持されてきた。しかし，混住化のていどが高まれば高まるほど有料化して，特定の人びとが担当するようになり，住民のつながりが失われ，生活の個別化がすすんでいる。混住化のなかで住民のつながりをいかにして保っていくか，これは今後の課題である。

つぎに，生活の個別化の傾向は，家族のなかでもすすんでいる。農家世帯においても，世帯員が多様な職業につくようになっていくと，各人の生活時間が多様になり，家族としてのきずなが弱くなってくる。この点で，かつての家父長的な秩序（一家の長である父親が強力な統制力を行使していた）とはことなった，民主的な新しい家庭生活をくふうしていくことが必要になっている。

表6-3　集落内の農地の転用のされかた（転用先別の集落数割合）　　　　　（単位：％）

	総集落数	転用がある農業集落数	転用先別集落数						転用に該当がなかった集落数
			道路	住宅敷地*	工場敷地	公共用施設用地	山林(植林)	用途未定その他	
昭和50年	100.0	85.8	57.6	61.6	21.8	12.0	25.6	—	14.2
55年	100.0	66.9	50.8	25.1	7.1	8.4	20.4	1.9	33.0
平成2年	100.0	75.2	13.3	29.1	2.7	3.1	8.1	18.8	24.8

［注］　昭和50年および55年は過去10年間における耕地の転用の該当があった集落数を示す。なお，住宅敷地には商業用地を含めている。

（図6-1と同じ資料による）

2 家族経営の長所と弱点

1 家族経営が存続する理由

　すでにみたように，農業生産は主として家族の労働力によってになわれ，その家族の生活は農業経営の成果によって支えられている。この生産と消費，経営と生活の二つの側面が一体になり融合している点が，家族経営の特徴である。この家族経営は，世界的にいっても一般的にみられる形態である（⇒p.16）。

　では，なぜ，農業以外の産業では株式会社などの企業経営の形態が中心になっているのに，農業では家族経営の形態が主流になっているのだろうか。それは，つぎの三つの理由によると考えられる。

土地が確保しやすい

　第1に，農業生産にとっても，そこに生活するうえでも，どうしても欠くことができないのは，一定の土地を確保することである。その点で，家族経営は通常，家の財産として一定の土地をもっており，それは，社会的にも保証されている。

　もちろん，他人から土地を買ったり借り入れたりして，新しくその土地に移住することもできる。とくに近年では，新規参入者（非農家出身者で農地の取得などにより，新たに農業経営を開始した者）を歓迎する傾向があるから，家の財産として土地があることがかな

土地の個性がつかみやすい家族経営

らずしも絶対的に有利とはいえない面もある。しかし，先祖からの土地をうけつぐことができるのはなんといっても一つの利点である。

土地の個性がつかみやすい

第2に，その土地を利用して農業を営んだり，そこに住みついたりするためには，その土地の風土や災害の危険性などをじゅうぶんに知っておかなければならない。

さらに，それぞれの土地には，生きものに個性があるのとまったく同じようにきわだった個性がある。この個性は，その土地に長年住みついて農業をおこなうことによってはじめてつかむことができる。したがって，家族から土地をうけついで家族経営をつづけるばあいは，個性のわかった土地で農業をはじめることができるという有利な条件をもっている。

労働力が確保しやすい

第3に，そこで働く人が賃金で雇われた労働者ではなくて，その農業経営の成否に生活のすべてをかけて，それぞれの作業に習熟した家族であるという特徴がある。このように誠実で熱心な労働者を雇い入れることは，現在の農村ではけっしてたやすいことではない。

また，雇用労働を入れて作業をするときには，その指導や監督のための労働が必要になる。家族経営では，この管理労働が軽減されている点でも，大きな利点をもっている。

労働力が確保しやすい家族経営

2 克服すべき弱点

以上のような多くの長所をもっているとはいえ，家族経営にはいくつか弱点（企業経営にはない制約条件）がある。

労働力の量の制約と質の不均一性

ふつう，家族は，夫婦を軸にして，そのこどもたちと，ばあいによってはその親たちを含めてなりたっている集団である。人数のうえではせいぜい5人とか10人までで，30人とか50人といった数のひろがりはまったく特殊なケース（かつての飛騨の白川郷の合掌造りの集落のような大家族制）を除けばありえない。つまり，家族を労働力のまとまりとしてとらえると，人数のうえでの量的な制約のほかに，労働能力の質的な面や，年齢の面でもまちまちな集団である。

能率的な作業組織をつくろうとするときには，一定の訓練をへたほぼ同年齢の人を集めるというように，労働力の質や一定の人数をそろえることがたいせつである。しかし，家族経営では人数からいっても，労働力の質的な不均一性からいっても，そのような組織化は不可能である。これが第1の弱点である。

労働力の時間的変化

つぎに，家族経営では年とともに家族の人数やその質が大きく変化していく。

たとえば，図6-3は，アメリカ合衆国の農家の家族員数の変化を示したものであるが，これをみると，結婚してやがてこどもが生まれて家族がふえ，働き手もふえていくが，そのうちにこどもたちが成人し，結婚して家を出ていって，最後は老夫婦の2人にもどるという**家族周期**が40〜50年のサイクルですすんでいることがわかる。

一般の企業では，このように働き手が増減したり，老化していくのでは永続性が保たれないから，毎年計画的に新入社員を採用して訓練し，必要な労働能力をもった人員を確保することに努めている。家族経営ではこのような対応がとれないという点が，第2の弱点である。

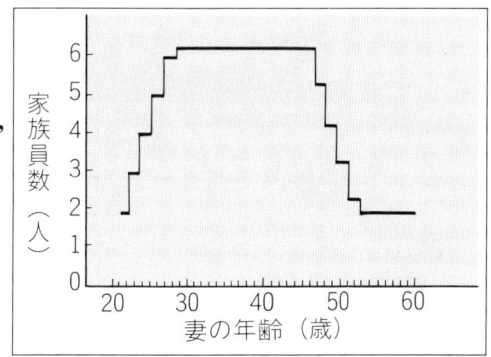

図6-3 妻の年齢の変化にともなう農家家族人数の動き（アメリカ合衆国テネシー州の1950年代の調査事例）
（岩片磯雄『農業経営通論』昭和40年による）

家族周期と消費負担の変化

第3に，家族員数の変化や，それにともなう家族構成の変化は，家族経営の経営と家計，生産と消費の関係にも重大な影響をおよぼす。

たとえば，図6-4は，ロシアの農業経済学者チャヤーノフの考えかたを模式的に示したものであるが，かれは夫婦2人からスタートする家族周期を想定し，家族がふえていくにしたがって，1人の働き手が養わねばならない家族数（消費人口負担率）がどのようにかわっていくかを考えた。これをみると，結婚してこどもが生まれて家族がふえていくにつれ，そのこどもが働き手となるまでは消費人口負担率がふえつづけ，こどもたちが働くようになると，負担率が小さくなることがわかる。

現在の日本の状況に即して考えれば，こどもがあるていど大きくなればなるほど，急速に教育費や娯楽費がかさんでいくが，いっぽう，働き手はふえないため，結婚後20年めから25年めにかけて1人の働き手にかかる負担のピークがあらわれるのではないかと考えられる。そして，こういった負担が，農業経営を根底からゆさぶる要素になることも少なくない。このようなことは，一般の企業経営では考えられない制約であるが，家族経営では，どうしても考えておかなければならないことがらである。

やってみよう
図6-4から，農業経営の規模拡大や住宅の改築など，多額の投資をおこなうにはどの時期がよいか考えてみよう。

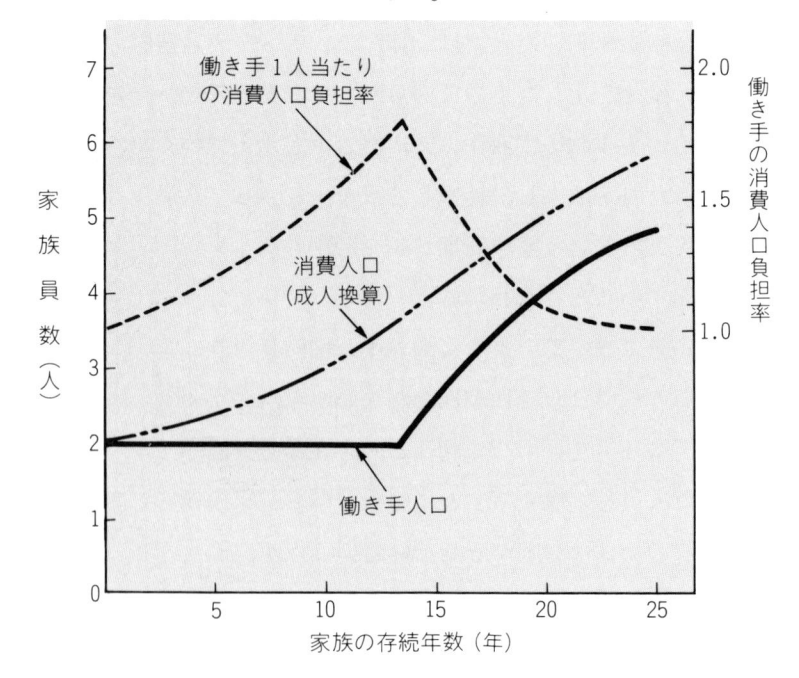

図6-4　家族周期と働き手人口・消費人口・消費人口負担の推移

3 集団活動とその展開

1 現代の集団活動

家族経営の弱点の打開方向　家族経営においては，労働力が量的にも質的にも制約されているため，土地や機械などの生産手段を拡充して規模拡大や生産の効率化をすすめることがむずかしい。また，今日のように農業技術が高度に発展し，生産物や生産資材などの大量流通・大量販売がもとめられるようになると，個別の家族経営だけでは対応がむずかしくなってくる。

もし，こういった問題を個別の家族経営のなかだけで解決していこうと無理をすると，今度は生活面にさまざまな矛盾が出てくる。たとえば，寝る時間もないような労働のピークが1週間も2週間もつづくと，仮に，それによって収入が多くなるとしても，その前に健康がそこなわれ，生活が破たんしてしまうだろう。

したがって，このような問題を解決するためには，個別の家族経営のもっている労働力や土地などのわく組みを超えた協力・協調（集団活動）が必要になる。

現代の集団活動　かつての農村では，個々の農家経済の基盤が現在よりもはるかに弱かったため，それを防衛するものとしては集落の連帯がひじょうに強くもとめられていた。しかし，現在もとめられている集団活動は，かつてのような生活防衛的な目的よりも，むしろ積極的な生産基盤の拡充や経済活動の効率化を目的としており，つぎのようなさまざまな活動がみられる。

①肥料や飼料など生産資材の共同購入で大量取引のメリットをいかす。

②青果物などの販売で，生産技術や出荷規格を統一して，長期間，品質のそろった品物を共同出荷し，市場での取引を有利にする。

③水田での田畑輪換など土地の高度利用を，地域で集団的におこなう。

④共同の施設を用いて，生産物の加工をおこない，地域特産物を

開発する。

　また，現代の集団活動は，生産面だけでなく生活面にもひろくおよんでいる。たとえば，食生活の改善や，農協や生協での共同購入はもちろんのこと，地区の住民が一体になって農村環境の整備や美化に力を入れているところも各地にみられる。なかには，ホタルが飛ぶ豊かな環境をとりもどそうとしているところもある。

　こういった集団活動の積み重ねによって，都市の人びととの定期的な交流が深まり，やがてはフェスティバルの開催など，つぎつぎと集団活動の輪がひろがっている地域もみられる。

　なお，各種の農業団体の活動については，第7章で学ぶ。

やってみよう
農業改良普及所や市役所・役場などで，地域でおこなわれている集団活動について調べ，活動内容や形態別に分類して，その特徴をまとめてみよう。

参考　ヘルパー制度にみる集団活動の展開

　多頭化がすすんで，いまや慢性的な労働過重状態に直面している酪農地帯（⇒p.116）では，酪農家が交替で休暇をとり，その休暇の日にはヘルパーが畜舎にきて給飼と搾乳の作業を代行するというヘルパー制度が，各地で設立されている。

　このシステムがなりたつためには，つぎの二つの条件が必要である。①ヘルパーとして酪農についての技術をもった人材が確保できること。たとえば，30戸の酪農家が順番に10日に1度ずつの休暇をとると，少なくとも3チーム（ふつう1チーム2〜3人で巡回する）の人数を確保する必要がある。②ヘルパーの高度な専門技術にみあった賃金を支払う体制をとることができること。

　ヘルパー制度がはじまったころ，農家の側には，「ただでさえ経済的なやりくりがたいへんなときに，自分が休むために，さらに新たな経済的な負担をしなければならない」という心理的な抵抗があった。

　しかし，「より能率的に働くために休養する」「休暇を計画的にとることによって家族の協力体制が強まる」と，休暇の効用を積極的にとらえるようになりつつある。

　このヘルパー制度は，集団活動によって労働力の需給調整をじょうずにおこなっている典型的な事例といえる。

2 農業生産組織の形態と利点

農業生産組織とその形態

農家が集団で農業生産をおこなう組織を、ふつう、**農業生産組織**とよび、表6-4のようなものがある。

①**共同利用組織** 集団で機械・施設の所有または管理をしつつ、その共同利用をすることを目的とする組織。

②**集団栽培組織** 特定の作目の栽培方法や作業内容について、統一したものにしたがう協定を結んでいるもので、その協定に関連して共同作業や共同利用をしている組織も含んでいる。

③**受託組織** 農作業の一部分あるいは全過程（さらには経営活動全般の仕事）をひきうけて、集団としてこれを処理し、受託料収入をあげることを目的とする組織。

④**畜産生産組織** 集団で家畜を飼育したり、牧草を栽培したりするために、牧草地・放牧地などの共同利用やそれに関連する機械・施設の共同利用をおこなっている組織[1]。

⑤**協業経営組織**（協業経営体）[2] 2戸以上の世帯が共同で出資をして一つ以上の農業部門の生産から生産物の販売、収支決算、収益の分配にいたるまでの経営活動のすべてを共同でおこなう組織。

なお、このような組織は、同じ土地（地域）に住む人びとが集団

(1) このほかに、県や市町村、農協、任意組合などが家畜の繁殖や育成のために共同事業をおこなっているものも含む。

(2) 事業体としてみたばあいには、農家以外の農業事業体に区分され、協業経営体とよばれる。協業経営体の組織形態としては、農業組合法人や会社法人（⇒ p.173）、任意組合などがある。最近では、農業生産組織とは別にして扱うこともある。

表6-4 農業生産組織の諸類型

農業生産組織の類型			活動内容	グループの形態		
				地縁グループ	任意グループ	農協など
農業生産組織	耕種・養蚕などの組織	①共同利用組織	機械・施設の共同利用	○	○	○
		②集団栽培組織	特定作物の生産技術の協定	◎	—	○
			上記のための共同利用	◎	○	○
		③受託組織	農作業受託	○	◎	◎
			農業経営受託	○	◎	○
	④畜産生産組織		採草地・放牧地の共同利用	○	◎	○
			機械・施設の共同利用	○	◎	○
			繁殖・育成の共同センター	—	○	○
	⑤協業経営組織		生産・販売・決算・収益分配			
			1部門協業	—	○	—
			2部門協業	—	○	—
			多部門協業	—	○	—

［注］ ◎はもっとも適した形態、○は比較的よくみられる形態。

をつくる地縁グループと，地域に関係なく目的を同じくする人びとが集団をつくる任意グループに分けることもできる。

> 集団活動の利点

集団活動の利点としては，生産面では，つぎのような点があげられる。

①機械や施設を共同で利用することによって，機械の利用面積や稼働時間を大はばに拡大して，個別ではとうてい採算があわないような大型・高性能の機械・施設を導入することができるようになる。

②多くの農家から質的に同じような働き手が仕事に参加することによって，合理的な作業組織を編成することが可能になり，労働能率・生産能率の向上に結びつく。

③集団活動に参加することによって，それまでの個別農家間にあった技術水準の差が小さくなり，優良農家の水準にならって集団全体がレベルアップすることが期待される[1]。

集団活動は，生活面でも地域の農家の親密なつながりを復活させ，その集団がさまざまなレクリエーション活動や情報交流の場になっているケースも少なくない。しかも，生活改善をおこなうばあいにも，生産面での集団活動のひろがりを土台にすることができるという利点もある。

もう一つ，家族経営のわく組みのなかではどうしてもじゅうぶんに練り上げることができない個々の経営者の能力を，啓発し，鍛えていくことができるという大きな利点もある（⇒p.178）。

(1) 集団栽培組織の活動，とくに昭和40年代前半の水稲作地帯において顕著に認められた傾向である。

集団活動のいろいろな利点

参考 経営者能力を鍛えるアメリカ農業の伝統

　アメリカ合衆国ではよく知られているように，青少年のうちから農業経営者としての能力を身につけるための４Ｈクラブの活動がさかんである。そこでは，地域の農業の課題となっている問題をプロジェクト研究のテーマにとりあげながら，営農のための基礎的な勉強をしていく。だが，わたしたちにとっていっそう興味深いのはそれから先のプロセスである。それは，農業を志す青年が，一人前の自作農民（農場主）になっていくためにたどらなければならないステップであって，かつては農業階梯（Agricultural ladder）とよばれるコースが主流であった。その階梯はふつう，つぎの五つの段階をふんでいく。

　①自分の家で，両親のもとで主要な農作業の経験を積む。
　②家を出て，近くの農場に住込みの雇用労働者として働きながら農業技術をみがく。
　③たくわえた賃金をもとに，数年間，他人の農場を借りて自分で農場経営を運営する経験を積む。
　④売り出されている農場を購入したり，親の農場を市価と同水準で購入したりして，徐々に自作の農場に切りかえていく。
　⑤そして，最終的には自分のめざす自作農場に仕立てあげる。

　この農業階梯は，自由な土地に恵まれ，たゆみなく計画的に努力しさえすれば独立自営の農場主になれるという，建国後まもない時代からつづくアメリカ農業の伝統を反映している。

　しかし近年は，家族農業の規模が大きくなり資本装備も多額にのぼることから，③④のコースをすすむことが容易ではなくなった。そのため，父子協定のかたちをとったり，父子間の契約によるパートナーシップの段階をふんだりして経営者能力を高め，その過程で農場資産の売買を中心とする世代継承がおこなわれて，⑤に到達するものが多くなった。

　したがって，日本とはかなり条件がことなっているが，わたしたちがとくに学ぶべき点はつぎの２点である。①農業経営者になっていくには，それにふさわしい訓練をきちんと段階をふんで積み重ねていく必要がある。②その訓練はやはり他人のところで働きながらおこなうのがもっとも効果的である。つまり，農業経営者の能力を養成するばあい，家族経営のわく組みは，ややもすれば閉鎖的で家族の甘えが出やすいという限界をもっていると考えられる。

　日本でも，各地域で指導農業士などのところで住込みで研修をおこなう制度があるが，これも，家族経営の弱点を補完する重要なシステムの一つとみられる。

3 集団活動の法人化

集団活動の成長と法人化

さまざまな集団活動の多くは，地域のなかまどうしの話しあいのなかから自然発生的に生まれたものが多い。運営のルールも話しあいのなかでできあがり，これを弾力的に運用しながら円滑に活動をすすめているのがふつうである。

しかし，この集団活動がしだいに活発になると，なかまうちの簡単な話しあいで解決できる範囲を超えて，対外的な経済関係や利害関係が発生するようになってくる。たとえば，大型の機械・施設を利用する共同利用組織を例にとると，グループとしてその機械・施設を導入すると固定資産税をおさめなければならない。利用した人からは利用料を徴収しなければならないし，機械を運転したメンバーに対しては賃金を支払う必要もある。あるいは，メンバーの加入・脱退をどう処理するかといった問題も出てくる。こうした問題を処理するためには，組織・運営についての方針や基準が必要になる。

つまり，しだいにグループ外の第三者との接触場面がひろがるにつれて，グループとしての独立した意思決定にもとづいて運営される一つの組織体としての活動に変化していく。とくに，グループが，機械や施設の購入のための資金を借り入れたり，補助金の交付をうけたりすると，少なくとも，そういった社会的な行為に対して責任を果たすまでは組織体として存続することがもとめられることになる。

このように集団活動が成長していくのにともなって，組織自体があたかも1人の人間と同じようにはっきりした意思決定の能力をもち，第三者に対して法的な権利・義務を主張しうる能力をもった組織体となることを**法人化**といい，その組織体を**法人**[1]とよんでいる。

このうち，農地などをもって（所有権や賃借権）農業経営にかかわる活動ができる法人を，農地法[2]上では一括して**農業生産法人**とよんでいる。

農業生産法人には，制度上からは，組合の形態をとる**農事組合法人**と，会社の形態をとる**会社法人**の二つがある（図6-5）。前者は組合員の共同の利益増進を目的とする農民の共同組織に法人格をあた

---

[1] 法律上個人と同じように，権利・義務の主体となりうる資格をあたえられたもの。なお，家族経営において1戸の農家が家族を発起人にするなどして法人化するものもあり，これを**1戸1法人**という。

[2] 農地転用の許可，農地移動の許可，小作地所有制限などをおもな内容としている（→p.193）。昭和37年の農地法改正によって農業生産法人制度が創設された。

えるもの（昭和37年の農業協同組合法の改正によって創設された）で，農業生産に直接関連する事業を営む経営体である[1]。

他方，後者の会社形態をとる法人は，営利を目的とする一般企業の法人制度を農業にも適用しようとするもの（**有限会社**については有限会社法，その他の会社については商法にもとづく）であるが，株式会社は，農地法の制約によって農業生産法人になることができないようになっている。

したがって，農業生産法人になることができるのは農事組合法人・合名会社・合資会社・有限会社の4種類の法人だけに限られている。農業生産法人は，有限会社か農事組合のかたちをとることが多い。

法人化のメリット

法人になることによって生ずる利点としては，つぎのような点があげられる。

①より大きな事業規模を確保できることからくる経済力（信用力や販売力など）や技術力の強化があげられる。とくに農事組合法人のばあいは，法人として農協に加入することもできて，個人よりも大きい制度資金の貸付限度額の設定をうけることができる。

②農業生産法人には，税法上いくつかの特例が認められている。たとえば，組合員に給与を支給しない農事組合法人では一般企業とことなり，農民の共同組織であり，相互扶助的な性格が強いことから，法人税率が27％に軽減[2]されることとなっている。

③農業生産法人は，農地法上の特例をうけて農地保有の権利を取得できるようになっている。そのほか，農事組合法人については，その構成員が借りうけた小作地を農業生産法人へ転貸しすること，それに対しては小作地の所有制限を適用しないこと，などが認めら

[1] 農業の経営をおこなう法人（第2号法人）と，共同利用施設の設置または農作業の共同化に関する事業をおこなう法人（第1号法人）の2種類がある。

[2] 有限会社など普通法人では，資本金1億円以下のばあいは，年間所得800万円以下が28％，800万円を超えると37.5％である。給与を支給する農事組合法人のばあいは，これと同じである。

やってみよう

地域の農業生産法人をたずねて，法人化の契機・メリット，運営上の留意点などについて聞き取り調査してみよう。

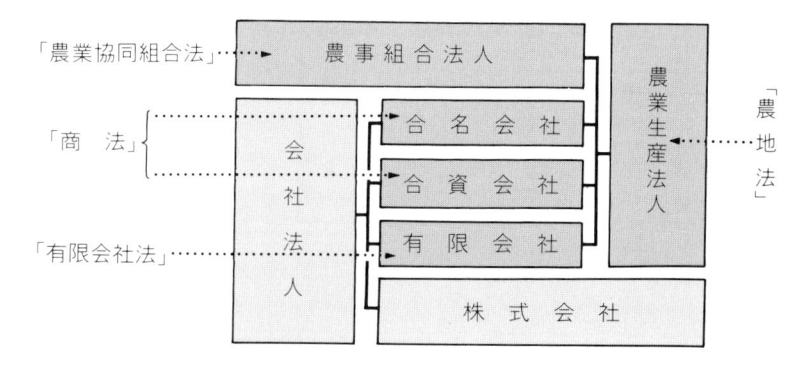

図6-5 農業者の法人と関係法令

れている。

④従業員の福利・厚生関係の条件が一般企業なみの水準に保証されている。

法人化の条件と現状

農地法のうえで農業生産法人となるために必要とされる条件は、つぎの3点である。

事業要件：農業とこれとあわせておこなう林業およびこれらの付帯事業（農作業の受託、自家生産物だけでなく他で生産されたものを含む農畜産物の加工・運搬・販売、農業生産に必要な資材の製造など）をおこなうものであること。

構成員要件：農業生産法人の構成員[1]は、①その法人に対する農地の提供者と、その法人の事業に常時従事する者、②農業生産法人出資育成事業[2]に関連して、その法人に現物出資をした農地保有合理化法人や農協（連合会を含む）、③その法人の事業活動によって物資の供給もしくは役務の提供を受ける者や事業の円滑化に寄与する者（政令で定める者）、であることが必要である。

経営責任者要件：法人の役員（農事組合法人の理事、有限会社の取締役、合資会社や合名会社の業務執行権を有する社員）は、その法人の事業に主として従事する常時従業者が過半数を占める構成となっていなければならない。

このように集団活動の法人化は、法的にも政策的にも奨励されているが、その総数は平成2年現在で3,816法人[3]である。年々少しずつふえているが、一般的にいって設立にいたる手続きの複雑さやなじみのうすさがあり、その利点をじゅうぶんに活用するには相当の経験を要することが、簡単に普及していかない原因になっている。

今後は、家族経営の限界をのり越える方向としても、また農村に都市の一般企業なみの福利を導入する突破口としても、法人化のメリットに注目していく必要がある。

---

(1) 発起人や構成員は、農事組合法では、農業者5名以上、有限会社では1人以上50人未満とされている。

(2) 農業生産法人に対して、農用地の現物出資と構成員への持分分割譲渡をおこなう事業。

(3) 内訳は、有限会社2,167、農事組合法人1,626、合資会社16、合名会社7。主要業種別では、畜産が約40％ともっとも多く、ついで米麦作と果樹がそれぞれ約15％を占めている。

4 集団活動の課題とその打開方法

集団活動の実態と課題

集団活動は利点が多いにもかかわらず、そこに参加する農家は、さほどふえてはいない。たとえば、表6-5をみると、農業生産組織に参加している農家戸数はあまり伸びていないし、総農家に対する参加農家の割合も10〜12％という低い水準にとどまっている。

ところが、よくみると、経営規模が大きくなればなるほど各種の生産組織に参加する農家の比率が高まっていることや、比較的経営規模の大きな北海道や東北・北陸などの地帯で参加農家率が高くなっていることが注目される。つまり、それらの階層や地帯では、家族経営がもっているさまざまな制約がより強くあらわれるために、これへの対応として参加率が高くなっていると考えられる。

しかし、生産組織活動の利点が指摘され、啓蒙活動もおこなわれているのに、参加農家がそれほどふえないのはなぜだろうか。ここでは、集団活動としてはもっとも基礎的で参加農家数も多い共同利用組織[1]のばあいを例にとって、その原因を考えてみよう。

各種の調査結果によると、つぎのような問題点が指摘されている。

[1] 平成2年の「農林業センサス」によると、農業生産組織への参加農家の約80％が共同利用組織への参加である。

表6-5 農業生産組織への参加状況

		実戸数(1,000戸)		総戸数に対する割合(%)	
		昭和55年	平成2年	昭和55年	平成2年
	全　　国	465.2	361.7	10.0	12.2
経営耕地規模別	都府県計	431.0	336.3	9.5	11.7
	0.5ha未満	93.2	48.2	4.9	6.8
	0.5〜1.0	126.4	103.0	9.7	9.8
	1.0〜2.0	146.5	113.2	14.9	14.5
	2.0ha以上	65.0	71.9	19.4	20.7
農業地域別	北海道	34.1	25.4	28.5	29.2
	東　北	130.6	78.4	18.8	15.0
	北　陸	42.0	45.0	11.8	18.1
	関東・東山	66.8	46.7	6.8	7.3
	東　海	51.5	34.9	10.3	12.2
	近　畿	30.3	32.1	6.6	12.3
	中　国	26.3	30.3	5.5	10.7
	四　国	10.4	8.9	3.6	5.2
	九　州	71.1	58.1	9.5	13.0
	沖　縄	2.0	1.8	4.5	6.2

(農林水産省統計情報部『農林業センサス』各年次による)

①共同の機械・施設は必要なときに自由に使えないので不便だ。
②共同の機械・施設は乱暴に扱うせいか故障しやすい。
③修理費がかさむこともあり，利用経費がかならずしも安くない。
④①～③はあるていど我慢できるが，集団活動をおこなう適当な相手がいない。

課題の解決方向　組織化にともなって発生するこれらの問題点は，どうしてもさけられないかというと，かならずしもそうではない。たとえば，①は，そこに参加する人びとの作業量や利用頻度にみあった機械が導入されていないという組織化の計画段階のまずさによるものである。

②は，おもに，機械・施設を組織的に管理・運営する責任体制がきちんとつくられないままに，もちまわりで利用するといった無秩序な状況が生み出した問題点であろう。

③は，各農家のほ場が分散しているという耕地条件などにむしろ問題があり，ほ場からほ場への移動に要する時間のロス，燃料のロスが利用経費を引き上げていると考えられる。

このようにみてくると，①～③までは，生産組織をつくる前段の計画や条件整備などの準備不足に問題があるのであって，生産組織そのものに欠点があるためとは考えにくい。

④については，生産組織の成立の前提条件である。この点の解決

集団活動（共同利用組織）の課題

方向を考えていくさいに注目されるのは，1970年代に比較的耕地面積のせまいドイツ南部の小規模経営地帯で考え出されたマシーネンリング[1]という生産組織化のアイデアである。

マシーネンリング

マシーネンリングの考えかたは，「だれでも参加できる，だれにも拘束されない組織」というスローガンに示されている。各農家は自分がもっている機械で自分の経営の仕事をすませたあとは，他の農家の仕事を手伝う（受託），そのかわりに自分がもっていない機械の作業は，余力のある農家の機械でやってもらう（委託）というように，機械作業の受託と委託をあらかじめ事務所に登録しておく。

そして，必要な作業の時期がきたら事務所のマネジャーに電話をして，「○○畑の△△作業をやってくれ」と依頼する。マネジャーは，あらかじめ登録されている受託者のなかから，そのとき作業をひきうけられる人を探して，依頼の電話をする。つまり，マネジャーは委託と受託の仲介をおこなうのがおもな仕事で，そのほかには料金の水準を公平に決めたり，作業のできぐあいをチェックして，双方が満足いくように管理するといった仕事をおこなう。そして，この仲介の仕事に対する報酬として，受託・委託の両者から手数料をうけ取るしくみになっている。したがって，マネジャーにとっては，みんなが満足できる受託・委託の仕事をふやせばふやすほど，

[1] ドイツにおいても，第2次世界大戦後トラクタの急速な普及がすすんだが，これによって一面では零細農家の機械への過剰投資による経営破たんの危機（機械化貧乏）が問題化した。これを回避する方法として，ガイヤースベルガーによって提唱されたのがマシーネンリングである。

受託と委託を結ぶマシーネンリング

収入がふえることになる。

　このマシーネンリングの方式は、いまやドイツ全域はもちろんのこと、ひろくヨーロッパにも普及しており、日本にも農業機械銀行方式というかたちで導入されている。

　この事例からもわかるように、生産組織をつくるときには、その組織に参加する各メンバーの個性的な能力をたがいに信頼し、尊重しあうことが重要になってくる。

集団活動による個人の能力の発掘　生産組織をつくって、規模拡大をはかったり、それにともなって人を雇ったりするようになると、これまでとはことなる生産技術や経営管理能力、さらには法律についての知識などがもとめられてくる。そのためには、農業関係の情報だけでなく、よりひろい分野から情報を収集し、それを取捨選択していかなればならない。このように情報をひろく収集し、そのなかから役に立つ情報を取捨選択するということも、これまでの個別の家族経営のなかでは、じゅうぶんにはできなかったことである。

　それは、①人によって、世代によって情報をキャッチする感度にちがいがあるため、家族という単位では集めうる情報に限度がある、②仮にさまざまな情報が集まってきたとしても、それを比較検討するには家族員だけではどうしても不じゅうぶんになる、といった理由によると考えられる。

　したがって、家族経営のわく内だけにとじこもっていると、地域や世界をひろく見渡して今後の方向を見定める能力を身につけることが、じゅうぶんにおこなえないという傾向がある。集団活動は、この家族経営の弱点を補い、これまでの家族経営のなかで、潜在化しがちになっていた個人の能力を発掘し、これを訓練する場(「生きた学校」)でもある。

　なお、このばあい、一つの集団内だけでなく集団相互の交流をおこなったり、農協や市町村、農業改良普及所などの農業関係機関の指導や助言を参考にしたりすることもたいせつである。

第7章 農業経営と農業政策

プロローグ
―農村フェスティバルの会場で―

　最近では，全国各地の農村でさまざまなイベントがおこなわれているが，ここ大山町でも数年前から賢治君が会長をつとめる農協青年部が中心になって，大規模な農村フェスティバルを開催しており，新聞やテレビで報道されるほどの評判になっている。

　その会場へ，中学校の同級生で，いまは銀行に勤めている昌二君が顔をみせて，話がはずんだ。

昌二　大山町の農村フェスティバルのことが新聞に紹介されていたので，たぶん賢治君たちががんばっているんだろうと思ってやってきたけれど，なかなかの盛況だね。

賢治　まあ，みんなで手分けをしてなんとかやっているので，今年もまずまずというところかな。こうやって都会に出ている同級生にも会えるし，この町で生産に力を入れている野菜や花の即売も黒山の人だかりだし，苦労はするけれど，手ごたえはじゅうぶんだね。

昌二　おれのばあいは，都会へ出て，まだそれほど年数はたっていないんだけど，感覚がすっかり農業から離れてしまったなあと，われながら驚いているよ。ところで，きみたちは，いまの日本の農業についてどう考えているの。都会でいろんな人と話をすると，あまり評判はよくないんで気になるんだよ。

賢治　そこだよ。都会の人たちが，いまの農業のどの点がまずいとみているのか，その生（なま）の声を聞く機会にしたいというのも，このフェスティバルの大きなねらいなんだよ。

昌二　そうだね。「いろんな人のいろんな批判を謙虚に受けとめて，それをバネにして大いに飛躍せよ」というのが，中学校卒業のときの校長先生のことばだったね。

賢治　ところで，その都会の人たちのあまりよくない評判というのは，どんな点にあらわれているの。

昌二　たとえば，「おれたちは事業に失敗しても，だれも助けてくれない。失敗したら倒産するしかない。それにくらべて農家は，補助金は入ってくるし，何かといえば農業政策がわるいと人のせいにし

ているし，やはり農業は過保護じゃないのか」といったぐあいさ。

賢治 うーん。それはきびしいね。しかし，なんといっても農業は息の長い時間のかかる仕事だから……。

昌二 そうした考えかたにも問題があるように思うよ。つまり，農業の特殊性を持ち出すだけでなく，逆に，「農業のもつ特殊性をのりこえて，われわれはいまここまできている，今後はさらに飛躍してこんな目標に向かって取り組んでいる」といった点を強く打ち出していってはどうだろうか。

賢治 たしかに，これまではあまりに守りの姿勢が強すぎて，攻めの発想が弱かったかもしれないね。そういう点では，農協青年部の活動のなかでも，都会の人たちに農業の現状をよく知ってもらうような取組みにも，もっと力を入れていかなければならないといえそうだね。

昌二 うちの銀行の取引先の商工会の青年部でも，地域の商店街の活性化やまちづくりについて勉強会をやっているようだから，今度合同で勉強会をもってみるといいかもしれないね。

収穫後の水田を利用した田園コンサート

1 農業経営と農業団体

1 農業団体をかたちづくるもの

　個々の農業者がもっている悩みや課題は，ひじょうに多様である。経済的な必要にせまられていて，どのように有利な資金制度があるかを知りたい人もいれば，わが家の農業後継者をどうやって鍛えたらよいかを教えてほしいと思っている人もいるだろう。こうした悩みや課題を解決していくばあいに役だつのは，農業をやっている者どうしの情報の交換であり，経験の交流である。

　そのような農業者のまとまりの最小の単位として，**農事実行組合**がある。農事実行組合は，農村における経営改善や各種の連絡の基礎単位になっており，ふつうは集落ごとにまとまっている[1]。文字どおり農村生活の基礎であるから，農業生産組織や農協など生産活動のさまざまな組織の末端組織としてもとらえられている。

　同時に，自治会とか行政区といった地域住民のまとまりも，集落を基礎にしてできている。こちらのほうは，住民組織として市町村の行政とのつながりがより強いという特徴があるが，農事実行組合と事実上，同じメンバーで構成されているところも少なくない。

　そして，このような農家のまとまりを基礎単位にして，さまざまな団体が組織されているが，それらを一般に農業団体とよんでいる。

(1) 長い伝統をもつ集落では，その集落独自で山林をもっていたり，神社があったりして，さまざまな年中行事を主催するのも集落を単位にすることが多い。

農事実行組合を基礎単位とした農業団体

2 各種の農業団体とその活動

わが国の戦前の代表的な農業団体としては，農業の技術改良に重点をおいた**系統農会**（町村農会・郡市農会・都道府県農会）がある。系統農会は，農業技術の改良に努めると同時に，国のおこなう農政に対して地方の声を代表してさまざまな建議[1]をおこない，農政の推進方向に対して多大の影響をおよぼした。概して地方で力をもっていた地主の立場からの主張が強かったといわれている。

この系統農会と並んで有力な活動をした農業団体に，**産業組合**（⇒ p.120）がある。産業組合は，大正年代に全国的に普及し，やがて昭和初期の世界的な経済不況期には農山漁村経済更生運動[2]の中心となって活動した。戦時中は系統農会と統合されて**農業会**となり，農村における戦時統制経済の基本組織として活動した。

第2次世界大戦後は，占領軍の指導のもとに民主的な農業団体として農協が再発足し，このほかにも農業者全体の共同の利益を促進することを目的に制定された各種の法律にもとづいて，以下にみるような諸団体が組織されていった。

すでに学んだ農協以外の代表的な農業団体としては，つぎのような諸団体がある。

農業委員会：「農業委員会等に関する法律」（昭和26年<1951>制定）にもとづいて設置され，農地法などに関連する業務のために市町村におかなければならない行政機関で，同時に農業・農村振興計画の樹立や推進に関する業務もおこなっているから，地域の農業経営の改善に密接な関係がある。農業委員は，地域の農業者から公選される。その上部団体として，都道府県には**農業会議**，全国段階には**全国農業会議所**がある。

土地改良区：「土地改良法」（昭和24年制定）にもとづく自治組織で，地域の耕作者の3分の2以上の同意によって結成される。土地改良に関する諸事業や用排水施設の維持・管理にあたっている。

農業共済組合：「農業災害補償法」（昭和22年制定）にもとづいて市町村を区域として設立された団体で，各種の災害による農作物や家畜などの損害に対して補てんをおこなうことを主要な業務としている。農機具や建物は任意共済となっている。

---

[1] たとえば，地租軽減に関する建議とか，農会法の改正に関する建議，さらには市町村農会技術員設置に対しての国庫補助に関する建議，などがある。

[2] 農村の経済的ないきづまりを打開するために，地域ごとに経済更正計画を立てて地域が一体となって，その計画実現のために努力するように指導したもの。経済更正計画は，土地・労働力利用の合理化，金融の改善，農業生産や農家生活の改善などきわめて多岐にわたっていた。

農林中央金庫：産業組合中央金庫として大正12年（1923）に設立され，「農林中央金庫法」（大正12年制定）によって改組された。所属団体は，農協・信農連などの農協系統組織のほか，漁協や森林組合などの系統組織，さらには土地改良区や農業共済組合などである。これら組織への資金の貸付けと預金の受入れ，余裕金の運用，農林債券の発行のほか，食管法にもとづいて政府が買い入れた農産物の代金支払いなどを業務としており，ひろく農村の資金循環のかなめとなっている。

農林漁業金融公庫：「農林漁業金融公庫法」（昭和28年＜1953＞制定）によって設立され，全額政府出資の資本金の運用によって農林漁業者に低利で長期の資金を融通する制度資金の供給を専門とする金融機関。

農業信用基金協会：「農業近代化資金制度」（昭和36年制定）の発足にともなって，各都道府県に1協会が設立され，農業者が金融機関から農業近代化資金等の資金の借入れをおこなうさいの債務保証をする機関。

つぎに，農産物の生産や販売・流通などについては，それぞれの品目ごとに農業団体があるといってもよいほどであるが，ここでは畜産関係のおもな団体とその活動内容を紹介してみよう。

畜産振興事業団：畜産物の価格安定を目的として，指定乳製品および指定食肉などの買入れ・交換・保管・売渡しなどをおこなう（⇒p.100）。

中央畜産会：畜産経営の改善や技術の向上を目的として，技術・経営の指導をおこなう，とくに畜産コンサルタント事業など，生産現場に密着した活動をおこなっている。

中央酪農会議：全国および各地域の牛乳の生産・出荷についての計画を立てると同時に，乳製品の保管・販売についての計画も立てる。

家畜改良事業団：優良家畜の増殖を目的として，人工授精用精液の広域利用と計画的な管理をおこなう。

やってみよう

稲作・野菜・果樹・花きには，どのような農業団体があり，それらはどのような活動をしているか調べてみよう。

❸ 農業団体と農業者の課題

　各種の農業団体の活動は，個々の農業者がそれぞれの時代の社会的・経済的な条件に対応して活動するさいにあらわれてくる，さまざまな課題を解決していく活動である。しかし，法律や取決めによってできあがった既存の農業団体の制度やルールなどは，時代の変化や農業者のおかれている状況の変化などによって，農業者の課題解決にとってかならずしもじゅうぶんには機能しないばあいも出てくる。したがって，既存の農業団体の制度やルールなどを，時代の流れや自分たちのおかれている状況に即した方向にかえていくことも必要になる。

　こうしたばあい，個々の農業者としてあらかじめ考えておかなければならないことは，つぎのような点である。

　①同じような課題に直面しているなかまがどれほどいるかという点の調査である。これが，もしごく一部の人の要求なら，だれも支持してくれないからである。

　②その要求が出てくる客観的な事実やデータを提示することである。そうでなければ，同じような条件下にある農業者でさえも，その課題に気がつかないでいるかもしれないからである。

　③こういった客観的な事実を，ひろく構成員全体に知ってもらうための努力を積極的にすすめることである。ばあいによっては，都市の消費者にも，その課題を知ってもらう必要がある。

　以上の３点の手順をふんで活動を民主的にすすめること，これが課題解決のためのもっとも確実な近道であろう[1]。

(1) 一方的に力づくの運動をすすめたりすると，好ましくない印象をあたえるばかりで，せっかくの活動の実りが少ないことになる。

経営者の経営技術発表会（中央畜産会による）

2 農業政策の多面性

1 農業の位置づけと農業政策

食料生産が国民生活の基礎となっていることは、どの時代にもかわりがないが、時代とともに、農業についての人びとの考えかたは大きくかわっていく[(1)]。そして、こうした考えかたの変化は、農業政策についての考えかたやその内容に反映されていく。

産業構造の変化と農業政策の変化

図7-1は、世界でもっともはやく産業革命が完成して「世界の工場」とまでよばれていたイギリスと、第2次大戦後の高度経済成長をへて、いまや世界有数の「経済大国」とよばれるにいたっている日本とで、就業人口のなかに占める第1次産業の割合の年次変化を比較したものである。これをみると、イギリスではすでに1800年ころに、第1次産業人口の就業人口に対する割合が30％台にまで低下しているが、日本がこの水準に達したのは高度経済成長がはじまった1960年代であることがわかる。このことを模式的に示せば図7-2のようになる。このような、それぞれの国における経済発展の足どりのちがいは、当然、それぞれの国における農業の地位（とくに国民経済上

(1) ヨーロッパでは15〜16世紀以降の重商主義の時代には、外国との貿易で得た金銀財宝が富であると考えられていた。しかし、18世紀後半に産業革命による工業化がすすんでいくなかで、アダム スミスをはじめとする人びとは、自由な分業のもとでつくり出される商品こそが富であると考えた。だが、日本のように19世紀後半になって工業化がすすんだ国では、「国の富は農業にある」という考えかた（重農主義）がかなりのちの時代まで支配的であった。

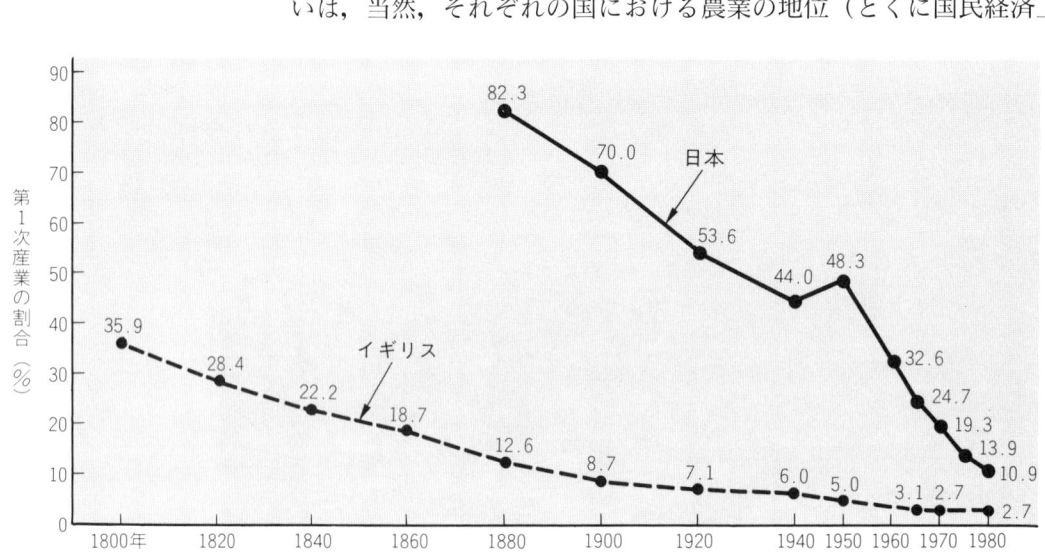

図 7-1 就業人口における第1次産業人口の占める割合の日本・イギリスの比較
[注] 日本の線が1950年ごろ上昇しているのは戦争後の食料難時代を示す

（矢野恒太記念会編『1990日本国勢図会』平成2年による）

の地位）のちがいとなってあらわれる。そして，そのことは農業に対する国の政策のちがいとなってあらわれてくる。

農業中心の産業構造のもとでの農業政策　わが国の国民経済が農業中心であった第2次世界大戦前（ないしは戦後まもないころまでの時期）には，農業がもっとも重要な産業であった。それは，国民に食料を供給するだけではなくて，国民のおよそ半数に働き場所を提供する産業でもあったからである。

とくに戦後まもないころは，はなはだしい食料難で，しかも外国から輸入したくとも外貨がないという状況にあった。したがって，国の政策（とくに経済政策）は，ほとんど壊滅的な状態にあった工業の復興と，農業の振興に最大の重点をおいて，国民生活の安定と回復に力をそそいだ[1]（⇒p.192）。

産業構造の激変にともなう農業政策の大転換　農業政策が大転換をとげたのは，高度経済成長期にはいった昭和30年代後半以降のことである。30年代後半には，農業それ自体も発展したが，それ以上に第2次産業や第3次産業が急速に発展して，わが国の産業構造が急激に変化した。そのなかで農業に求められたことは，他産業の就業者なみの所得をあげることができるような，近代的な農業構造への転換（農業構造改善）と，新しく消費が拡大している野菜・果樹・畜産などへの生産の転換（選択的拡大）であった。

さらに，急速に拡大する第2次産業や第3次産業の側からの多様な要求が，第1次産業に向かって出されるようになる[2]。こうして，農業政策は，急速にこれに対応しなければならない状況を迎えた[3]。

このため，当時の農業政策に対して，「猫の眼農政」とか「農民不在の農政」といった不満が出されたが，それは国民経済の構造の急速な変化によってもたらされたものであった。

[1] 反面では，国民の食料の安定確保のために，強制的な供出制度や配給統制がきびしくおこなわれた。

[2] 農村からの労働力の吸収，農村への住宅地や工場の進出，産業用の道路建設のための農用地の転用などがそれである。

[3] こうした農業政策の転換は，それまでの食料不足下の「もっぱら農家に主眼をおいた国の政策」が農業政策であるという観点からいえば，まったく基調のことなる政策としてうつった。しかし，新しく拡大しつつある産業分野の人びとの眼からは，農業は保護されすぎているようにみえたかもしれない。

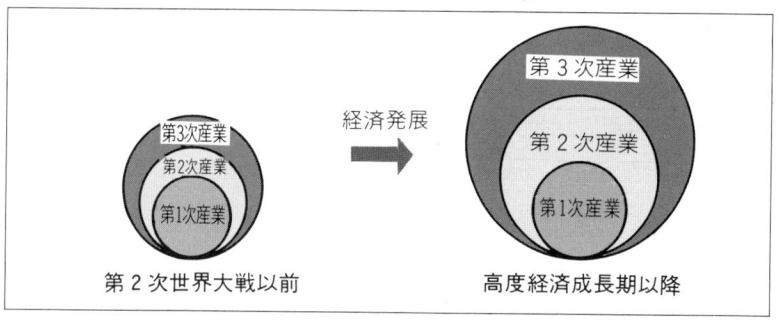

図7-2　国民経済の発展と産業構造の変化

2 経済発展と農業政策の変化

政策の産業への介入のしかた

経済発展によって国民経済を構成している産業が多様になればなるほど、それぞれの産業からの政策への要望はきわめて多種多様なものとなる。そして、その要望にこたえるために、各種の国の政策がとられるが、個々の産業に対する国の政策の介入のしかたは、大きくはつぎのように分類される。

①未発達な新しい産業を育成し、強化していくためにとられるさまざまな政策。明治維新の殖産興業の諸政策はその典型である。

②既存の産業をいっそう発展させていくためにとられる促進・維持の政策。中小企業（とくに商業や工業）のための政策がその代表である。

③既成の産業を抑制したり、他の方向へと転換させるためにとられている施策。たとえば、炭鉱の閉山とか捕鯨の転換といった事態への対応のための政策である。

④いくつかの産業間で利害が対立するばあいの調整のための政策。たとえば、漁業のおこなわれている海を埋め立てて工業用地を造成するとか、逆にのり養殖を保護するといったばあいの政策である。

部分的な政策から総合的な政策へ

ところで、このような個々の産業に対する国の政策が、それに関連する他の産業や分野に思いもかけないかたちで影響をおよぼすこと

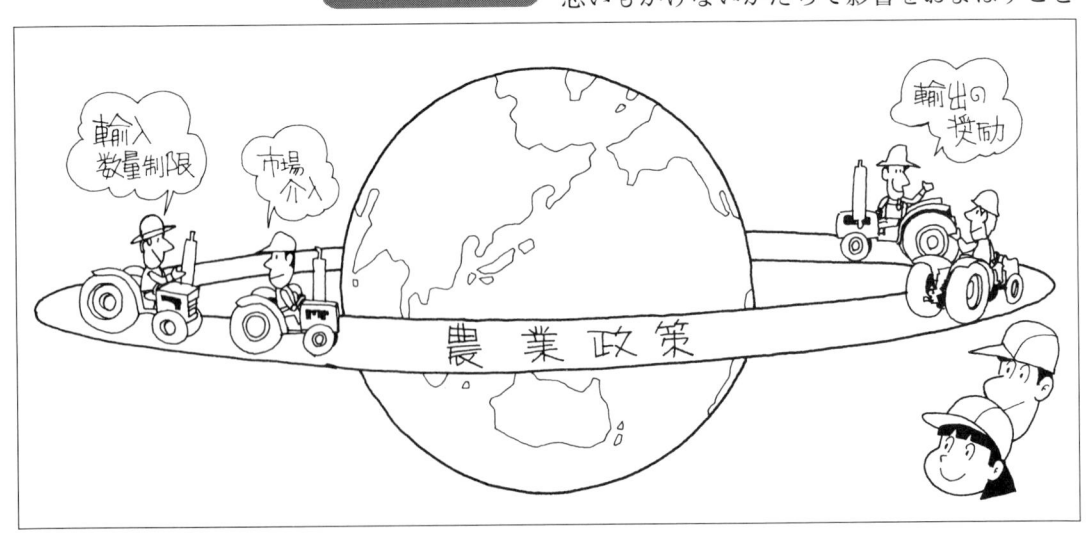

国内農業の保護は各国に共通

がしばしばある。たとえば，米の生産調整政策によってマメ類（とくにアズキ）への転作がふえ，従来からこれを主作としてきた畑作地帯が生産過剰で大打撃をこうむるといった事態が発生したこともある。

　産業間の関係がひじょうに複雑に入り組んでいる今日では，その政策の効果がさまざまな場面に波及的な効果をもたらしていくので，特定の産業に限定して直接的に政策が介入することはひじょうに困難になっている。そのため限定的・部分的な政策から，しだいに包括的・総合的な政策が要求されるようになる。

　食料の生産に関する政策に例をとれば，生産者を対象にした生産奨励，生産促進政策だけではなく，その生産物の加工・流通業者への政策を通じて生産と消費の拡大の両面への波及効果をねらう方向や，消費者への普及を促進する政策まで，対象も方法もひじょうに多様になっていく。このため，今日の食料政策は生産面での政策から，金融面や流通面まで含んだ総合的な施策が展開されている。

　以上のようにみてくると，ひと口で農業政策といっても，現在では，それを「農業や農家のためだけの政策」だけに限定的に考えることはできない[1]。

経済国際化のなかでの農業政策　さらに，外国との貿易がさかんになり，経済国際化の時代にはいっていくと，どうしても外国からの農産物との競争がはげしくなっていく。その結果，国内の農業を保護するための政策が新たにとられることになる。たとえば，表7-1は，三つの先進国（地域ブロックを含む）の国内の農業政策の実施状況を示したものである。

　これをみると，EC[2]（European Community，欧州共同体）や日本では外国からの輸入による国内の市場価格のきょくたんな下落を防止するために，主要品目についての関係機関による買入れ・買支え（市場介入）の政策がとられている。また，いずれの国でも自国の農業保護のための輸入数量制限がおこなわれている。さらにアメリカ合衆国では，輸出を奨励する手あつい政策もとられている。

　このように，農産物が国際的にさかんに流通するようになると，これに対処する政策の範囲もねらいも，ひじょうにひろくなっていく。

[1] 農産物価格の安定をねらいとした価格政策についてみれば，それは生産者だけでなく，消費者に対しても流通・加工関係者に対しても，さまざまな影響をおよぼし，生産者だけに特定の利益や不利益をもたらすわけではない。

[2] 1993年11月のマーストリヒト条約の発効以降は，EU（European Union，欧州連合）とよばれるようになってきている。EUは，市場の統合だけでなく，通貨の統合や共通の外交政策などもめざしている。

表7-1 主要先進国の農産物価格・貿易政策の概要

	アメリカ合衆国	EC	日本
主要価格支持政策	①価格の最低保証 ・商品金融公社（CCC）は農産物を担保として農民に融資、市場価格低落時は現物引渡しによる返済可能（穀物・ダイズなど） ・市場価格低落時にCCCが最低保証価格で買支え（乳製品） ②作付け削減および不足払い ・作付け削減参加農家に対してCCCが目標価格と市場価格（市場価格が融資レートを下まわるばあいは融資レート）の差を不足払い（穀物など） ③マーケティングローン制度（「輸出奨励政策」の欄参照）	①価格の最低保証 ・市場価格の下落を防ぐため、介入機関が介入価格で買支え（主要品目） ②生産割当 ・過剰が顕在化している品目につき、国別生産数量割当を実施、超過生産分については域内販売の禁止、あるいは高額課徴金の徴収（砂糖・生乳）	①買入れなどの実施 ・政府の定めた価格をもとに国または関係機関が買入れなどを実施（米・ムギ・牛肉・豚肉・生糸・甘味資源作物など） ②交付金の支払い ・政府の定めた水準をもとに国または基金が交付金を支払い補てんを実施（ダイズ・ナタネ・加工原料乳など）
国境調整政策	輸入数量制限など ・自由化義務など免除（酪農品など14品目） ・食肉輸入法による輸入制限（牛肉など2品目） ・その他の輸入制限（砂糖など3品目）	①輸入課徴金 ・EC域外から域内への輸入に関し、境界価格と輸入価格の差を課徴金として徴収（64品目） ②輸入数量制限 ・各加盟国により実施 　例：フランス　　19品目 　　（バナナ・ブドウなど） 　　旧西ドイツ　　3品目 　　（ジャガイモ関連） 　　イギリス　　　1品目 　　（バナナ）	①国家貿易 　（米・バターなど7品目） ②輸入数量制限 　（乳製品〈2〉・米麦加工品〈2〉・デンプン類および糖類〈2〉・地域農産物および海草〈3〉・魚介類〈3〉・その他〈1〉の13品目）
輸出奨励政策	①輸出奨励計画（EEP） ・他国の補助金付き輸出に対抗するため、アメリカ合衆国のシェアの低下している市場に輸出する輸出業者に対し、値引き相当額のボーナス（CCC所有の穀物など）を支給（主要品目） ②マーケティングローン制度 ・国際価格が融資レート（最低保証価格）を大はばに下まわっているばあい、農民に対し販売価格と融資レートの差額を財政援助（米・綿花） ③長期信用供与輸出など ・中長期低利の農産物買付資金を輸出先に融資、信用保証を含む中期信用の供与（穀物）	輸出払戻金 ・EC域内から域外への輸出に関し、市場価格と国際価格の差を払戻補助（主要品目）	

（21世紀会編『日本農業を正しく理解するための本』昭和62年を一部変更）

3 農業は過保護だろうか

　国や地方公共団体が，特定の政策（事業）をすすめるために団体や個人に交付する金を**補助金**といい，補助金によってすすめられる事業を**補助事業**とよんでいる[1]。

　わが国では，国の農林予算に占める補助金の割合が高く（30〜40％），農業政策をすすめるうえで補助金がひじょうに大きな役割を果たしており，補助金農政とよばれることもある。

　この補助金農政については，農業を他産業より過度に保護しているのではないか，そのため国際競争力が育たないのではないか，といった批判もある。こうした批判は，補助金がすべて農家の財布にはいってしまうかのような前提ですすめられていることが少なくない。しかし，補助金の流れをみると，たとえば農業機械の購入のための補助金は機械代金として販売店やメーカーに支払われ，農業土木工事のための補助金は工事費として土木業者に支払われていくことがわかる。つまり，補助金はめぐりめぐって国民経済全体に波及しており，補助金があるから農業が過保護だとはいえない。むしろこうした批判は，農業についての国民的な合意がじゅうぶんにできていないことのあらわれとして受けとめる必要があろう（⇒p.198）。

　同じように，農産物の貿易自由化の論議のさいに，「日本農業は補助金などによって過度に保護されているため，公正な国際競争をさまたげている」といった批判がある。しかし，表7-2からわかるように日本の農業予算は，他の先進国にくらべてけっして多いとはいえず，日本農業が過度に保護されているとはとてもいえない。

(1) 補助金の交付先としては，地方公共団体・農業団体・農家などがある。また，補助対象の事業には，ほ場整備などの公共土木事業・農業改良助長対策事業・農産物価格流通対策事業などがある。

●○ やってみよう ○●
　農協や市役所・町村役場を訪問して，その地域で交付されている補助金の種類，交付目的，交付条件を調べてみよう。つぎに補助金の交付を受けた人びとに話を聞いて，その効果がどのようになっているかまとめてみよう。

表7-2　主要先進国における農業予算の比較（1985年度）

	日　本	アメリカ	フランス	イギリス	旧西ドイツ
農業予算額　　　　　　　　　（億円）	26,800	127,096	28,710	7,567	12,133
国家予算に占める農業予算の割合　（％）	5.1	5.6	10.2	2.2	5.8
農業総産出額に対する農業予算の割合（％）	22.8	31.6	39.4	20.5	23.8
農家1戸当たりの農業予算額　（万円／戸）	61	556	271	310	163
耕地面積1ha当たりの農業予算額（万円／ha）	64	7	16	11	17

［注］　1．フランス・イギリス・旧西ドイツの予算には，ECからの予算の受取り分を含む。　2．換算レート：1ドル＝238.54円，1フラン＝26.55円，1ポンド＝309.23円，1マルク＝81.03円（1985年平均，IMF統計）　3．旧西ドイツの予算額には，林業も含まれる。

（21世紀会編『日本農業を正しく理解するための本』昭和62年による）

3 農業政策と農業関係法令

1 おもな法令の制定経過とその特徴

法令と農業政策 第2次世界大戦後まもない時期のわが国の農業政策の基調は、農村の民主化をすすめると同時に、戦争で荒廃した国民経済・国民生活の再建のために食料の増産をはかり、食料自給・経済自立をなんとかして達成しようという、国家的課題の解決と一体になっていた。そのため、生産条件が不利な地域の農家の生産意欲も高める必要があって、さまざまな法令（法律・政令・施行令・施行規則など）が制定され、補助金行政が推進された[1]。

やがて日本経済が復興し、第1次・第2次産業の経済成長のテンポがはやまるにつれて、それまでの農業政策からの転換（経済合理性の追求）がはかられるようになった。そして、昭和35年（1960）の「国民所得倍増計画」を契機にして、昭和36年には「農業構造の近代化を図って、農業と他産業との格差の是正」をめざす農業基本法（⇒p.195）が制定され、その実現のために**基本法農業政策**が打ち出されるにいたった。

このように、それぞれの時代の農業政策は、各時代の国家的課題を反映し、法令の制定をともなってすすめられる。

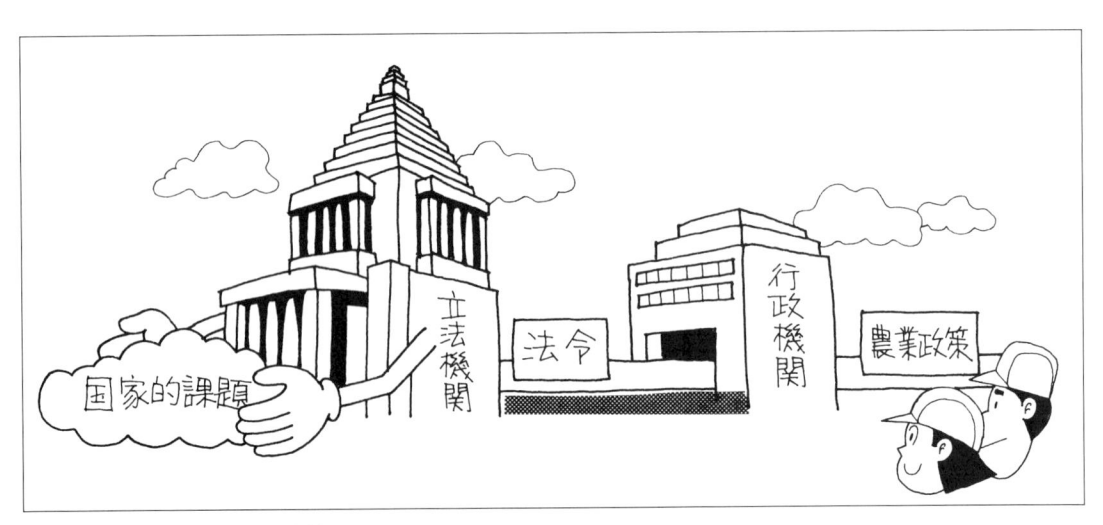

[1] 各種の不利な条件を負った限界地帯の農業にも配慮して、積雪寒冷単作地帯振興臨時措置法・特殊土壌地帯振興臨時措置法・離島振興法などがつぎつぎと制定された。

国家的課題から農業政策の実施まで

それは，国や地方公共団体がおこなう農業政策は法令によって活動の根拠があたえられ，その制度や組織も法令によって明確に規定されているからである。つまり，行政は強力な国家の権力を行使しておこなわれるから，その行使にさいしては法令の定めた範囲内で公正に実施することが大前提になっている。逆に，農業者は法治国家に住む国民として，どのような権利をもち義務を負っているかを認識するためにも，これらの法令を知っておくことが必要である。

おもな法令と農業政策

農業関係法令とひと口にいっても，その数はじつに多く，農林水産省監修の『農業六法』に集録されている法令だけでも260以上に達しているが，主要な行政分野ごとに重要と思われる法律を示したのが表7-3である[(1)]。このうち戦後から現在までに制定された法律について，その特徴をみると，大きく四つの画期があることがうかがわれる。

(1) ここでは主要な法律の制定時の目的や内容に重点をおいて示したが，制定後に重要な改定がおこなわれることがあるので，この点にはじゅうぶん注意しなければならない。

第1の画期：戦後まもない時期には，今日までつらぬかれている農業政策の基盤をなす法律が数多く制定された。とくに，自作農の創設・維持と，その相互協力による農業生産力の発展をめざした，いわゆる「考える農民」を育成しようとした法律が数多く整備された。

第2の画期：昭和20年代の終わりから30年代のはじめにかけては，農業の機械化など日本農業の新しい展開に対応する法律が登場する。

第3の画期：昭和30年代の後半からは，高度経済成長期に対応した農業の近代化など農業政策の新たな展開にかかわる法律とともに，貿易自由化に対応した法律の整備がみられる。

第4の画期：昭和40年代の後半以降は，国民生活の変化，農業のにない手の高齢化，農村の都市化や混住化などに対応する，新しい視点に立った法律の登場がみられる。

以下，それぞれの画期を代表する法律をみてみよう。

第1の画期を代表する法律

農地法[(2)]：「農地はその耕作者みずからが所有することを最も適当であると認めて」（第1条），自作農の創設・維持をめざす自作農主義の観点から，耕作者が農地の取得ができるように促進すること，その権利を保護すること，そして農地の農業上の効率的な利用ができ

(2) 農業の基本にかかわる法律であるため，農業情勢や農業を取り巻く情勢の変化などを反映して，重大な改正が何回かおこなわれている。たとえば，昭和37年(1962)の改正では，農業構造改善事業の具体化に関連して農業生産法人や農地信託の制度が設けられ，昭和45年(1970)の改正では，農地の借入による移動がみとめられることになった。

表7-3 現行のおもな農業関係法令の概要

行政分野別	法令の名称	制定年月	目的および内容
1. 農業の基本問題に関する法律	農業基本法	昭36. 6	農業の向かうべき方向、政策目標の明確化
	農林水産省設置法	昭24. 5	所掌事務の範囲、権限の明確化、組織体制
2. 農地に関する法律	農地法	昭27. 7	農地に関する耕作者の権利の取得・保護
	農業振興地域の整備に関する法律	昭44. 7	農業振興地域の指定、整備計画の推進
	農用地利用増進法	昭55. 5	農用地に関する耕作者の利用権の設定促進
	市民農園整備促進法	平 2. 6	都市住民のレクリエーション用の農園の整備
3. 土地改良に関する法律	土地改良法	昭24. 6	農用地の改良・開発・保全・集団化などの実施
	土地改良法施行令	昭24. 8	土地改良区などの組織運営
	海岸法	昭31. 5	海岸の防護、国土の保全
	地力増進法	昭59. 5	地力の増進の指針作成、土壌改良資材の適正化
4. 農業振興に関する法律	種苗法	昭22.10	指定種苗の品種登録
	農業改良助長法	昭23. 7	能率的な技術改良、生産の増大、生活改善の普及
	主要作物種子法	昭27. 5	優良種子の生産・普及の促進
	農業機械化促進法	昭28. 8	農業機械化の促進、農機具の検査・改良普及
	野菜生産出荷安定法	昭41. 7	主要野菜の生産出荷の近代化計画
5. 畜産に関する法律	牧野法	昭25. 5	地方公共団体の牧野管理、利用の高度化
	家畜改良増殖法	昭25. 5	種畜の確保・登録、人工授精などの振興促進
	飼料需供安定法	昭27.12	政府による輸入飼料の購入・保管・売渡し
	酪農及び肉用牛生産の振興に関する法律	昭29. 6	酪農および肉用牛生産の近代化の総合的推進
	畜産物の価格安定等に関する法律	昭36.11	主要な畜産物の価格安定化、資金調達の円滑化
6. 蚕糸に関する法律	製糸業法	昭 7. 9	生糸製造業の免許管理
	繭糸価格安定法	昭26.12	繭および生糸の価格安定化
7. 肥料・飼料・農薬に関する法律	農薬取締法	昭23. 7	農薬の登録・販売・使用の規制
	肥料取締法	昭25. 5	肥料の品質保全、規格の決定、登録検査
	飼料の安定性の確保及び品質の改善に関する法律	昭28. 4	飼料の製造などに関する規制、検定の実施
8. 食糧に関する法律	食糧管理法	昭17. 2	国民食料の確保、国民経済の安定のための食料管理
	農業倉庫業法	大 6. 7	農業倉庫業の認可・業務規制
	農産物検査法	昭26. 4	農産物の公正円滑な取引きのための国による検査
	大豆なたね交付金暫定措置法	昭36.11	ダイズ・ナタネの生産の安定化のための交付金交付
9. 保険・災害に関する法律	農業災害補償法	昭22.12	不慮の事故・災害によってうける損失の補てん
	農業共済基金法	昭27. 6	農業共済事業の収支の安定化のための基金制度
10. 農業金融に関する法律	農林中央金庫法	大12. 4	農林中央金庫の目的・組織・業務の明確化
	農業近代化資金助成法	昭36.11	長期・低利の資金供給のための利子補給制度
	農業信用保証保険法	昭36.11	農業近代化資金などの債務の保証のための制度
11. 農業団体に関する法律	農業協同組合法	昭22.11	農民の協同組織の発達を促進、協同組織の監督
	農業委員会等に関する法律	昭26. 3	農業委員会・農業会議・農業会議所の組織運営
12. その他農業に関係する法律	農村地域工業等導入促進法	昭46. 6	農村地域への工業などの導入の計画調整
	農業者年金基金法	昭45. 5	農業者の経営移譲、老齢年金の給付などの事業実施
	総合保養地域整備法	昭62. 6	国民が余暇を利用して滞在する農村リゾートの整備

[注] 目的および内容については、制度後の改正によって変化した内容も盛り込んで示した。

(農林水産省監修『農業六法』平成4年による)

るように利用関係を調整すること，を目的にした法律である。

農業協同組合法[1]：「農民の協同組織の発達を促進し，以て農業生産力の増進と農民の経済的社会的地位の向上」（第1条）をはかるため，農協・農協連合会の組織・運営の規定（第2章），農協中央会を農協・農協連合会などの組合の健全な発達をはかるために設置・運営すること（第3章），行政は組合・農事組合法人ならびに農協中央会の事業実施状況について監督すること（第5章），などがもり込まれている。

農業改良助長法：「農民が農業に関する諸問題につき有益，適切且つ実用的な知識を得，これを普及交換して公共の福祉を増進する」（第1条）ことを目的にして，農業に関する試験研究の助長（第2章）をおこない，農民が農業および農民生活に関する有益かつ実用的な知識を得やすく，そしてそれらを有効に応用することができるように都道府県と農林水産省が協同しておこなう普及事業を助長（第3章）する。そのための**改良普及員制度**が規定されている。

［第2の画期を代表する法律］
農業機械化促進法：農業機械化の促進のために必要となる高性能の農業機械の計画的な導入に関する措置（第1章），農機具の検査に関する制度（第2章），農機具についての試験研究体制の整備（第4章）が規定されている。

酪農及び肉用牛生産の振興に関する法律：「酪農及び肉用牛生産の健全な発達並びに農業経営の安定を図り，あわせて牛乳，乳製品及び牛肉の安定的な供給に資する」（第1条）ことを目的にして，集約酪農地域の制度（第2章），生乳などの取引の公正確保（第3章），牛乳および乳製品の消費の増進や肉用子牛の価格安定，牛肉の流通合理化（第3章），などを包括する酪農および肉用牛生産の近代化を計画的に推進するための措置が定められている。

［第3の画期を代表する法律］
農業基本法：昭和30年代の前半期に，基本法の制定をもとめる各界からの広範な要望にこたえて制定された経緯がものがたるかのように，つぎの文章ではじまる前文がついている。「わが国の農業は，長い歴史の試練をうけながら，国民食料その他の農産物の供給，資源の有効利用，国土の保全，国内市場の拡大など国民経済の発展と国

---

(1) 昭和20年（1945）の制定後の大きな改定としては，昭和37年には5戸以上の農家による協業経営に法人格をあたえて「農事組合法人」としての加入を認めるように改正され，昭和48年には農村の混在化に対応して信用・共済事業の拡充や宅地等の供給事業もおこなえるように改正された。

◯ **やってみよう** ◯

表7-3の法令を制定年月の古い順に並べかえ，それぞれの時代によって，法令の目的や内容にどのような特徴がみられるか考えてみよう。そのばあい，日本と世界の政治・経済上のおもなできごとも記入し，それらと法令との関連も考えてみよう。

民生活の安定に寄与してきた」。そして，このような農業および農民の役割が，民主的で文化的な国家の建設にとって重要であるが，近年の経済のいちじるしい発展にともなって，生産性や生活水準の格差が拡大しているので，他産業との格差を是正するために，①農業生産の選択的拡大，②土地や水の資源の開発と有効利用，③農業構造の改善，④農産物流通の合理化，加工および需要の増進，⑤農産物価格の安定，⑥農業資財の流通の合理化，価格の安定，⑦農業経営担当者の養成・維持，⑧農村の環境整備，などの必要な諸施策を総合的におこなうことを規定している。この法律は，農業の近代化・構造改善というその後の農業政策の基調をつくる発端となった。

農業近代化資金助成法：農業者などに対して農業関係の融資をおこなうことを業務とする農協やその他の機関が，長期・低利の融資を円滑におこなうために，「国が，都道府県の行なう利子補給等の措置に対して助成し，又は自ら利子補給を行なう措置を講ずる」（第1条）ことを規定している。この助成を通じて農業基本法の目的達成をはかろうとするものである。

大豆なたね交付金暫定措置法：この時期にしだいにふえてきた海外農産物の輸入に対して，国内産のダイズ・ナタネの販売の数量および方法を調整し，その販売事業をおこなう生産者団体を通じて，生産者に交付金を交付することを規定している。

[第4の画期を代表する法律] **農用地利用増進法**：自作農主義を掲げた「農地法」に対して，借地農のみちをひらいたものとして注目されている。「農用地について耕作者のために利用権(1)の設定等を促進する事業」（第1条）などを総合的にすすめることを目的にして，市町村が農用地利用増進計画を積極的にすすめるように規定している(2)。

市民農園整備促進法：「主として都市の住民のレクリエーション等の用に供するための市民農園(3)の整備」（第1条）を推進するための措置をおこなって，健康でゆとりのある国民生活の確保や，好ましい都市環境の形成と，農村地域の振興との調整をねらいとしている。

---

(1) ここでいう利用権とは「農業上の利用を目的とする賃借権若しくは使用貸借による権利又は農業の経営の委託を受けることにより取得される使用及び収益を目的とする権利」（第2条）である。

(2) 平成5年(1993)に全面改正され，「新政策」（⇒p.198）の具体化のために成立した「農業経営基盤強化促進法」に包含されることになった。この法律は，経営感覚にすぐれた効率的かつ安定的な農業経営（農家あるいは組織経営体）の育成をねらいとして，今後の農業のにない手にふさわしい農業者の認定（認定農業者）とその育成，農地の流動化，農業経営の法人化などをすすめることを柱としている。

(3) ヨーロッパでは，クラインガルテン（ドイツ語で「小さな庭園」という意味）とよばれる市民農園（貸し農園）が19世紀から各都市に設置されている。クラインガルテンは，野菜・果樹・草花などを栽培して土や緑に親しむことができる場であるとともに，区画ごとにしゃれた小屋をそなえており，人びとの交流の場ともなっている。

2 既存の法令と新たな立法

既存の法令の運用と新たな立法

以上のように農業関係法令は，その時代，その時代に必要とされた農業関係の組織や制度を新たに設けるさいの法的根拠となっている。そして，農業政策は，法令を解釈・運用して，社会の動きやこれにともなう人びとのニーズの変化に即応して政策活動を展開していく。

しかし，その法令によって組織や制度が発足したときとは社会の条件や人びとのニーズが大きく変化してくると，既存の組織や制度が時代おくれになってしまうばあいも出てくる。こうしたばあいには，既存の組織や制度の存在理由を見直して，もし必要であればこれを廃止して新たな組織や制度を改めてつくることも必要になってくる。それは，関係する法令を廃止して新たな法令を定める（立法）ということにつながる。

ところが，新たな立法は，その組織や制度がどうしても必要とされる根拠を明らかにすると同時に，ひろく国民の合意をとりつけるという手続きを要する。そのためには，ひじょうに長い時間と多くのエネルギーが必要となるが，そのように長い時間がかかっていては，当面の問題解決に間にあわないという事態も生まれかねない。

そこで，その組織や制度がつくられたときとは社会の情勢も人びとのニーズも大きく変化しているけれども，旧来の法令の条文の解釈や適用の許容範囲を最大限に活用して，新しい事態に一時的に対

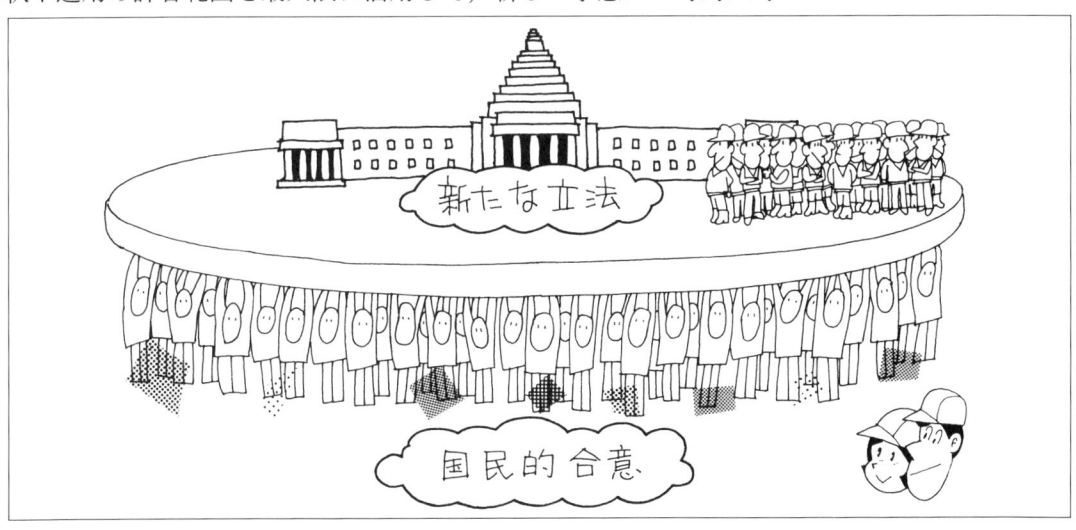

新たな立法に必要な国民的合意の形成

処するということが、しばしばおこなわれている。

　このことは、当面はひじょうに弾力的かつ迅速に問題解決に対応できたかのようにみえるが、組織や制度の運用が関係者の判断によって大きく左右されることになり、より基本的な問題が出てくる。つまり、新たな立法の過程を通じて、その問題をひろく国民の前に提示し、その問題をどう解決するかについての国民的な合意を形成していく、という取組みがおこなわれなくなっていく危険性がある。

もとめられる国民的な合意形成

　今日、日本農業の現状や問題点などの理解について、農業者と都市の人びととのあいだで考えかたのちがいがあり、それがますますひろがっていくようにさえみえるのは、このようなその場しのぎの一時的な対応の結果ではないかとも考えられる。

　したがって、問題の実情を国民によく知ってもらい、その解決方向を国民的な合意のもとで選択する、という民主的なひらかれた場での論議をすすめることが最大の急務であろう。そのためには、農業者自身が都市の人びとに向かって積極的に現状や問題点を正確に伝えていくことが重要である。そのばあい、ただ一方的に農業者の立場から発言するだけでなく、都市の人びとの生産活動と生活についても、じゅうぶんに理解を深めていくことが必要になってくる。

　とりわけ、地域の主要な産業が農業や林業などの第1次産業によって占められているところでは、農業者として活発に発言し活動することが、地方自治体の発展にもつながっていく[1]。この意味では、地域の社会・経済のかなめとしての農業者の役割が大きく期待されている。

新しい食料・農業・農村政策の方向

　平成4年（1992）に農林水産省は「新しい食料・農業・農村政策の方向」（「新政策」ともよばれる）という今後の政策の展開方向を提示した。「新政策」では、食料・農業・農村政策という三つの側面を総合的にとらえて均衡のとれたかたちで政策をすすめていくことが、豊かでゆとりのある国民生活の実現のためにぜひとも必要であり、そのために国民的な合意にもとづいて、政策をすすめていくという方向づけがなされている。この政策が打ち出されたのは、農業基本法制定後すでに30年を経過してその見直しが議論されると同時に、

[1] 地方自治体の経済的な基盤（健全な財政）の確立や、自治体職員の政策立案能力の向上などともつながっている。

ガットのウルグアイ ラウンド⁽¹⁾農業交渉の進展，さらには世界的な環境問題への関心の高まり（⇒p.204）といった国際情勢を念頭において，政策をすすめていくことが必要になってきたためである。

「新政策」の基本　「新政策」ではまず，わが国の食料自給率の異常な低さ（図1-8）や国際的な食料需給の将来見通しなどをふまえて，国内の人・土地・技術といった資源を有効に活用して，食料生産を維持・増大させて，安全な食料を安定的に供給していくことを食料政策の基本としている。そして，このことが，国際的な食料の需給安定と国際社会への貢献にもつながるとしている（⇒p.25）。

農業政策においては，経営感覚にすぐれた効率的・安定的な経営体を育成することを基本として，生産・流通段階において市場原理や競争原理のいっそうの導入をはかること，優良な農地の保全・確保と効率的利用をはかること，などが示されている（⇒p.196）。

また，農業・農村がもっている生活・就業の場の提供，国土保全や自然環境の保全・形成，自然・文化資源の提供といった多面的な機能（⇒p.24, 150）に着目して，農村地域（とりわけ中山間地域）の生活環境の整備や所得の維持・確保，農山漁村と都市との交流の推進などを軸とする農村地域政策を積極的にすすめることが示されている。さらに，環境保全型農業の確立にも重点をおいている。

新政策の特徴と課題　このように新政策は，従来の政策が農業生産という側面に集中しがちだったのにくらべて，農業・農村のもつ多面的な機能を高く評価して，それらの調和ある発展をめざしているという点で，国民すべてに関連のある政策の推進という方向がはじめて打ち出されたといえる。また，ひろく国民的な合意によって政策を推進していこうとしている点も大きな前進である。

しかし，新政策のかかげる，安全な食料の安定供給，生産・経営効率の重視，地域や環境の重視といった観点は，たとえば生産効率を追求しすぎると安全性や環境への配慮が犠牲にされやすいというように，それぞれ矛盾する側面も含んでいる。こうした点をいかに調整して，国民的な合意の形成をはかりながら政策を具体化していくかは，今後の大きな課題である。また，ウルグアイ ラウンド農業交渉によって，わが国の食料自給率のいっそうの低下が心配されているなかで，いかにしてこれを防いでいくかも重要課題となっている。

(1) ガット（関税貿易一般協定，自由貿易を基盤とする国際貿易の促進を目的とする国際協定，1974年設立）の多角的貿易交渉，世界貿易の新しいルールづくりをめざし1986年に96か国が参加して開始された。

4 〔世界の農業政策の動き〕

1 主要な国の農業政策の動き

世界の農産物の流れ

今日のように経済や技術・文化の国際化がすすんだ時代には，一つの国というわく内に限定してものごとをとらえたり，考えたりするだけでは限界がある。図7-3は，先進国から輸出された穀物の流れを示したものである(1)が，このようにたがいに競争しながら海外からの農産物がはいってきているなかで，日本農業をどう発展させていくかという観点が重要である。

したがって，日本に住むわたしたちは日本の農業政策に大きな関心をそそぐのと同じように，世界の国ぐにがどのような農業政策をおこなっているかについても注目する必要がある。とくに，図7-3のなかで国際的に大きなシェアを示しているアメリカ合衆国やECの農業政策がどのような特徴をもち，どのような方向にすすみつつあるかはひじょうに興味深いことがらである。

(1) このほかにも開発途上国や社会主義国からの穀物の流れがあるから，実際はもっと複雑になっている。

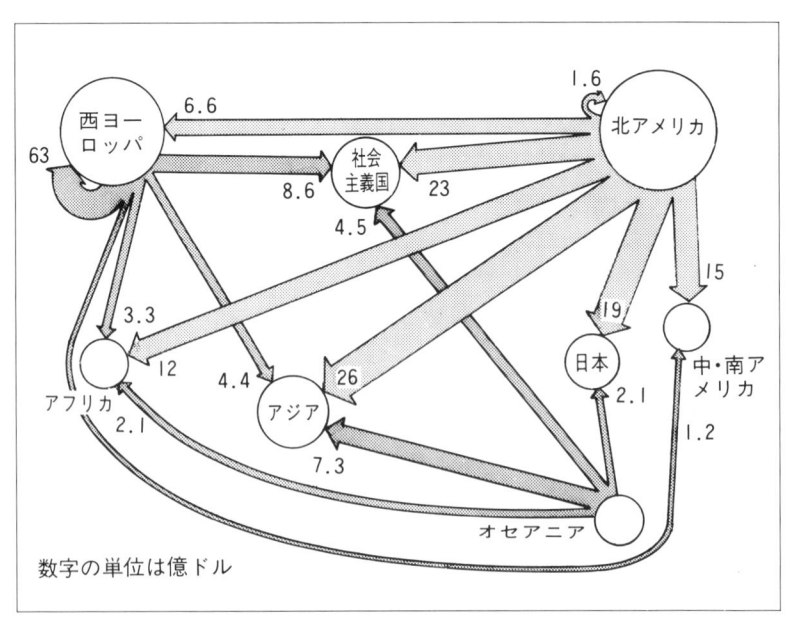

図7-3 先進国からの穀物の流れ（1987年，輸出額ベース）
（矢野恒太記念会編『1990日本国勢図会』平成元年による）

アメリカの農業政策の動向

アメリカ合衆国の農業は，19世紀のなかごろからおもにヨーロッパ向けの穀物輸出国として発展してきた。そして，第1次世界大戦を契機にして飛躍的な発展をとげるが，第1次世界大戦後の慢性的な不況（農業恐慌）によって輸出不振におちいった[1]。さらに，1929年には，ニューヨークの株式市場の大暴落を契機にして世界大恐慌が発生し，痛烈な追打ちをかけるかたちで農産物価格の暴落[2]がおこった。

その結果，この時期までは徹底的な自由放任の農業政策をとってきたアメリカ合衆国は，農業恐慌にともなう破産と失業の大量発生，そして過剰農産物の累積，という破局的な事態のもとで，一転して政府の介入による農産物価格の支持と市場安定のための政策をとった。このとき以来，農産物価格の上昇をねらって生産を制限し，この生産制限に協力した者には政府の補償金を交付するという価格支持政策が今日までつづけられている（⇒p.190）。

このような価格支持政策を基調とするアメリカ合衆国の農業政策の最大の問題点は，納税者や消費者に対して多額の費用負担をよぎなくさせているにもかかわらず，ばく大な農産物の過剰，他国との貿易摩擦，といった問題を解決できないでいるという点にある。そのため，価格支持の水準を大はばに引きさげ，市場志向型の農業政策に転換させようというのが政府の意向である。しかし，農民への経済的保護の持続を主張する農民諸団体からの要求は，このような

(1) 1919年の農産物輸出額38億ドルが，1925年には19億ドルへと半減した。
(2) 1929年の価格指数を100とすれば，1932年には46という水準にまで下落した。

アメリカ合衆国の肉用牛飼育

価格支持の削減・撤廃を実行不可能にしている。

　価格支持政策についてアメリカ合衆国の特徴的な農業政策としては，とくに土壌侵食を防止するための土壌保全政策がある。

　また，普及教育のための政策は，アメリカ合衆国の農業政策の源流をなすもので，①農家への生産・流通・経営に関連する最新の研究成果の提供が中心であるが，②土壌保全・水保全などの環境保護についての教育・助言も含まれており，③家政やこどもの教育，両親の教育，栄養教育などの生活改善も大きな比重を占めている。

ECの農業政策動向

　1958年にフランス・旧西ドイツ・イタリア・オランダ・ベルギー・ルクセンブルグの6か国でスタートしたECは，1973年にはイギリス・アイルランド・デンマークが加盟し，その後，ギリシア・スペイン・ポルトガルも加わって，1992年12月には域内統合市場を完成させ，すでに300近い法律によって人・物・サービス・資本などの域内での移動の自由化がおこなわれている。ECが包括する総人口は3億2,000万人，国内総生産は4兆3,000億ドル（日本のほぼ2倍）という規模である。

　このECで1962年から実施されている共通農業政策の重点は，①農業における生産性の向上，②農業従事者の所得の増加と生活水準の向上，③農産物市場の安定化，④生産資材の安定供給の確保，⑤合理的な価格水準での消費者に対する農産物供給の確保，であり，価格政策と構造政策の二本だての施策がとられている。価格政策としては，域外から割安ではいってくる農産物に対しては課徴金をかける輸入課徴金制度を軸とする価格支持政策が中心になっている（⇒p.190）。

　いっぽう，構造政策によって1960～80年までの20年間に農家戸数は820万戸から570万戸へとおよそ30％減少したが，農用地面積はほぼ同じ面積で推移しているので，かなりの規模拡大が進行したとみられる。また，この期間に農業従事者が1,900万人から800万人へと大はばに減少しているから，労働生産性の向上が達成されていることも推察できる。これは，価格支持政策によって高い所得水準が維持され，これが農民の生産意欲を刺激し，農業技術の発展をうながしたためとみられる。

フランスのブドウ畑

こうしてECの農業生産は，域内の需要を上まわって伸びていったため，1970年代の後半にはコムギ・オオムギなどの穀物やバター・チーズなどの乳製品が生産過剰の状態になった。さらに，その後は砂糖・ワイン・ブロイラーなどの品目でも生産過剰があらわれた。
　これに対処して，1980年代はじめからは価格支持水準の抑制と過剰農産物の生産調整（たとえば乳牛から肉牛への切りかえの促進など）がおこなわれた。
　つまり，ECの共通農業政策は，いっぽうでは農業の保護をすすめつつ，他方では過剰の抑制と経費の節減をはかるという困難な課題に直面しているのである。
　しかし，ECの中核の一つであるドイツの農業政策の動向をみると，このような問題点をかかえつつも，つぎの3点においてたえず一貫した立場を堅持していることが注目される。
　①食料の安定的供給を確保することが農業政策の義務である。
　②食料自給率80〜90％を目標とするからには，農家の所得を一定水準以上に保って生産のにない手を政策的に確保する。
　③農業のもつ多面的な機能（国土の保全，農村景観の維持・保存，地域経済の活性化に対する役割など）を重視する。
　そして，これらを実行するうえでの国民的な合意を形成する努力がつづけられているのである。

ドイツバイエルン州の農村

2 新しい農業政策のうねり

　以上のように，農業政策は，それぞれの国の伝統や農業のおかれている条件などによって，さまざまな特徴を示しながら展開されている。しかし，農業保護と過剰生産と貿易摩擦というジレンマをいかに解決するかという点では各国とも共通しており，これを一国内の問題として解決していくことはすでにいちじるしく困難になりつつある。

　こういうあい路に立っている農業政策に対して，近年，新たな転換方向を示唆するいくつかの動きがある。一つは，アメリカ合衆国における**低投入持続的農業**（LISA「リサ」，Low Input Sustainable Agriculture）とよばれる動き，もう一つは，ドイツ南西部バイエルン州を中心とする**粗放化農業へのみち**の提唱である。

低投入持続的農業

　LISAの主張は，「資源の再生産と再利用を可能にし，農薬・化学肥料の投入量を必要最小限におさえることによって，地域資源と環境を保全しつつ一定の生産力と収益性を確保し，しかも，より安全な食料生産に寄与しようとする農法の体系」という，その定義に集約されている。つまり，現代の農業技術の発展は，多肥・多農薬の方向でひたすら収益追求のみちを走ってきたが，地域資源の中心をなす土も水もこれによって汚染され，われわれののちの世代が，何世代にもわたってそれらの資源を利用しつづけることがあやぶまれる

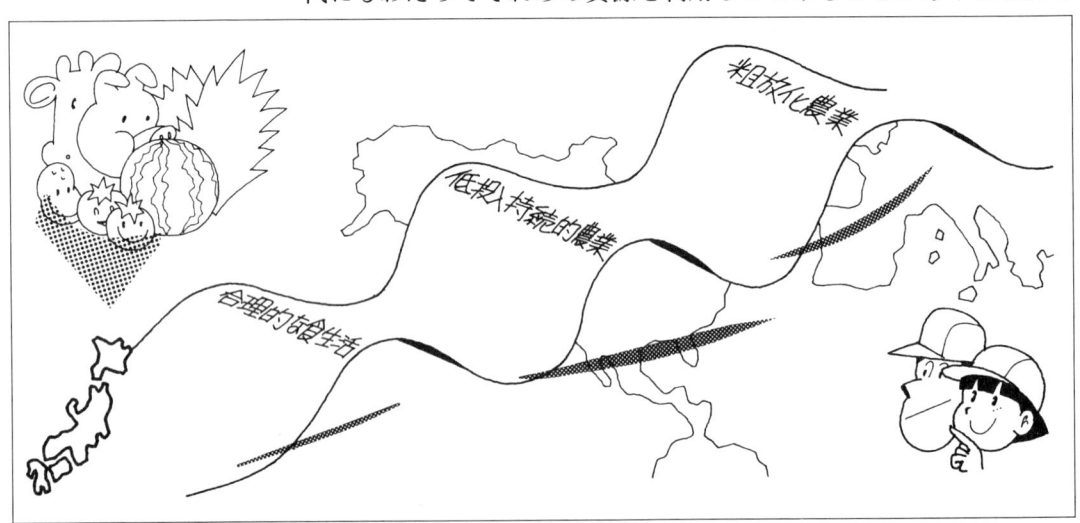

新しい農業政策の三つのうねり

ようになっており，地域の環境破壊もすすみつつあるので，自然と調和し，環境にやさしく，しかも安全な食品を生産する新しい農法をつくり出そうという主張である[1]。

これがにわかにクローズアップされたのは，この考えかたがアメリカ合衆国の1990年農業法の審議のなかで，①食品の安全性と消費者の問題，②環境保全問題，③LISA研究（LISAの技術的な研究のための新しい機関の設置，地球の温暖化研究など），といったかたちで論議の中心となったためである。こうした動向は，現在のような資材の多投→過剰生産→収益低下という悪循環の打開が，農業政策に対して切実にもとめられていることを示すものである。

粗放化農業へのみち

ECでは，農家の所得水準の向上のための施策の一環として，かなりはやくから山岳農民プログラム[2]を推進してきた。その後，この政策の適用対象を山岳地帯だけに限らずに，農業条件の不利な地域にもひろく拡大してきた。そしてドイツのバイエルン州ではさらに，農家が生態系を維持し，自然環境を保全することを考えて粗放的な農法に切りかえていくことに取り組んだばあいには，ECからの補助金に加えて，州独自の補助金も出そうという政策が出てきたのである。

また，バイエルン州では，牧畜をおこなう中小農民をとくに保護するというねらいから，酪農では搾乳牛70頭以下，養豚では母豚250頭以下の農家に限って補助金を交付し，それ以上になると助成を打ち切るという思いきった方向も検討されている。これは，大規模・収益追求型の農業の上限を設定し，地域内の家畜頭数を一定以上にふやさないという方向で，環境を保全していこうとしているのである。

合理的な食生活へのみち

さらに，もう一つの新しいうねりとして世界的に注目されるのは，食品の安全性と連動するかたちで健康保持のための食生活のありかたについて関心が高まっていることである。この点からは，**日本型食生活**[3]の合理性が注目されている。

それは，表7-4にみられるように，日本人の平均寿命が他の主要先進国にくらべて比較的長く，しかも，成人病による死亡率がかなり

---

(1) こういった主張は，欧米ではすでに1世紀以上も前からおこなわれている「有機農業」の運動とも共通する面がある。

(2) アルプスの山ろくなどにある農山村では，機械化をすすめる立地条件に恵まれていないため，能率的な生産をおこなうことはできないが，そこで旧来の農法を持続することは国土の保全や地域社会の維持・存続につながるという観点から，山岳農民に一定の所得補償をおこなう政策。

(3) 日本型食生活の大きな特徴としては，①エネルギー摂取量が適正水準にあること，②タンパク質・脂肪・炭水化物のバランスがよくとれていること，③タンパク質が畜産物・水産物・植物からバランスよく摂取されていること，があげられる。

低いこととも密接に関連していると考えられている。このように，人びとの生活と健康な生活を支えるための合理的な食生活のありかたの検討も，農業政策の一環として重要なことがらになってきている。

わたしたちの課題

わたしたちは農業政策というと，つい目先の自分たちの利害に直接かかわることとしてだけとらえがちである。しかし，これまで学んできたように，他の地域の農業者や他の産業の人びととのかかわりあいが問題になることもわすれてはならない。さらに，今日のように国際化がすすんでいる時代には，それとまったく同じ意味で，他国とのかかわりあいが問題となる。そして，この観点をさらにひろげていくと，この地球という限られた土地や資源のうえで，わたしたち人類が，今後どのようにして仲よく，豊かに生きていくべきか，という問題も，この延長線上で考えておかなければならないことに気づくであろう。そういう問題のひろがりを改めてわたしたちに教えてくれるもの，それが農業経営なのである。

やってみよう

自分たちの地域の農業経営と農業政策に，今後何がもとめられているか，各自の考えをまとめてみよう。そのうえで，地域の農家・消費者，地方自治体・農協・農業改良普及所・消費者グループなどの人びとを招いて，「21世紀の○○地域の農業・農村」といったテーマでシンポジウムを開催してみよう。

表7-4 主要国における平均寿命と成人病死亡率

		日本	アメリカ合衆国	イギリス	フランス	スウェーデン	旧西ドイツ
平均寿命（歳）	男	69.31	74.54	71.60	71.09	70.73	73.62	70.46
	女	74.66	80.18	78.80	77.11	78.85	79.61	77.09
	（作成年次）	(1970)	(1984)	(1983)	(1980-82)	(1982)	(1983)	(1981-83)
成人病死亡率（10万人当たり人）	心疾患	86.7	113.9	324.0	385.3	208.2	449.2	368.1
	（うち虚血性のもの）	(37.9)	(41.1)	(249.0)	(312.9)	(95.1)	(395.9)	(214.1)
	脳血管疾患	175.8	117.2	74.9	140.4	124.1	115.1	168.9
	糖尿病	7.4	7.9	15.3	9.3	13.5	13.0	20.7
	（調査年次）	(1970)	(1984)	(1980)	(1981)	(1981)	(1981)	(1981)

[注] 日本の1984年の成人病死亡率は概数値である。アメリカ合衆国の平均寿命は白人のものである。イギリスの平均寿命および成人病死亡率は，イングランドおよびウェールズにおけるものである。

（馬場啓之助・唯是康彦編『日本農業読本第7版』昭和62年による）

索引

あ
青色申告 …………………………142
アグリビジネス ……………………23
安静時代謝量 ……………………145

い
EC(欧州共同体) ………………189
1日当たり家族労働報酬 …………61
1戸1法人 ………………………172
1頭(羽)当たり飼料費 ……………63
1頭(羽)当たり生産量 ……………63
一般管理費 …………………………70
一般金融 …………………………112
インテグレーション ……………108

う
う回生産 ……………………………45
売り手市場 …………………………91
ウルグアイ ラウンド ……………199

え
営農指導事業 ……………………126
エネルギー代謝率 ………………145
エンゲル係数 ……………………149

お
卸売業者 ……………………………93
温度計グラフ ………………………63

か
会社法人 …………………………172
買い手市場 …………………………91
改良普及員制度 …………………195
価格支持政策 …………………190, 201
価格弾力性 …………………………91
家計費 …………………………81, 147
加工原料乳生産者補給金制度 …100
加工事業 …………………………128
可処分所得 ………………52, 140, 149
過疎化 ……………………………159
家族経営 ……………………………16

家族周期 ……………………142, 165
家族労働報酬 ……………………52
家畜改良事業団 …………………184
ガット ……………………………199
加入自由の原則 …………………121
株式会社 …………………………173
環境保全 ……………………………22
監事 ………………………………122
乾田馬耕 ……………………………6

き
機械・施設の利用率 ………………61
企業経営 ……………………………32
技術的指標 …………………………63
基礎代謝量 ………………………145
基本法農業政策 …………………192
教育活動促進の原則 ……………123
教育・広報活動 …………………129
供給曲線 ……………………………91
協業経営組織 ……………………169
競合関係 ……………………………47
共済事業 …………………………126
共済連 ……………………………123
協同組合 …………………………123
協同組合間の協同の原則 ………123
共同計算方式 ……………………124
共同利用組織 ……………………169

け
経営組織 ……………………………46
経営能率指標 ………………………61
経営部門 ……………………………46
経済連 ……………………………123
系統金融 ……………………112, 125
系統資金 …………………………112
系統農会 …………………………183
原価 …………………………………69
限界収量 ……………………………40
限界収量曲線 ………………………40
限界投入 ………………………40, 53
原価曲線(コストカーブ) …………73
原価計算 ……………………………51

減価償却 ……………………………35
減価償却費 …………………………51
兼業農家 ……………………………17
現金決済 …………………………125

こ
合資会社 …………………………173
厚生事業 …………………………127
耕地利用率 …………………………61
購買事業 …………………………125
合名会社 …………………………173
高齢化 ………………………………19
国際協同組合同盟(ICA) ………123
コスト逆ざや ………………………97
固定資本 ……………………………34
固定費 ………………………………71
米市場 ………………………………97
混住化 …………………………19, 158

さ
財産 …………………………………34
作目別生産部会 …………………122
雑費比率 …………………………149
山岳農民プログラム ……………205
産業組合 ……………………112, 120, 183
参事 ………………………………122
残存価額 ……………………………50

し
資金市場 …………………………112
自主流通米 …………………………97
市場介入 …………………………189
市場外流通 ………………………103
自然経済 ……………………………32
指導事業 …………………………126
自動車資本 …………………………34
指導農業士 ………………………171
資本 ……………………………30, 32
資本集約作目 ………………………49
資本装備指標 ………………………61
資本粗放作目 ………………………49
市民農園整備促進法 ……………196

借入地 …………………………38	専業農家 …………………………17	長期共済 …………………………126
10a 当たり収量 ………………63	全共連 …………………………123	直接統制 …………………………96
10a 当たり農業経営費 ………63	線形計画法 ………………………74	地力 ………………………………36
10a 当たり農業所得 …………61	全国農業会議所 ………………183	
10a 当たり農業粗収益 ………61	選択的拡大 ……………………187	**て**
集合農具 …………………………34	全農 ……………………………123	定額法 ……………………………50
重商主義 ………………………186	専門農協 ………………………123	定款 ……………………………122
集団栽培組織 …………………169	全利用方式 ……………………124	低投入持続的農業(LISA) …204
重農主義 ………………………186		定率法 ……………………………50
集約作目 …………………………49	**そ**	手形貸付 ………………………125
集約度指標 ………………………62	総会 ……………………………122	適地適作 …………………………54
収量曲線 …………………………40	総原価 ……………………………70	手数料方式 ……………………124
受託組織 ………………………169	総合農協 ………………………122	
受託農業経営事業 ……………127	相続税 …………………………142	**と**
出資配当制限の原則 …………123	総代会 …………………………122	当座貸越し ……………………125
需要曲線 …………………………91	租税公課諸負担 ………………140	動物資本 …………………………35
準単一複合経営 …………………46	粗放化農業 ……………204, 205	特別栽培米 ………………………97
証書貸付 ………………………125	粗放作目 …………………………49	土壌保全政策 …………………202
消費者価格 ………………………96	損益分岐点 ………………………71	土地 …………………………30, 36
消費者ニーズ ……………………92		土地改良区 ……………………183
商品経済 …………………………32	**た**	土地収益 …………………………33
剰余金処分方法の原則 ………123	第1種兼業農家 …………………17	土地収穫漸減の法則 ……………41
植物資本 …………………………35	大豆なたね交付金暫定措置法 196	土地生産性 ………………………62
食糧管理法 ………………………96	第2種兼業農家 …………………17	
食管赤字 …………………………97	大農具 ……………………………35	**な**
食管制度 …………………………96	宅地等供給事業 ………………127	内部循環 …………………………44
所有地 ……………………………38	建物資本 …………………………34	仲卸業者 …………………………93
新規参入者 ……………………163	他人資本 ………………………111	
信用組合 ………………………112	単一経営 …………………………46	**に**
信用事業 ………………………125	短期共済 ………………………126	肉用子牛生産者補給金制度 …101
信農連 …………………………123	単協 ……………………………122	日本型食生活 …………………205
	短床犂 ………………………………6	任意グループ …………………170
す	担保 ……………………………113	
水田利用再編対策 ………………13		**ね**
	ち	年金・被贈等の収入 …………140
せ	地縁グループ …………………170	
生活指導事業 …………………127	畜産振興事業団 ………………184	**の**
生産原価 …………………………69	畜産生産組織 …………………169	農家 ………………………………16
生産手段 …………………………31	地区別集落組織 ………………122	農外所得 ………………………140
生産性指標 ………………………62	地租改正 ……………………………8	農家経済余剰 …………………140
生産部門 …………………………46	地方卸売市場 ……………………93	農家高齢化率 ……………………19
制度金融 ………………………112	地目 ………………………………38	農家所得 ………………………140
制度資金 ………………………112	中央卸売市場 ……………………93	農家総所得 ……………………140
政府売渡価格 ……………………97	中央畜産会 ……………………184	農家民宿(ファームステイ) …152
政府買入価格 ……………………97	中央酪農会議 …………………184	農企業利潤 ………………………51
政府米 ……………………………96	中間生産物の内部循環 …………44	農機具資本 ………………………34

農機具資本比率………………62	**ひ**	**め**
農業委員会 ………………183	1人当たり家族労働報酬………61	明治農法 ……………………6
農業会…………………183	1人当たり作付け面積…………63	**ゆ**
農業会議 …………………183	1人当たり飼育頭(羽)数………63	有限会社 …………………173
農業改良助長法 …………195	1人当たり農業所得……………61	輸入課徴金制度 ……190, 202
農業機械化促進法 …………195	PFCバランス ……………146	輸入数量制限 ………189, 190
農業基本法 ………………195	**ふ**	**よ**
農業恐慌 ……………………201	複合経営………………………46	予約注文 …………………125
農業共済組合 ………………183	副産物の内部循環……………45	**ら**
農業協同組合法 ……………195	負債………………………65	ライファイゼン ……………120
農業近代化資金助成法 ……196	不足払い制度…………………100	酪農及び肉用牛生産の振興に関す
農業経営費率…………………61	普通資金………………………112	る法律 ……………………195
農協系統組織…………………124	**へ**	**り**
農業固定資本 …………35, 61	平均収量………………………41	利益率………………………54
農業固定資本生産性…………62	平均収量曲線…………………41	理事…………………………122
農業固定資本装備率…………61	平均消費性向…………………149	利潤…………………………32
農業固定資本の集約度………62	ヘルパー制度…………………168	リニヤープログラミング………74
農業資本 ………………34, 61	変動費…………………………71	流通資産………………………35
農業就業人口…………………17	**ほ**	流通マージン…………………95
農業従事者……………………17	法人…………………………172	流動資本………………………35
農業純生産……………………62	法人化………………………172	利用事業……………………126
農業所得 ………………33, 51	報徳社………………………120	輪作…………………………48
農業所得率……………………61	法令…………………………192	**れ**
農業信用基金協会 …………184	補完関係………………………47	レーダーグラフ………………64
農業生産事業 ………………128	補合関係………………………47	連作…………………………49
農業生産組織 …………21, 169	補助金………………………191	**ろ**
農業生産法人 ………………172	補助金農政…………………191	労賃…………………………33
農業粗収益……………………50	補助事業……………………191	労働……………………30, 31
農協中央会……………………129	**ま**	労働市場……………………116
農業利潤………………………52	マーケティング ……………104	労働時代謝量………………145
農業労働時間…………………61	マシーネンリング ……21, 177	労働集約作目…………………49
農山漁村経済更生運動 ……183	マスタープラン………………80	労働集約度……………………62
農事組合法人 ………121, 172	**み**	労働手段………………………31
農事実行組合…………………182	民主的運営の原則……………122	労働生産性……………………62
農地信託事業 ………………128	**む**	労働粗放作目…………………49
農地法…………………172, 193	無条件委託方式………………124	労働対象………………………31
農用地利用増進法 …………196	無床犁…………………………6	ロッチデール公正先駆者組合 120
農林漁業金融公庫 ……112, 184		
農林中央金庫 ………………184		
は		
売買逆ざや………………97, 98		
販売事業……………………124		
販売農家………………………16		
販売費…………………………69		

[著者]
北海道大学名誉教授　七戸長生

[執筆協力]
山形県立置賜農業高等学校教諭　荒木良夫
愛知県立作手高等学校教頭　石田秀雄
宮城県栗原農業高等学校教諭　猪股敏彦
愛農学園農業高等学校教諭　奥田信夫
愛知県立猿投農林高等学校教諭　古賀省八郎
前青森県立三本木農業高等学校教諭　桜田　努
兵庫県立但馬農業高等学校教諭　曽我一作
宮城県南郷高等学校長　横山千代彦

（所属は執筆時）

本文図版　　トミタ・イチロー
〈写真提供〉　大森昭一郎，千賀裕太郎，並河澄，松本重男，
　　　　　　㈶自主流通米価格形成機構，㈳中央畜産会

農学基礎セミナー
農業の経営と生活

2000年2月25日　第1刷発行
2022年4月15日　第14刷発行

著　者　七戸長生

発行所　一般社団法人　農山漁村文化協会
郵便番号　107-8668　東京都港区赤坂7丁目6-1
電話　03(3585)1142(営業)　03(3585)1147(編集)
FAX　03(3589)1387　　振替　00120(3)144478
URL　http://www.ruralnet.or.jp/

ISBN978-4-540-00028-7　　製作／㈱河源社
〈検印廃止〉　　　　　　　印刷／㈱新　協
© 2000　　　　　　　　　　製本／根本製本㈱
Printed in Japan　　　　　定価はカバーに表示
乱丁・落丁本はお取りかえいたします。